机器学习贝叶斯优化

[美] 阮泉(Quan Nguyen)　著

殷海英　　　　译

清华大学出版社
北　京

北京市版权局著作权合同登记号 图字：01-2024-0886

Quan Nguyen

Bayesian Optimization in Action

EISBN: 9781633439078

Original English language edition published by Manning Publications, USA © 2023 by Manning Publications Co. Simplified Chinese-language edition copyright © 2025 by Tsinghua University Press Limited. All rights reserved.

图书在版编目（CIP）数据

机器学习贝叶斯优化 / (美) 阮泉著；殷海英译.

北京：清华大学出版社, 2025.3. -- ISBN 978-7-302-68469-5

Ⅰ. TP181

中国国家版本馆 CIP 数据核字第 2025BL7109 号

责任编辑：王　军
封面设计：高娟妮
版式设计：恒复文化
责任校对：成凤进
责任印制：刘海龙

出版发行：清华大学出版社
　　　　　网　　　址：https://www.tup.com.cn, https://www.wqxuetang.com
　　　　　地　　　址：北京清华大学学研大厦 A 座　　　　　邮　　编：100084
　　　　　社 总 机：010-83470000　　　　　　　　　　　邮　　购：010-62786544
　　　　　投稿与读者服务：010-62776969, c-service@tup.tsinghua.edu.cn
　　　　　质 量 反 馈：010-62772015, zhiliang@tup.tsinghua.edu.cn
印 装 者：三河市东方印刷有限公司
经　　销：全国新华书店
开　　本：170mm×240mm　　　印　　张：22　　　字　　数：498 千字
版　　次：2025 年 4 月第 1 版　　　印　　次：2025 年 4 月第 1 次印刷
定　　价：99.80 元

产品编号：099487-01

谨以此书献给我最好的朋友——Nhung。

译 者 序

在这个由数据塑造的世界里，贝叶斯优化已经成为一种不可或缺的技术，它在机器学习、数据科学，以及更广泛的科学探索中扮演着至关重要的角色。然而，尽管贝叶斯优化的应用前景广阔，但它的学习之路却并不平坦。现有的资源要么过于零散，要么过于晦涩，使得许多渴望掌握这一技术的读者感到困惑和沮丧。正是在这样的背景下，本书应运而生，旨在为读者提供全面、深入且易于理解的贝叶斯优化学习指导。

本书不仅是为了传授知识，更重要的是为了激发思考。它将带你穿越贝叶斯优化的理论丛林，探索其在实际应用中的无限可能。通过精心编排的章节，本书将从贝叶斯优化的基本概念出发，逐步深入高斯过程的神秘世界，再进一步探讨策略的制定和优化，最终触及高斯过程模型的高级应用。这段旅程将充满挑战与乐趣。

在本书的第 I 部分，我们将帮助你建立对贝叶斯优化的直观理解。通过真实世界的用例和可视化示例，你将见证贝叶斯优化在寻找全局最优解的过程中的独特优势。我们将从高斯过程的基础知识讲起，逐步揭示其在贝叶斯优化中的核心作用——提供校准的不确定性量化。

第 II 部分将带你深入了解贝叶斯优化策略。在这一部分，你将学习如何平衡探索与利用，如何在不确定性中做出最优决策。我们将探讨基于改进概率和期望改进的策略，以及如何将多臂老虎机问题的思想应用于贝叶斯优化。此外，我们还将介绍基于熵的策略，这是一种利用信息论来减少对函数最优解信念不确定性的方法。

第 III 部分则对贝叶斯优化在特定用例中的应用进行深入探讨。我们将讨论批量优化、约束优化、多保真度贝叶斯优化，以及成对比较在贝叶斯优化中的应用。该部分将展示如何根据不同的优化任务调整贝叶斯优化策略，以及如何将贝叶斯优化应用于更广泛的领域。

最后，在第 IV 部分，我们将探索高斯过程模型的特殊变体，以及它们在建模和提供校准不确定性预测方面的灵活性和有效性。你将了解到，即使在无法获得闭式解的情况下，也可以通过复杂的近似策略进行准确的预测。同时，我们还将展示如何将PyTorch 神经网络与 GPyTorch 高斯过程结合，以增强模型的性能。

本书是一本技术指南，更是一本实践手册。不仅能帮助你理解贝叶斯优化的理论，还能指导你将这些理论应用于实际。无论你是刚刚踏入这一领域的新手，还是希望进一步提升技能的资深从业者，本书都将为你提供宝贵的知识和技术。

在这个信息爆炸的时代，我们相信，掌握贝叶斯优化将使你在数据的海洋中更加游刃有余。愿你在本书的引导下，能够发现数据的深层价值，取得更多的创新和突破。

现在，让我们一起开始这段充满挑战与乐趣的旅程吧。祝你在阅读本书的过程中，能感受到获取知识的喜悦，以及解决问题的成就感。愿你的探索之旅充满光明与智慧。

最后，衷心感谢清华大学出版社的各位编辑，感谢他们协助我出版了多种有关机器学习、人工智能、云计算以及高性能计算的译著，为我提供了一种新的与大家分享知识的方式。

殷海英

埃尔塞贡多市，加利福尼亚州

关 于 作 者

　　Quan Nguyen 是一名 Python 程序员和机器学习爱好者。他对涉及不确定性的决策问题抱有浓厚兴趣。迄今为止，Quan 已经撰写了多本关于 Python 编程和科学计算的书籍。他目前正在华盛顿大学圣路易斯分校攻读计算机科学博士学位，专注于研究机器学习中的贝叶斯方法。

关于技术编辑

本书的技术编辑是 Kerry Koitzsch。Kerry 是一位出色的作者和软件架构师，在企业应用程序实施和信息架构解决方案方面拥有三十多年的丰富经验。Kerry 曾撰写过一本关于分布式处理的书籍，以及多篇技术短文，并拥有一项创新的 OCR 技术专利。此外，他还是美国陆军成就奖章的获得者。

关于本书封面

本书封面上的图案标题为"Polonnois"或"波兰人",摘自 Jacques Grasset de Saint-Sauveur 于 1797 年出版的作品集。该作品集中的每幅插图都由手工精心绘制和着色。

在那个时代,人们很容易通过服饰来辨认出一个人的居住地、职业或社会地位。Manning 通过这些基于几个世纪前地域文化丰富多样性的书籍封面,以及这种来自收藏品的图片,来展示计算机行业的创造性和开拓精神,旨在让过去的地域文化重新焕发生机。

致　谢

撰写一本书，就像养育一个孩子一样，需要整个社区的支持。以下是我自己的小社区，他们在写作过程中给予了我巨大的帮助。

首先，我要特别感谢我的父母 Bang 和 Lan，他们始终支持我，让我无畏地探索未知领域：出国留学，攻读博士学位，当然还有写书。我还要衷心感谢我的姐姐和知己，Nhu，她总是在我最困难的时候帮我渡过难关。

贝叶斯优化是我博士研究的一个重要组成部分，我要感谢项目中真正使我攻读博士学位的经历变得宝贵的人们。特别感谢我的导师 Roman Garnett，他高效地引导我，使我顺利进入贝叶斯机器学习领域进行研究。你是一切的起点。我还要感谢来自主动学习实验室的朋友们：Yehu Chen、Shayan Monadjemi 和 Alvitta Ottley 教授。人们或许认为博士学位的收获有限，但和你们一起工作是我最大的收获。

接下来，我要感谢 Manning 出版社的团队。我要感谢我的策划编辑 Marina Michaels，她从一开始就以极高的专业素养给予我细致入微的支持，还以极大的耐心引导我前进。能够和你一起合作，我真是太幸运了。感谢我的组稿编辑 Andy Waldron，即使已经有一个更好的作者在写一本类似主题的书，你仍然对我的想法表示信任；还要感谢 Ivan Martinovic´帮助我解决 AsciiDoc 问题，并耐心修正我的标记代码。

我要感谢以下审阅人员，他们投入了大量时间和精力，显著提高了本书的质量：Allan Makura、Andrei Paleyes、Carlos Aya-Moreno、Claudiu Schiller、Cosimo Attanasi、Denis Lapchev、Gary Bake、George Onofrei、Howard Bandy、Ioannis Atsonios、Jesús Antonino Juárez Guerrero、Josh McAdams、Kweku Reginald Wade、Kyle Peterson、Lokesh Kumar、Lucian Mircea Sasu、Marc-Anthony Taylor、Marcio Nicolau、Max Dehaut、Maxim Volgin、Michele Di Pede、Mirerfan Gheibi、Nick Decroos、Nick Vazquez、Or Golan、Peter Henstock、Philip Weiss、Ravi Kiran Bamidi、Richard Tobias、Rohit Goswami、Sergio Govoni、Shabie Iqbal、Shreesha Jagadeesh、Simone Sguazza、Sriram Macharla、Szymon Harabasz、Thomas Forys 和 Vlad Navitski。

在写本书的过程中，不可避免地会存在一些盲点，正是审阅人员帮我发现并填补了这些盲点，让我专注于真正重要的事情。特别感谢 Kerry Koitzsch 提供的有见解的反馈和 James Byleckie 在代码和写作方面给予我的出色建议。

　　最后，我要感谢令人惊叹的 GPyTorch 和 BoTorch 库背后的团队，这些库是本书所开发代码的主要支柱。我曾尝试各种高斯过程和贝叶斯优化的库，但最终还是选择了 GPyTorch 和 BoTorch。希望这本书能够为围绕这些库形成的活跃社区作出一些贡献。

序　言

随着我们在机器学习及相关领域面临的问题日趋复杂，优化资源使用和高效做出决策变得愈发重要。贝叶斯优化，作为一种强大的技术，用于寻找那些评估成本高昂的目标函数的最大值和最小值，已成为解决这一挑战的有效方法。其中一个原因是，可以将函数视为一个黑箱，这使研究人员和从业者能够以贝叶斯推断为主要优化方法来处理非常复杂的函数。

然而由于其复杂性，贝叶斯优化对于初学者来说比其他方法更为遥不可及。然而，任何希望获得最佳结果的机器学习从业者都必须掌握贝叶斯优化这样的工具。要精通这个主题，你需要对微积分和概率论有深刻的理解和感知。

这正是《机器学习贝叶斯优化》一书发挥作用的地方。在这本书中，作者 Quan 巧妙而成功地揭开了这些复杂概念的神秘面纱。本书结合实践方法、清晰的图表、真实世界的例子和有用的代码示例，从理论和实践的角度揭示了这一主题的深层内涵。

作为一名数据科学家和教育者，Quan 有着丰富的经验，让读者能够非常清楚地了解这些技术以及如何将它们应用于解决实际问题。本书从贝叶斯推断的原理开始讲解，逐渐让读者建立贝叶斯优化和高斯过程模型的概念。书中介绍了最先进的库，如 GPyTorch 和 BoTorch，并探讨了它们在多个领域的应用。

对于任何希望利用贝叶斯优化真正解决现实世界问题的数据科学或机器学习从业者来说，本书都是必读之作。强烈推荐所有希望通过贝叶斯推断学习优化艺术的读者阅读此书。

路易斯·塞拉诺，博士

人工智能科学家和普及者，*Grokking Machine Learning* 的作者

工程师和科学家面临着一个共同的挑战，这个挑战对于捕获他们的研究和创造力的价值至关重要，那就是进行优化。机器学习工程师需要找到使模型泛化的超参数。物理学家团队需要调整自由电子激光以获得最大脉冲能量。软件工程师需要配置 JVM 的垃圾收集器以最大化服务器的吞吐量。材料科学工程师则需要选择一种微观结构形态，以最大化太阳能电池的光吸收能力。在每个示例中，都存在一些不能基于第一性原理做出的设计决策，而是需要通过实验评估来决定。

要通过实验评估某个东西，可能需要执行软件、运行硬件或构建一个新对象，同时测量其性能。要找到一个好的设计方案，需要进行多次评估。这些评估需要耗费时

间、金钱，并可能带来风险。因此，必须尽可能减少实验评估的次数，以找到最优设计。这就是贝叶斯优化的意义所在。

在过去的 20 年里，我在工作中已使用了贝叶斯优化及相关的先驱方法。在此期间，学术研究和工业应用的报告已不断改进了贝叶斯优化的性能，并扩展了其适用性。现在已经不乏高质量的软件工具和技术，用于构建针对特定项目的优化器。

可以将贝叶斯优化的当前状态类比为线性模型预测的情况。一个希望构建线性模型的工程师会发现，软件工具(如 sklearn)使他们能够设计各种类型(如连续型或分类型)和不同数量的输入输出变量的模型，进行自动变量选择，并衡量泛化的质量。同样，一个希望构建贝叶斯优化器的工程师会发现，构建在 GPyTorch、pyro 和 PyTorch 之上的 BoTorch 提供了优化不同变量类型、最大化多个目标、处理约束等功能的工具。

本书深入讲解了贝叶斯优化，从其最基本的组成部分——高斯过程回归和采集函数的数值优化——到处理大量评估(也称为观察)和复杂设计空间的最新方法，涵盖了你在某个项目中可能需要的所有专业知识：约束处理、多目标优化、并行评估以及通过成对比较进行评估。本书具有足够的技术深度，使你能够熟练掌握这些工具和方法，并提供了丰富的实际代码，让你能够非常快速地将这些工具和方法应用到实际工作中。

尽管贝叶斯优化取得了巨大成功，但针对初学者的学习资料仍然匮乏。本书恰好填补了这一空白。

大卫·斯威特，叶史瓦大学兼职教授，

Experimentation for Engineers 的作者，Cogneato.xyz

前　言

在 2019 年秋季，我还是一名一年级的博士生，我对自己的研究方向感到很迷茫。我知道我想专注于人工智能(AI)领域——使用计算机自动化思维过程具有吸引力——但 AI 是一个庞大的领域，我很难将我的研究方向限定到一个具体的主题上。

当我选修了一门名为 "Bayesian Methods for Machine Learning" (贝叶斯方法在机器学习中的应用)的课程时，所有的不确定性都消失了。虽然我曾在本科阶段简单接触过贝叶斯定理，但正是这门课程的第一堂课让我豁然开朗！贝叶斯定理提供了一种直观的方式来思考概率，对我来说，它是人类信念的一种优雅模型：我们每个人都有一个先验信念(关于任何事情)，我们从这个先验开始，当我们观察到支持或反对这个先验的证据时，这个先验会被更新，结果是一个反映先验和数据的后验信念。贝叶斯定理将这种优雅的信念维护方式引入人工智能中，并在许多问题上找到应用，这对我来说是一个强有力的信号，表明贝叶斯机器学习是一个值得探索的主题。

当我学习关于贝叶斯优化(BayesOpt)的课程时，我已经下定决心：这个理论很直观，应用也很广泛，而且有着巨大的发展潜力。再次，我被自动化思维，特别是决策制定吸引，而贝叶斯优化正是这两者的完美结合。我成功地进入了罗曼·加内特(Roman Garnett)教授的研究实验室，我的贝叶斯优化之旅就此开始！

在 2021 年，我花了一些时间研究和实现贝叶斯优化解决方案，对贝叶斯优化的赞赏只增不减。我会向朋友和同事推荐使用它来处理复杂的优化问题，并承诺贝叶斯优化会表现出色。但存在一个问题：我找不到值得参考的优质资源。研究论文中涉及的数学内容较深，在线教程又过于简短难以提供实质性的见解，而贝叶斯优化软件的教程则零散不成体系，缺乏连贯性。

这时，一个想法在我脑海中浮现，正如托尼·莫里森(Toni Morrison)所说："如果你有一本想读的书，但这本书还没有被写出来，那么你应该去写它。"这句话非常正确！这个观点让我感到兴奋，原因有两个：一是我可以写一本描述我心爱事物的书，二是写作无疑会帮助我获得更深层次的洞见。我提供了一份书稿提案，并联系了 Manning 出版社，因为他们出版的书籍是我喜欢的风格。

2021 年 11 月，我的策划编辑安迪·沃尔德龙(Andy Waldron)给我发来了一封电子邮件，这标志着我与 Manning 出版社的第一次沟通。2021 年 12 月，我签署了合同并着手撰写书稿，但后来我发现写作所需的时间比我最初想象的要长(我相信每本书都是如此)。2023 年 4 月，我写下了这篇前言，作为出版前的最后一步！

关 于 本 书

过去，要学习贝叶斯优化，通常需要搜索相关库中的在线文章和教程，但这些资源较为分散，且由于篇幅所限，无法深入介绍具体细节。另外，虽然可以参考技术教材，但它们通常过于深奥和理论化，这对于希望立即上手的从业者来说无疑是一个不小的挑战。

本书填补了这一空白，它结合了实践性讨论，为希望进一步探索的读者提供了更丰富的参考资源，以及可直接使用的代码示例。本书首先帮人们建立对贝叶斯优化组成部分的直观理解，然后利用最先进的软件在 Python 中实现它们。

本书旨在提供一个基于数学和概率直观解释的贝叶斯优化入门介绍。有兴趣的读者可以进一步查阅书中所引用的更多技术文献，以深入研究所感兴趣的主题。

本书读者对象

对于对超参数调整、A/B 测试或实验以及更广义的决策制定感兴趣的数据科学家和机器学习从业者来说，本书将非常有价值。

在化学、材料科学、物理等科学领域面临着复杂优化问题的研究人员也会发现本书很有帮助。虽然本书会涵盖大部分必需的基础知识，但读者应该对机器学习中的常见概念，如训练数据、预测模型、多元正态分布等有所了解。

本书的组织方式：路线图

本书分为四个主要部分，每个部分包含多个章节，分别涵盖相应的主题：
- 第 1 章介绍使用真实世界用例的贝叶斯优化。它还包括一个可视化示例，展示贝叶斯优化如何加速寻找昂贵函数的全局最优解，而不涉及技术细节。

第 I 部分涵盖高斯过程，一个我们希望优化的函数的预测模型。其核心观点是高斯过程提供了不确定性的校准量化，这在我们的贝叶斯优化框架中至关重要。该部分由两章组成：

- 第 2 章展示高斯过程是从观测到的数据集中学习回归模型问题的一个自然解决方案。高斯过程定义了一个函数的分布，并且可以根据一些观测到的数据进行更新，以反映我们对函数值的信念。

- 第 3 章介绍了将先验信息融入高斯过程的两种主要方式：均值函数和协方差函数。均值函数指定总体趋势，而协方差函数指定函数的平滑度。

第 II 部分详述贝叶斯优化策略，这些策略是关于如何进行函数评估的决策程序，以便尽可能高效地识别全局最优解。虽然不同的策略受不同目标的驱动，但它们都需要在探索与利用之间找到平衡。这一部分由三章组成：

- 第 4 章讨论如何自然地决定哪个函数评估是最有益的，即考虑如何从当前最佳函数值中获得改进。得益于基于高斯过程的函数信念，我们能够以封闭形式且较低的成本计算这些与改进相关的量，这使得两种特定的贝叶斯优化策略——改进概率和期望改进——成为可能。

- 第 5 章探讨贝叶斯优化与另一类常见问题——多臂老虎机问题——之间的联系。我们会学习如何将多臂老虎机策略转移到贝叶斯优化设置中，并获得相应的策略：上置信界和汤普森采样。

- 第 6 章介绍了一种策略，旨在减少我们对函数全局最优解信念中的不确定性。这构成了基于熵的策略，它使用了数学的一个分支，称为信息论。

第 III 部分呈现了一些最常见的用例(这些用例在书中已开发的工作流程中可能无法很好地适应)，并展示如何修改贝叶斯优化来应对这些优化任务：

- 第 7 章介绍批量优化，在这种优化中，为了提高吞吐量，我们允许实验并行运行。例如，可以在一组 GPU 上同时训练多个大型神经网络实例。这需要优化策略同时返回多个建议。

- 第 8 章讨论安全关键型用例，其中我们不能自由地探索搜索空间，因为某些函数评估可能会产生不利影响。这促使我们设置函数行为的约束条件，并且我们需要在优化策略的设计中考虑这些约束。

- 第 9 章展示当我们可以以不同成本和精度水平获取函数值的多种观测方式时——通常称为多保真度贝叶斯优化——考虑可变成本可以提高优化性能。

- 第 10 章涵盖成对比较，已经证明与数字评估或评级相比，成对比较更能准确反映个人的偏好，因为它们更简单，对评估者的认知负担也较小。本章将贝叶斯优化扩展到这种情况，首先使用特殊的高斯过程模型，然后修改现有的策略以适应这种成对比较的工作流程。

- 对于希望同时优化多个存在潜在冲突的目标的情况，第 11 章研究了多目标优化的问题，并展示如何将贝叶斯优化扩展至这种情况。

第 IV 部分涉及高斯过程模型的特殊变体，展示它们在建模和提供校准不确定性预测方面的灵活性和有效性，甚至在贝叶斯优化背景之外也适用：

- 第 12 章介绍在某些情况下，获得已训练高斯过程的闭式解是不可能的。然而，仍可以使用复杂的近似策略来进行准确度较高的逼近。
- 第 13 章展示由于 Torch 生态系统的存在，将 PyTorch 神经网络与 GPyTorch 高斯过程结合是一个无缝的过程。这使我们的高斯过程模型变得更加灵活，表达能力更强。

对初学者来说，前六章的内容将带来极大的帮助。对于希望将贝叶斯优化应用到实际案例中的有经验从业者，第 7～11 章会有所帮助，这些章节可以独立阅读，且阅读顺序并不重要。长期使用高斯过程的用户可能会对最后两章感兴趣，因为这两章开发了专门的高斯过程模型。

关于代码

你可以从本书的在线版本 liveBook 中获取可执行的代码片段，网址为 https://livebook.manning.com/book/bayesian-optimization-in-action 。本书代码可以从 Manning 网站 https://www.manning.com/books/bayesian-optimization-in-action 和 GitHub 上下载，网址为 https://github.com/KrisNguyen135/bayesian-optimization-in-action，也可以通过扫描本书封底的二维码进行下载。

建议使用 Jupyter Notebook 来运行本书代码。Jupyter Notebook 提供了一种清晰的方式来动态处理代码，使我们能够探索每个对象的行为以及它与其他对象的交互。有关如何使用 Jupyter Notebook 的更多信息，请参阅官方网站：https://jupyter.org。于本书而言，动态探索对象的能力特别有帮助，因为贝叶斯优化工作流的许多组件都是由 GPyTorch 和 BoTorch 实现的 Python 对象，这是我们将要使用的主要库。

GPyTorch 和 BoTorch 是 Python 中用于高斯过程建模和贝叶斯优化的首选库。还有其他选择，比如 scikit-Learn 的 scikit-optimize 扩展，或者 GPflow 和 GPflowOpt，它们扩展了 TensorFlow 框架，用于贝叶斯优化。然而，GPyTorch 和 BoTorch 的组合构成了最全面、最灵活的代码库，并包含了许多来自贝叶斯优化研究的最新算法。根据个人使用经验，我发现 GPyTorch 和 BoTorch 在友好性和提供最先进方法之间达到了良好的平衡。

但请注意：因为这些库仍在积极维护中，所以书中展示的 API 可能会在后续版本中有所变化。因此，最好安装 requirements.txt 文件中指定的库版本，以确保在运行代码时不会出错。你可以参考官方 Python 文档(如 https://packaging.python.org/en/latest/guides/installing-using-pip-and-virtual-environments 上的文档)，其中有许多关于如何使用 requirements.txt 文件创建 Python 环境的说明。话虽如此，要使用更新版本，你很可能只需要对代码进行轻微修改。

在阅读本书时，你会注意到书中倾向于只关注代码的关键部分，而省略了许多细节，比如库的导入和烦琐的代码(当然，第一次使用某段代码时，会在书中进行适当介绍)。保持内容简洁有助于我们专注于每章中真正新颖的内容，从而避免重复。另一方面，Jupyter Notebook 中的代码是自包含的，每个 Notebook 都可以独立运行，不需要进行任何修改。

关于附录

本书附录 A 提供了各章中练习题的相应实现方案示例，旨在多方面促进读者的学习效果，巩固所学的知识。这部分内容所占的篇幅较大，我们采用线上形式提供。读者可以通过扫描本书封底的二维码下载。

目　录

第1章　贝叶斯优化简介 ·············· 1
1.1　寻找昂贵黑盒函数的最
　　　优解 ································· 2
　　1.1.1　昂贵的黑盒优化问题示例：
　　　　　　超参数调优 ············· 2
　　1.1.2　昂贵黑盒优化问题 ········· 4
　　1.1.3　其他昂贵黑盒优化问题的
　　　　　　示例 ····················· 5
1.2　引入贝叶斯优化 ················· 6
　　1.2.1　使用高斯过程进行建模 ····· 7
　　1.2.2　使用贝叶斯优化策略进行
　　　　　　决策 ···················· 10
　　1.2.3　将高斯过程和优化策略
　　　　　　结合起来形成优化循环 ··· 11
　　1.2.4　贝叶斯优化的实际应用 ···· 13
1.3　你将从本书中学到什么 ········ 18
1.4　本章小结 ······················ 19

第 I 部分　使用高斯过程建模

第2章　高斯过程作为函数上的
　　　　分布 ······················· 23
2.1　如何以贝叶斯方式出售你的
　　　房子 ··························· 25
2.2　运用多元高斯分布对相关性
　　　建模并进行贝叶斯更新 ········ 27

　　2.2.1　使用多元高斯分布联合
　　　　　　建模多个变量 ··········· 27
　　2.2.2　更新多元高斯分布 ········ 30
　　2.2.3　使用高维高斯分布建模
　　　　　　多个变量 ··············· 33
2.3　从有限维高斯分布到无限维
　　　高斯分布 ······················ 35
2.4　在 Python 中实现高斯过程 ····· 40
　　2.4.1　设置训练数据 ············· 40
　　2.4.2　实现一个高斯过程类 ······ 42
　　2.4.3　使用高斯过程进行预测 ···· 44
　　2.4.4　高斯过程的预测可视化 ···· 45
　　2.4.5　超越一维目标函数 ········ 48
2.5　练习题 ························· 51
2.6　本章小结 ······················ 52

第3章　通过均值和协方差函数
　　　　定制高斯过程 ·············· 53
3.1　贝叶斯模型中先验的
　　　重要性 ························· 54
3.2　将已知的信息融入
　　　高斯过程 ······················ 57
3.3　使用均值函数定义
　　　函数行为 ······················ 58
　　3.3.1　使用零均值函数作为
　　　　　　基本策略 ··············· 59

3.3.2 使用常数函数和梯度
下降法 ·················61

3.3.3 使用线性函数和梯度
下降法 ·················65

3.3.4 通过实现自定义均值函数
来使用二次函数 ········67

3.4 用协方差函数定义变异性和
平滑性 ·····················70

3.4.1 协方差函数的尺度设置 ·····70

3.4.2 使用不同的协方差函数
控制平滑度 ············73

3.4.3 使用多个长度尺度来
模拟不同水平的变异性 ·····76

3.5 练习题 ····················79

3.6 本章小结 ··················80

第II部分 使用贝叶斯优化
进行决策

第4章 通过基于改进的策略优化
最佳结果 ·················85

4.1 在贝叶斯优化中探索搜索
空间 ······················86

4.1.1 贝叶斯优化循环与策略 ·····87

4.1.2 平衡探索与利用 ··········96

4.2 在贝叶斯优化中寻找改进 ·····98

4.2.1 使用高斯过程衡量改进 ·····99

4.2.2 计算改进的概率 ·········101

4.2.3 实施 PoI 策略 ·········106

4.3 优化期望改进值 ·············109

4.4 练习题 ··················112

4.4.1 练习题 1：使用 PoI 鼓励
探索 ··················112

4.4.2 练习题 2：使用 BayesOpt
进行超参数调优 ········112

4.5 本章小结 ················114

第5章 使用类似多臂老虎机的策略
探索搜索空间 ···········117

5.1 多臂老虎机问题简介 ········118

5.1.1 在游乐场寻找最佳
老虎机 ················118

5.1.2 从多臂老虎机到贝叶斯
优化 ··················121

5.2 在不确定性下保持乐观：
上置信界策略 ··············122

5.2.1 不确定性下的乐观主义 ····123

5.2.2 平衡探索与利用 ·········125

5.2.3 使用 BoTorch 实现 ·····127

5.3 使用汤普森采样策略进行
智能采样 ··················129

5.3.1 用一个样本来代表
未知量 ················129

5.3.2 在 BoTorch 中实现汤普森
采样策略 ··············132

5.4 练习题 ··················137

5.4.1 练习题 1：为 UCB 策略
设置探索计划 ··········137

5.4.2 练习题 2：使用贝叶斯优化
进行超参数调优 ········138

5.5 本章小结 ················138

第6章 使用基于熵的信息论
策略 ···················141

6.1 使用信息论衡量知识 ········142

6.1.1 使用熵来衡量不确定性 ····142

6.1.2 使用熵寻找遥控器 ·······144

6.1.3 使用熵的二分搜索 ·······147

6.2 贝叶斯优化中的熵搜索 ······152

6.2.1 使用信息论寻找最优解 ····152

6.2.2 使用 BoTorch 实现熵
搜索 ················ 156

6.3 练习题 ················ 158

6.3.1 练习题 1：将先验知识融入
熵搜索 ·············· 158

6.3.2 练习题 2：用于超参数
调优的贝叶斯优化 ········ 160

6.4 本章小结 ·············· 161

第Ⅲ部分　将贝叶斯优化扩展到特定设置

第 7 章　使用批量优化最大化吞吐量 ···· 165

7.1 同时进行多个函数评估 ···· 166

7.1.1 并行利用所有可用资源 ···· 166

7.1.2 为什么不在批量设置中
使用常规的贝叶斯优化
策略 ·············· 168

7.2 计算一批点的改进和上置
信界 ················ 170

7.2.1 将优化启发式方法扩展到
批量设置 ············ 170

7.2.2 实现批量改进和 UCB
策略 ·············· 176

7.3 练习题 1：通过重采样将 TS
扩展到批量设置 ········· 183

7.4 使用信息论计算一批点
的值 ················ 184

7.4.1 通过循环求精找到最具
信息量的批量点集 ········ 184

7.4.2 使用 BoTorch 实现批量熵
搜索 ·············· 186

7.5 练习题 2：优化飞机设计 ···· 189

7.6 本章小结 ·············· 192

第 8 章　通过约束优化满足额外的约束条件 ···· 193

8.1 在约束优化问题中考虑
约束条件 ·············· 194

8.1.1 约束条件对优化问题解的
影响 ·············· 194

8.1.2 约束感知的贝叶斯优化
框架 ·············· 197

8.2 贝叶斯优化中的约束感知
决策 ················ 198

8.3 练习题 1：手动计算
约束 EI ·············· 203

8.4 使用 BoTorch 实现
约束 EI ·············· 204

8.5 练习题 2：飞机设计的
约束优化 ·············· 208

8.6 本章小结 ·············· 210

第 9 章　通过多保真度优化平衡效用和成本 ···· 211

9.1 使用低保真度近似来研究
成本高昂的现象 ········· 212

9.2 高斯过程的多保真度
建模 ················ 216

9.2.1 格式化多保真度数据集 ···· 216

9.2.2 训练一个多保真度高斯
过程 ·············· 220

9.3 在多保真度优化中平衡
信息和成本 ············ 224

9.3.1 建模不同保真度查询的
成本 ·············· 225

9.3.2 优化每一美元信息量以
指导优化 ············ 226

9.4 在多保真度优化中衡量
性能·················232

9.5 练习题1：可视化多保真度
优化中的平均性能·······236

9.6 练习题2：使用多个低保真
近似的多保真度优化········238

9.7 本章小结·············239

第10章 通过成对比较进行偏好
优化学习··············241

10.1 使用成对比较的黑盒优化···243

10.2 制定偏好优化问题和
格式化成对比较数据·······246

10.3 训练基于偏好的GP·········250

10.4 通过"山丘之王"游戏
进行偏好优化··········254

10.5 本章小结·············258

第11章 同时优化多个目标········259

11.1 使用BayesOpt平衡多个
优化目标··············260

11.2 寻找最佳数据点的边界·····262

11.3 优化最佳数据边界·········269

11.4 练习题：飞机设计的多目标
优化··················275

11.5 本章小结·············275

第IV部分 特殊高斯过程模型

第12章 将高斯过程扩展到
大数据集··············279

12.1 在大型数据集上训练GP ···280

12.1.1 设置学习任务······281

12.1.2 训练一个常规的GP·····284

12.1.3 训练常规GP时面临的
问题··············286

12.2 从大型数据集中自动
选择代表性点·········289

12.2.1 缩小两个GP之间的
差异··············289

12.2.2 小批量训练模型·······291

12.2.3 实现近似模型·······293

12.3 通过考虑损失曲面的几何
特性来实现更优的优化······299

12.4 练习题·············304

12.5 本章小结·············306

第13章 融合高斯过程与神经
网络··················307

13.1 包含结构的数据········308

13.2 在结构化数据中捕捉
相似性··············311

13.2.1 使用GPyTorch实现核
函数··············311

13.2.2 在PyTorch中处理
图像··············312

13.2.3 计算两幅图像的协
方差··············313

13.2.4 在图像数据上
训练GP··············315

13.3 使用神经网络处理复杂的
结构化数据·········318

13.3.1 为什么使用神经网络
进行建模··········318

13.3.2 在GPyTorch中实现
组合模型·········320

13.4 本章小结·············327

附录A 练习题实现方案(在线提供)

第1章

贝叶斯优化简介

本章主要内容：
- 贝叶斯优化的动机及其工作原理
- 贝叶斯优化问题的现实示例
- 贝叶斯优化的一个简化示例

选择阅读这本书是一个非常明智的决定，我对你即将开启的旅程充满期待！概括来说，贝叶斯优化是一种优化技术，适用于我们试图优化的函数(或者说，一个输入产生输出的过程)像黑盒子一样难以捉摸，且每次评估成本高昂，需要耗费大量时间、金钱或其他资源的情况。这种情况涵盖了许多重要任务，包括我们即将定义的超参数调优。使用贝叶斯优化可以加速搜索最优解的过程，并帮助我们尽快找到函数的最佳值。

尽管贝叶斯优化在机器学习(Machine Learning, ML)研究领域一直备受关注，但在实践中，它并没有像其他 ML 话题那样被广泛使用或讨论。这是为什么呢？有些人认为，贝叶斯优化的学习曲线较为陡峭：你需要理解微积分，运用一些概率知识，并且作为 ML 研究者要有丰富的经验才能在应用中使用贝叶斯优化。本书旨在消除贝叶斯优化难以掌握的刻板印象，让人们知道这项技术比想象的更加直观和易于上手。

本书中提供了许多插图、图表，当然还有代码，这些都会使讨论的主题更加直接和具体。你将学习贝叶斯优化各个组件的工作原理，并学习如何使用 Python 中的最新库来实现它们。随书附带的代码也有助于你快速开展自己的项目，因为贝叶斯优化框架非常通用且"即插即用"。书中的练习题对你也有很大的帮助。

总之，希望本书对你的机器学习有所帮助，并且让你的旅程充满乐趣。在深入讲解实际内容之前，让我们花些时间讨论贝叶斯优化所要解决的问题。

1.1 寻找昂贵黑盒函数的最优解

如前所述,机器学习中的超参数调优是贝叶斯优化最常见的应用之一。我们会在这一节中探讨该问题以及其他几个问题,将其作为一般性黑盒优化问题的示例。这有助于我们理解为什么贝叶斯优化如此重要。

1.1.1 昂贵的黑盒优化问题示例:超参数调优

假设我们想要在一个大的数据集上训练一个神经网络,但我们不确定这个神经网络应该有多少层。我们知道,在深度学习(Deep Learing, DL)中神经网络的结构是一个关键因素,所以我们进行了一些初步测试,得到了表 1-1 所示的结果。

表 1-1 超参数调优任务示例

层数	在测试集上的准确率
5	0.72
10	0.81
20	0.75

我们面临的挑战是确定在下一次尝试中,神经网络应该设置为多少层以追求更高的准确率。目前,我们的最佳成绩是 81%,虽然这个数字相当不错,但我们相信通过调整层数还有进一步的提升空间。然而,你的经理已经给出了模型完成的截止时间,由于在我们的大数据集上训练一个神经网络需要几天的时间,我们在做出最终决定之前只剩下有限的几次试验机会。鉴于此,我们需要知道我们还应该尝试其他哪些值,以便找到有可能提供最高准确率的层数。

在机器学习中,寻找模型最佳配置(超参数值)以优化某些性能指标(如预测准确率)的任务通常被称为超参数调优。以此为例,神经网络的超参数就是它的深度(层数)。如果是针对决策树,那么常见的超参数包括最大深度、每个节点的最小点数以及分裂标准。使用支持向量机的话,则可以调整正则化项和核函数。由于模型的性能很大程度上取决于其超参数,因此超参数调优是任何机器学习流程中的一个重要组成部分。

如果这是一个典型的现实世界的数据集,这个过程可能会耗费大量的时间和资源。OpenAI 的图 1-1(可访问链接 https://openai.com/blog/ai-and-compute/)展示了随着神经网络变得越来越大和深入,所需的计算量(以 petaflop/s-days 为单位)呈指数级增长。这意味着随着模型复杂度的增加,我们需要更多的计算能力来训练它们,这不仅增加了硬件成本,还延长了模型训练的时间。

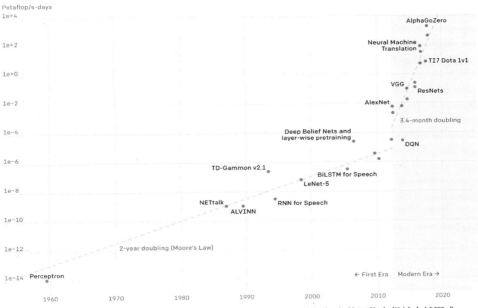

图 1-1　训练大型神经网络的计算成本一直在稳步上升，使得超参数调优变得越来越困难

这也就是说，在一个大型数据集上训练模型是一个相当复杂且耗时的过程。此外，为找到能够提供最佳准确率的超参数值，需要进行多次训练。我们应该如何选择合适的值来参数化我们的模型，以尽快找到最佳组合呢？这正是超参数调优的核心问题。

回到 1.1 节中的神经网络例子，我们应该尝试多少层才能找到超过 81% 的准确率呢？尝试 10 层和 20 层之间的一些值是有希望的，因为这两个层数的表现都比 5 层时要好。但接下来应该检查哪个确切的值仍然不是很明显，因为在 10 层和 20 层之间可能还存在很大的变异性。这里的变异性(Variability)，是指对于模型测试准确率随着层数变化的不确定性。尽管我们知道 10 层可以达到 81%，20 层可以达到 75%，但我们不能确定，比如 15 层会得到什么结果。这就是说，我们在考虑 10 到 20 之间的这些值时，需要考虑到我们的不确定性水平。

此外，如果某个大于 20 的层数能给我们带来最高的准确度怎么办？在许多大型数据集中，神经网络需要足够的深度才能学习到有用的信息。或者，虽然不太可能，但如果我们实际上只需要少量的层(少于 5 层)呢？

我们应该如何以一种有原则的方式探索这些不同的选项，以便在我们时间耗尽并需要向老板汇报时，能足够自信地确定模型的最佳层数？这个问题是一个昂贵的黑盒优化问题，我们将在下面讨论。

1.1.2　昂贵黑盒优化问题

在本节中，我们将正式介绍昂贵黑盒优化问题，这是贝叶斯优化所要解决的问题。理解这一问题的复杂性将有助于我们理解为什么贝叶斯优化相较于其他更直接、更直观的方法，例如，网格搜索(把搜索空间均等地划分成多个部分)或者随机搜索(利用随机性来指导搜索过程)更受青睐。

在这个问题中，我们拥有对某个函数(某种输入-输出机制)的黑盒访问权限，我们的任务是找到最大化该函数输出的输入。这个函数通常被称为目标函数，因为我们的目标是优化它，并希望找到它的最优值——产生最高函数值的输入。

术语"黑盒"意味着我们无法了解目标函数的底层公式；我们所能访问的仅限于通过计算某个输入的函数值来观察得到的函数输出。在我们的神经网络示例中，我们不知道如果我们逐一增加层数，模型的准确率会如何变化(否则，我们就直接选择最好的那一个)。

这个问题的成本很高，因为在许多情况下，进行观测(在某个位置评估目标函数)的成本非常高昂，使得直接的方法(如穷举搜索)变得不切实际。在机器学习，尤其是深度学习领域，时间通常是最主要的限制因素，正如我们之前所讨论的。

超参数调整属于一类成本较高的黑盒优化问题，但它不是唯一的一个。在不了解不同参数如何影响和调控过程结果的情况下，任何旨在寻找优化过程的参数或设置的尝试，均可视为黑盒优化问题。此外，对特定参数设置进行实验并观察其在目标过程(即目标函数)上的效果，往往耗时、耗费资源或在其他方面成本较高。

定义　尝试特定设置的行为，即在某个输入下评估目标函数的值，被称为执行查询或查询目标函数。整个过程如图 1-2 所示。

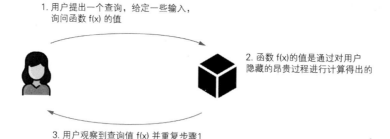

1. 用户提出一个查询，给定一些输入，
询问函数 f(x) 的值

2. 函数 f(x)的值是通过对用户
隐藏的昂贵过程进行计算得出的

3. 用户观察到查询值 f(x) 并重复步骤1

图 1-2　黑盒优化问题的框架。我们反复在不同位置查询函数值，以找到全局最优解

1.1.3 其他昂贵黑盒优化问题的示例

现在，我们考虑一些属于昂贵黑盒优化问题的真实示例。我们将看到这类问题在该领域非常普遍。我们经常会遇到想要优化的函数，但只能评估有限的次数。在这些情况下，我们希望找到一种智能的方法来选择评估函数的最佳点。

药物发现是其中一个例子，它涉及科学家和化学家寻找具有理想化学特性的化合物，这些化合物有可能被转化为新药。这个过程不仅复杂，而且成本巨大。近年来，药物研发的生产力显著下降，这一现象在业界引起了广泛关注。这种现象被称为 Eroom 定律，它是反摩尔定律，大致意思是，随着时间的推移，每投入十亿美元的研发支出所带来的新药数量却减少了一半。这一定律在 Nature 杂志上由 Jack W. Scannell、Alex Blanckley、Helen Boldon 和 Brian Warrington 共同撰写的文章 *Diagnosing the Decline in Parmaceutical R&D Efficiency*(可访问链接 https://www.nature.com/articles/ nrd3681)中有所阐述(也可在 Google 上搜索 "Eroom 定律"的图片来直观地理解这一概念)。

Eroom 定律揭示了一个现象：随着时间的推移，每投入十亿美元用于药物研究与开发(R&D)，药物发现的效率在对数尺度上呈线性下降。换句话说，近年来，对于同等规模的研发投入，药物发现的产出呈指数级减少。尽管在这段时间内，局部趋势有起有落，但从 1950 年至 2020 年，这种指数级的下降趋势是清晰可见的。

在科学研究领域，科学家们经常面临一个共同的挑战：他们需要找到那些在某些标准下既稀有、又新颖且实用的新型化学品、材料或设计。为了达到这一目标，他们必须依赖于尖端设备进行实验，而这些实验往往耗时较长，可能需要数日甚至数周才能完成。这意味着在追求各自目标函数的优化过程中，每次实验评估的成本都非常高。

作为示例，表 1-2 展示了一组来自实际任务的真实数据。目标是确定一种合金组成(由四种基本元素铅(Pb)、锡(Sn)、锗(Ge)和锰(Mn)混合而成)，以实现最低的混合温度，这是一个典型的黑盒优化问题。材料科学家们研究了这些元素的不同比例的组合，每种组合都可能合成出一种新合金，并在实验室中进行测试。

表 1-2 来自材料发现任务的数据

铅的比例	锡的比例	锗的比例	锰的比例	混合温度(华氏度)
0.50	0.50	0.00	0.00	192.08
0.33	0.33	0.33	0.00	258.30
0.00	0.50	0.50	0.00	187.24
0.00	0.33	0.33	0.33	188.54

数据来源：作者的研究工作

混合温度较低通常意味着合金结构稳定且具备高价值，因此我们的目标是寻找那些混合温度尽可能低的合金组成。然而，存在一个瓶颈：对于特定的合金，确定其混合温度通常需要花费数日时间。我们希望通过算法解决的问题是：基于我们现有的数据集，我们应该尝试哪种新的合金组成(即铅、锡、锗和锰的比例应该是多少)，以找到具备最低混合温度的合金？

另一个例子是矿产开采和石油钻探，特别是寻找大片区域内产出最高价值矿物或石油的地区。这需要大量的规划、投资和人力，同样是一项成本不菲的工程。鉴于开采作业对环境的负面影响，政府制定了相应的法规来限制采矿活动，这也间接限制了在优化问题中可以进行评估的次数。

在处理成本高昂的黑盒优化问题时，核心问题在于：我们应该如何选择合适的位置来评估目标函数，以便在搜索过程中找到最优解？正如后续示例所示，一些简单的启发式方法，比如随机搜索或网格搜索，这些在 Python 的 scikit-learn 等流行库中实现的方法，可能会导致目标函数的评估效率低下，从而影响优化的整体表现。在这种情况下，贝叶斯优化成为解决问题的关键。

1.2   引入贝叶斯优化

面对成本高昂的黑盒优化问题，我们引入贝叶斯优化作为一种应对策略。下面介绍贝叶斯优化的概念，以及它是如何运用概率机器学习技术来优化成本昂贵的黑盒函数的。

> **定义**   贝叶斯优化(BayesOpt)是一种机器学习技术，它同时维护一个预测模型来学习目标函数，并使用贝叶斯概率和决策理论来决定如何获取新数据以改进我们对目标函数的认知。

我们所说的"数据"，指的是输入-输出对，每个对都反映了一个输入值与其对应的目标函数值之间的关系。在超参数调优的特定情况下，这些数据与我们想要调整的机器学习模型的训练数据是不同的。

在贝叶斯优化过程中，我们根据贝叶斯优化算法的建议来做决策。一旦我们执行了贝叶斯优化推荐的行动，贝叶斯优化模型就会根据该行动的结果进行更新，并继续推荐下一步行动。这个过程会一直重复，直到我们确信已经找到了最优行动。

这个工作流程主要有两个组成部分：

- **机器学习模型**，它从我们的观测数据中学习，并预测在未见过的数据点上目标函数的值。
- **优化策略**，它通过评估目标函数来决定下一步观测的位置，以定位最优解。

我们将在接下来的小节中逐一介绍这些组成部分。

1.2.1　使用高斯过程进行建模

贝叶斯优化的工作原理是首先在我们试图优化的目标函数上拟合一个预测性的机器学习模型——这个模型有时被称为代理模型，因为它充当了我们根据观测结果认定的函数与实际函数之间的代理。这个预测模型至关重要，因为它的预测结果会指导贝叶斯优化算法的决策，进而直接影响优化的效果。

在贝叶斯优化的实践中，高斯过程(Gaussian Process，GP)几乎总是被选作预测模型。我们将在本小节中深入探讨 GP。简而言之，GP 与其他机器学习模型一样，遵循相似数据点产生相似预测的原则。尽管与岭回归、决策树、支持向量机或神经网络相比，GP 可能不是最流行的模型类别，但正如本书反复强调的，GP 具有一个独特且至关重要的特性：它们不会像前面提到的其他模型那样提供点估计预测，而是以概率分布的形式给出预测。在贝叶斯优化中，这种以概率分布的形式提供的预测至关重要，因为它使我们能够量化预测中的不确定性，从而在决策时更好地权衡风险与收益。

首先，让我们看看在数据集上训练高斯过程时，它会是怎样的表现。例如，假设我们想要训练一个模型来学习表 1-3 中的数据集，这个数据集在图 1-3 中以黑色 x 表示。

表 1-3　一个与图 1-3 对应的回归数据集示例

训练数据点	标签
1.1470	1.8423
-4.0712	0.7354
0.9627	0.9627
1.2471	1.9859

我们首先在这个数据集上应用岭回归模型进行拟合，并在-5 到 5 的区间内进行预测。图 1-3 的上半部分展示了这些预测结果。岭回归模型是对线性回归模型的一种改进，它通过正则化模型权重，并倾向于选择较小的值，以避免过拟合。这个模型在特定测试点的预测结果是一个确定的数值，这并没有反映出我们对所学习函数行为的不确定性。

我们不必深入研究这个模型的具体运作机制。重要的是要认识到，岭回归器产生的点估计没有不确定性的衡量，这在许多其他机器学习模型，如支持向量机、决策树和神经网络中，也是如此。

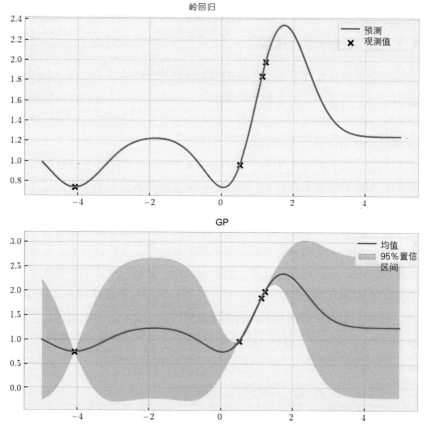

图 1-3　非贝叶斯模型，如岭回归器，会进行点估计，而高斯过程(GP)则生成预测的概率分布。因此，高斯过程提供了一种量化不确定性的方法，这对于高风险决策至关重要

那么，高斯过程是如何进行预测的呢？如图 1-3 的底部所示，高斯过程的预测以概率分布的形式给出(具体来说，是正态分布)。这意味着在每个测试点，我们有一个均值预测(以实线表示)，以及所谓的 95%可信区间，或置信区间 CI(以阴影区域表示)。

注意，在频率统计学中，缩写 CI 常用来表示置信区间(confidence interval)；在本书中，我专门用 CI 来表示可信区间(credible interval)。这两个概念虽然在技术上有一些差异，但概括来看，仍然可以将本书中的 CI 视为一个区间，在这个区间内，我们感兴趣的量(本例中即预测函数的真实值)很可能落在其中。

GP 和岭回归

有趣的是，当使用相同的协方差函数(也称为核函数)时，GP 和岭回归模型会产生相同的预测(对于 GP 来说是均值预测)，如图 1-3 所示。我们将在第 3 章更深入地讨论协方差函数。这意味着，高斯过程不仅具有岭回归模型的所有优势，还提供了额外的 CI 的预测信息。

虽然均值代表了预测的最可能值，但95%置信区间表示的是可能值的范围，即该范围占分布概率质量的95%

　　实际上，这个置信区间衡量了我们对每个测试点值的不确定性水平。如果某个测试点的预测置信区间较大(例如，图 1-3 中的-2 或 4)，那么该点的可能值范围就更广。换句话说，我们对这个值的不确定性就更大。如果置信区间较窄(例如，图 1-3 中的 0 或 2)，那么我们对该点的值就更有把握。高斯过程的一个优点是，对于训练数据中的每个点，预测置信区间接近于 0，表明我们对其值没有任何不确定性。这是有道理的。毕竟，我们已经从训练集中知道了这个值。

噪声函数评估

　　虽然在图 1-3 中不存在这种情况，但我们的数据集中的数据点标签可能存在噪声。在现实世界中，观测数据的过程很可能受到噪声的干扰。在这些情况下，我们可以在高斯过程中进一步指定噪声水平，这样所观测的数据点的置信区间(CI)将不会坍缩到 0，而是会坍缩到指定的噪声水平。这体现了高斯过程建模的灵活性。

　　将不确定性量化的能力，即赋予不确定性一个具体的数值，对于诸如贝叶斯优化这样的高风险决策过程来说至关重要。想象一下 1.1 节中的情景，我们需要调整神经网络的层数，但时间有限只允许我们尝试一个模型。假设在训练数据上，高斯过程预测 25 层的平均准确率为 0.85，其 95%置信区间为 0.81 至 0.89。相比之下，15 层的平均准确率也是 0.85，但其置信区间为 0.84 至 0.86。在这种情况下，尽管两者的期望值相同，但选择 15 层更为合理。这是因为我们对 15 层能够带来良好表现的信心更强。

　　明确地说，高斯过程不会为我们做出任何决策，但它确实为我们提供了通过概率预测来做决定的方法。决策的制定则留给了 BayesOpt 框架的第二部分：策略。

1.2.2　使用贝叶斯优化策略进行决策

在贝叶斯优化中，除了将高斯过程作为预测模型，我们还需要一个决策程序，我们将在本小节中探讨这一点。这是贝叶斯优化的第二个组成部分，它接收高斯过程模型的预测，并推理如何最有效地评估目标函数，以便高效地找到最优解。

正如之前提到的，95%置信区间为 0.84 至 0.86 的预测，相较于95%置信区间为0.81 至 0.89 的预测，通常认为前者更优，尤其是在我们只有一次尝试机会时。这是因为前者的预测更可靠，几乎可以确保我们能够得到一个好结果。然而，在更复杂的情况下，如果两个预测点的预测均值和不确定性水平不同，如何做出更合理的选择就变得尤为重要。

贝叶斯优化策略正好能帮助我们完成这一任务：在给定预测概率分布的情况下，量化每个点的价值或有用性。策略的任务是接收高斯过程模型，这个模型代表了我们对目标函数的信念，并为每个数据点分配一个分数，表示这个点在帮助我们识别全局最优解方面有多大帮助。这个分数有时被称为获取分数(acquisition score)。我们的任务是挑选出使这个获取分数最大化的点，并在该点上评估目标函数。

在图 1-4 中，我们看到了与图 1-3 相同的高斯过程，其中底部展示了一种名为期望改进(Expected Improvement)的贝叶斯优化策略如何对 x 轴上-5 到 5 之间的每个点(即我们的搜索空间)进行评分。我们将在第 4 章了解这个名称的含义以及策略是如何对数据点评分的。目前，只需要记住，如果一个点的获取分数很高，那么这个点对于找到全局最优解是非常有价值的。

在图 1-4 中，最佳点大约在 1.8 附近，这很合理，因为根据顶部的高斯过程，这也是我们达到最高预测均值的地方。这意味着我们将选择 1.8 这个点来评估我们的目标，希望从收集到的最高值中获得改进。

我们需要明白，这个过程并非一次性完成，而是一个持续的学习循环(learning loop)。在循环的每一步，我们会基于已经观测到的目标函数数据来训练一个新的高斯过程模型，然后运用贝叶斯优化策略在这个模型上进行分析，以期得到一个推荐点，帮助我们找到全局最优解。在推荐的新观察点上进行观测后，将这个新点加入训练数据集，然后再次开始整个循环。这个过程会一直持续，直到满足某个终止条件。现在，让我们暂且放慢脚步，以更宏观的视角来审视贝叶斯优化的大局。

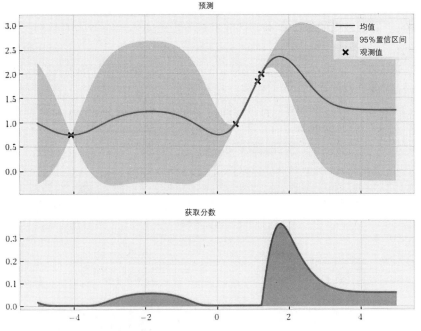

图 1-4　贝叶斯优化策略根据每个数据点在定位全局最优解方面的有用性对其进行评分。策略倾向于选择预测值高(即回报可能性大)以及不确定性高(即回报可能性很大)的点

与实验设计的联系

这里对贝叶斯优化的描述可能会让你联想到统计学中的实验设计(design of experiments，DoE)概念，它通过调整可控设置来优化目标函数。这两种技术之间存在许多联系，但贝叶斯优化可以被视为一种比 DoE 更通用的方法，它由机器学习模型高斯过程驱动。

1.2.3　将高斯过程和优化策略结合起来形成优化循环

本小节将我们之前讨论的所有内容联系起来，使流程更加具体化。我们将贝叶斯优化(BayesOpt)的工作流程视为一个整体，以更好地理解各个组件是如何相互协作的。

我们从一个初始数据集开始，类似表 1-1、表 1-2 和表 1-3 中给出的数据。然后，贝叶斯优化的工作流程如图 1-5 所示，具体步骤如下：

(1) 在这些数据集上训练一个 GP 模型，这让我们对目标函数在任何位置的表现有了基于训练数据的信念。这个信念由实线曲线和阴影区域表示，类似图 1-3 和图 1-4 所示。

(2) 然后，贝叶斯优化策略接收这个 GP，并根据每个点在帮助我们定位全局最优解方面的价值对域内的每个点进行评分。这一步骤的结果通常如图 1-4 中的由底部曲线所示。

(3) 最大化该评分的点就是我们下一个要进行目标函数评估的点，评估后它会被加入我们的训练数据集。

(4) 此过程一直重复，直到我们达到评估目标函数的成本限制为止。

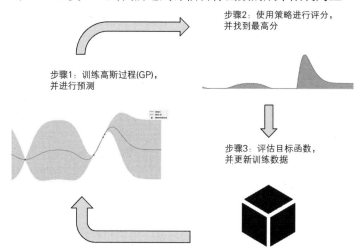

图 1-5   贝叶斯优化的循环过程融合了用于建模的高斯过程和用于决策的策略。这一完整的工作流程
现在可用于优化那些难以直接解析的复杂函数

与监督学习任务(仅在训练数据集上拟合预测模型并在测试集上进行预测，仅涵盖步骤(1)和步骤(2))不同，贝叶斯优化的工作流程通常被称为主动学习(active learning)。主动学习是机器学习的一个子领域，我们能够决定模型从哪些数据点中学习，而这一决策过程反过来又由模型本身决定。

如前所述，高斯过程和策略构成了贝叶斯优化过程的核心。如果高斯过程不能精确地模拟目标函数，那么我们将无法有效地向策略传递训练数据中的信息。反之，如果策略在识别并给予"好"点(有助于确定全局最优解的点)高分，以及给予"差"点(无助于确定全局最优解的点)低分方面表现不佳，那么我们的决策将会受到误导，最终很可能导致不理想的结果。

换句话说，如果没有一个好的预测模型，比如高斯过程，我们将无法在校准不确定性的情况下做出好预测。如果没有策略，虽然可以做出好的预测，但无法做出好的决策。

在本书中，我们多次以天气预报为例来阐述这一概念。设想一个场景：在你准备出门上班前，你想知道是否需要携带雨伞，于是你查看了手机上的天气预报应用。

不言而喻，应用程序提供的预测必须精确且可信，这样你才能放心地依据它们来做决策。一个总是预报晴天的应用显然不靠谱。此外，你还需要一种合理的决策机制来根据这些预测做出决定。无论天气多么可能下雨，都不带伞是一个糟糕的决策，一旦真的下雨，你将陷入困境。同样，即使在预报 100%晴天的情况下也总是带伞，也非明智之举。你应该根据天气预报来灵活决定是否带伞。

自适应决策是贝叶斯优化(BayesOpt)的精髓，而要实现这一点，我们需要一个优秀的预测模型和一个有效的决策策略。框架的这两个组成部分都需要精心设计。这就是本书接下来的第 I、II 部分分别涵盖了使用高斯过程进行建模和使用贝叶斯优化策略进行决策的原因。

1.2.4　贝叶斯优化的实际应用

在这个阶段，你可能会好奇，这些复杂的技术是否真的有效——或者说，它们是否比简单的随机抽样策略更有效。为了解答这个问题，让我们通过一个简单的函数上的贝叶斯优化"演示"来进行验证。这同时也是一个从抽象转向具体的过程，揭示了我们在后续章节中能够实现的目标。

假设我们要优化(本例中是最大化)的黑盒目标函数是图 1-6 所示的一维函数，其定义域为-5 到 5。同样，这幅图仅供我们参考。在黑盒优化中，实际上我们并不知道目标函数的形状。我们观测到目标函数大约在-2.4 到 1.5 之间有多个局部最大值，但全局最大值大约在右侧的 4.3 处。我们还假设最多只能对目标函数进行 10 次评估。

在我们探讨贝叶斯优化如何解决这个优化问题之前，先看看两种基准策略。第一种是随机搜索，我们在-5 到 5 之间均匀采样；最终得到的点就是我们将要评估目标函数的位置。图 1-6 展示了这样一个可能的方案。在这个方案中找到的最高值的点大约在 $x = 4$ 处，其函数值为 $f(x) = 3.38$。

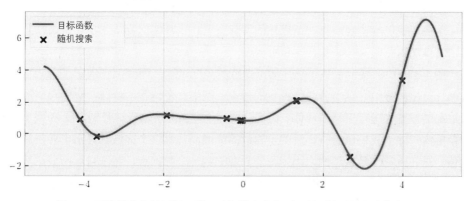

图 1-6　要被最大化的目标函数，随机搜索会在不可预测的区域上浪费资源

随机搜索的工作原理

随机搜索涉及在目标函数的定义域内随机均匀地选择点。也就是说，我们到达定义域内某个点的概率与到任何其他点的概率是相等的。如果我们认为搜索空间中存在重要区域，希望更多地关注这些区域，我们可以从非均匀分布中抽取这些随机样本。然而，这种非均匀策略需要我们在开始搜索之前就知道哪些区域是重要的。

你可能会发现这些随机采样点的一个不足之处在于，许多点恰好落在 0 附近的区域。当然，这纯属偶然，而在另一次搜索中，我们可能会在另一个区域发现许多样本。然而，我们仍有可能浪费宝贵的资源来对函数的一个小区域进行多次评估。直观地讲，分散评估点更有利于我们了解目标函数。

这种分散评估点的想法引导我们考虑第二种基准策略：网格搜索。在这里，我们将搜索空间划分为等距的段，并在这些段的端点处进行评估，如图 1-7 所示。

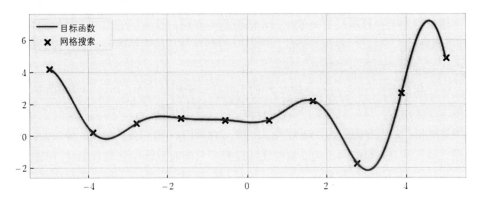

图 1-7　网格搜索在缩小范围至一个好的区域方面仍然效率不高

在这次搜索中找到的最佳点是右侧最末端的点，位于 5 处，评估值大约为 4.86。这个结果比随机搜索要好，但仍然没有找到真正的全局最优解。

现在，我们准备观测贝叶斯优化的实际应用！贝叶斯优化从一个随机采样的点开始，就像随机搜索一样，如图 1-8 所示。

图 1-8 的顶部展示了基于已评估点训练的高斯过程，而底部则展示了由期望改进策略计算出的分数。这个分数告诉我们搜索空间中每个位置的价值，我们应该选择分数最高的位置来进行下一步评估。值得注意的是，当前策略告诉我们，在-5 到 5 的搜索范围内，除了我们已经查询过的 1 附近的区域，几乎整个区域都显示出潜在的优化价值。这在直觉上是合理的，因为我们只观测到一个数据点，对于目标函数在其他区域的表现还一无所知。策略建议我们继续探索！接下来，我们将在图 1-9 中观测从第一次到第四次查询的模型状态。

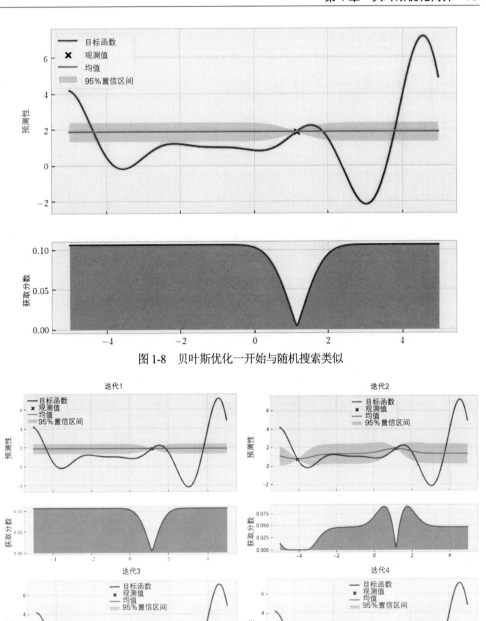

图1-8　贝叶斯优化一开始与随机搜索类似

图1-9　在进行了四次查询之后，我们已经确定了次优的最优解

四次查询中有三次查询集中在点 1 附近，此处存在一个局部最优解，由于我们的策略建议接下来在这个区域再查询一个点，你可能担心我们会陷入这个局部最优区域，而无法找到真正的全局最优解，但后面会看到情况并非如此。让我们快速浏览图 1-10 所示的接下来的两个迭代。

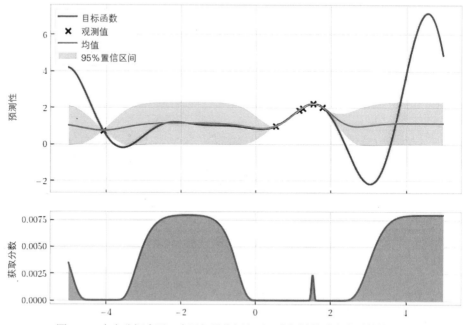

图1-10　在充分探索了一个局部最优解之后，我们被鼓励去查看其他区域

在进行了五次查询以界定这个局部最优区域后，我们的策略决定探索其他更有希望的区域——特别是左侧约-2 和右侧约 4 的区域。这令人十分欣慰，因为它表明一旦我们对某个区域有了足够的了解，贝叶斯优化不会局限于该区域。现在，让我们看看在图 1-11 中进行 8 次查询后会发生什么。

在这里，我们在右侧又观测到了两个新的点，这两个点更新了我们的高斯过程模型和策略。观测均值函数(实线，代表最可能的预测)，我们发现它在 4 到 5 的区间内几乎与真实目标函数吻合。再者，我们的策略(底部曲线)现在几乎完全指向全局最优解，几乎没有关注其他区域。这很有趣，尽管我们对左侧区域的了解还很有限(在 0 左侧我们只有一个观测点)，但我们的模型认为，无论那个区域的函数形态如何，与当前区域相比，它都不值得进一步探索。实际上，对本例而言，这一判断是正确的。

经过 10 次查询后，我们的工作流程如图 1-12 所示。现在可以肯定地说，我们已经找到了大约在 4.3 附近的全局最优解。

这个例子清楚地表明，贝叶斯优化在效果上远远超过了随机搜索和网格搜索。这对于我们来说是一个极大的鼓舞，因为后两种策略是许多机器学习实践者在面对超参数调优问题时采用的方法。

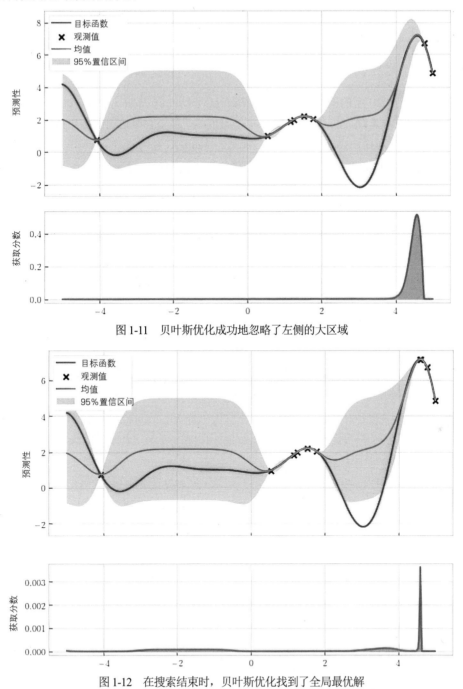

图 1-11　贝叶斯优化成功地忽略了左侧的大区域

图 1-12　在搜索结束时，贝叶斯优化找到了全局最优解

例如，scikit-learn 是 Python 中最流行的机器学习库之一，它提供了 model_selection

模块，用于执行各种模型选择任务，包括超参数调优。然而，随机搜索和网格搜索是该模块中实现的仅有的两种超参数调优方法。换句话说，如果我们确实使用随机搜索或网格搜索进行超参数调优，那么还有很大的提升空间。

总的来说，采用贝叶斯优化可能会显著提升优化性能。我们可以快速浏览一些真实示例：

- 一篇 2020 年的研究论文，名为 *Bayesian Optimization is Superior to Random Search for Machine Learning Hyperparameter Tuning*(可访问链接 https://arxiv.org/pdf/2104.10201.pdf)，这是 Facebook、Twitter、Intel 等机构联合研究的结果，发现贝叶斯优化在许多超参数调优任务中均取得了显著的成功。
- 2018 年诺贝尔奖得主、加州理工学院教授 Frances Arnold 在她的研究成果中运用贝叶斯优化，以寻找能够有效催化理想化学反应的酶。
- 发表在 Nature 杂志上的一项研究，题为 *Design of Efficient Molecular Organic Light-Emitting Diodes by a High-Throughput Virtual Screening and Experimental Approach*，该研究(可访问链接 https://www.nature.com/articles/nmat4717)利用 BayesOpt 方法对分子有机发光二极管进行筛选，这是一种重要的分子类型。研究发现，采用这种方法后，发光二极管的效率有了显著提高。

类似的例子还有很多。

> **不适用贝叶斯优化的情况**
>
> 了解在哪些情况下贝叶斯优化不适用也很重要。正如我们所提到的，当我们的资源有限，无法多次评估目标函数时，贝叶斯优化特别有效。然而，如果评估目标函数的成本很低，我们就没有理由在观察目标函数时过于节省。在这种情况下，我们可以选择更直接的方法来获取信息。
>
> 在这种情况下，如果我们能够在一个密集的网格上全面检查目标函数，就能确保找到全局最优解。如果不是这样，我们可以考虑使用其他策略，比如 DIRECT 算法或进化算法，这些算法在评估成本较低时通常表现出色。此外，如果目标函数的梯度信息可知，那么基于梯度的算法将更为合适。

希望这一章能够激发你的兴趣，并让你对未来的探索充满期待。在下一节中，我们将总结你在本书中将要学习的关键技能。

1.3　你将从本书中学到什么

本书将为你提供对高斯过程模型和贝叶斯优化任务的深入理解。你将学习使用最先进的工具和库在 Python 中实现贝叶斯优化流程。还将学习处理贝叶斯优化任务的多种建模和优化策略。当阅读完本书时，你将能够做到以下几点：

- 使用 GPyTorch，这个 Python 中首屈一指的高斯过程建模工具，实现高性能的高斯过程模型；可视化并评估它们的预测；为模型选择合适的参数；并实现扩展，如变分高斯过程和贝叶斯神经网络，以适应大数据的规模。
- 使用业界领先的贝叶斯优化库 BoTorch(该库与 GPyTorch 集成得非常好)实现一系列贝叶斯优化策略，并深入检查和理解它们的决策制定策略。
- 利用贝叶斯优化框架进行不同的专业设置，如批量优化、约束优化和多目标优化。
- 将贝叶斯优化应用于实际任务，如调整机器学习模型的超参数。

此外，我们在练习题中使用真实世界的例子和数据来巩固每一章所学的内容。在整本书中，我们在许多不同的设置中对相同的数据集运行我们的算法，以便比较和分析不同方法的优劣。

1.4　本章小结

- 现实世界中的许多问题可以被视为昂贵的黑盒优化问题。这类问题中，我们只能观测到函数值，没有任何额外信息。此外，观测一个函数值的成本很高，使得许多成本不敏感的优化算法难以适用。
- 贝叶斯优化是一种机器学习技术，通过设计智能的目标函数评估来解决黑盒优化问题，能够迅速地找到最优解。
- 在贝叶斯优化中，GP 充当预测模型，预测给定位置的目标函数值。GP 不仅提供均值预测，还给出 95%置信区间，通过正态分布表示不确定性。
- 为了优化黑盒函数，贝叶斯优化策略会迭代地选择评估目标函数的位置。策略通过量化每个数据点在优化方面的贡献来实现这一点。
- 在贝叶斯优化中，高斯过程和策略是相辅相成的。前者用于精准预测，后者用于明智决策。
- 通过自适应地做出决策，贝叶斯优化在优化方面比随机搜索或网格搜索更有效，后者通常是黑盒优化问题的默认策略。
- 贝叶斯优化在机器学习中的超参数调整以及其他科学应用，如药物发现等领域，已经取得了显著的成功。

第I部分

使用高斯过程建模

预测模型通过提供准确的预测来指导决策，在贝叶斯优化(BayesOpt)中扮演着至关重要的角色。正如我们在 1.2.1 节及本部分多次强调的，高斯过程(GP)能够提供对不确定性的精确评估，这是决策任务的关键组成部分，也是许多机器学习模型所不具备的特性。

从第 2 章开始，将解释 GP 作为函数分布的直观理解，以及它如何在无限维度下对多元正态分布进行泛化。我们将探讨如何通过贝叶斯定理，根据新数据更新高斯过程，以反映我们对函数值的信念。

第 3 章展示了 GP 在数学上的灵活性。这种灵活性使我们能够将先验信息通过 GP 的全局趋势和预测变异性融入预测中。通过组合 GP 的不同部分，我们可以在数学上模拟出各种类型的函数。

在本部分的讨论中，我们将使用先进的 Python 高斯过程库 GPyTorch 来实现代码。随着你深入学习本部分的内容，你将积累使用 GPyTorch 设计并训练 GP 模型的宝贵实践经验。

## 第 2 章

高斯过程作为函数上的分布

本章主要内容:
- 多元高斯分布及其性质简明教程
- 将高斯过程理解为无限维的多元高斯分布
- 在 Python 中实现高斯过程

　　了解了贝叶斯优化(BayesOpt)的功能后,我们现在已准备好踏上贝叶斯优化的学习旅程。正如我们在第 1 章中看到的,贝叶斯优化的工作流程由两个主要部分组成:一个是作为预测或代理模型的高斯过程(GP),一个是用于决策的策略。通过高斯过程,我们得到的不仅仅是对测试数据点的点估计预测,而是整个概率分布,它代表了我们对预测的不确定性估计。

　　高斯过程能够根据相似的数据点生成相似的预测。例如,在进行天气预测时,为了估计当天的气温,高斯过程会参考与当天气候相似的近期天气数据,或者是去年同一天的数据。而其他季节的天气数据对于这个预测则没有太大帮助。同样,在预测房价时,高斯过程会认为,与预测目标房屋位于同一地区的相似房屋,比远在另一个州的房屋信息更有价值。

　　GP 通过其协方差函数来表达一个数据点与另一个数据点之间的相似性,并且它还能对 GP 的预测不确定性进行建模。回想第 1 章中我们对比了岭回归模型和 GP,如图 2-1 所示。在这里,岭回归器仅提供单一值的预测,而 GP 在每个测试点都会输出一个正态分布。不确定性的量化是 GP 区别于其他机器学习模型的关键特性,尤其是在面对不确定性决策的情况下。

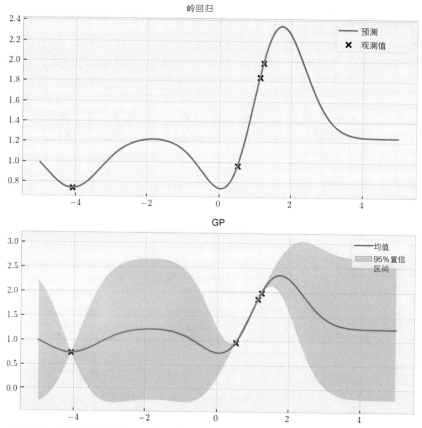

图 2-1　岭回归与高斯过程的预测。虽然高斯过程的平均预测与岭回归的预测相同，但高斯过程还提供了置信区间，指示了预测的不确定性水平

我们将看到如何通过高斯分布在数学上实现相关性建模和不确定性量化，并学习如何在 Python 的顶级 GP 建模工具 GPyTorch 中实际实现 GP。能够使用 GP 来建模函数是迈向贝叶斯优化的第一步——我们将在本章中迈出这一步。

为何选择 GPyTorch?

Python 中还有其他高斯过程建模库，如 GPy 或 GPflow，但本书选择了 GPyTorch。GPyTorch 基于 PyTorch 构建，处于积极维护状态，它提供了从数组操作到高斯过程建模，最终到使用 BoTorch 进行贝叶斯优化的简化工作流程，第 4 章将开始使用 BoTorch。

该库也得到了积极维护，并实现了众多先进的方法。例如，第 12 章涵盖了如何使用 GPyTorch 将高斯过程扩展到大型数据集，而在第 13 章中，我们将学习如何将神经网络集成到高斯过程模型中。

2.1　如何以贝叶斯方式出售你的房子

在深入探讨 GP 之前，让我们考虑一个房价建模的示例场景，以及房价如何与其他房屋相关联。这个讨论将作为多元高斯分布中相关性如何工作的示例，这是高斯过程的核心部分。

假设你是密苏里州的一位房主，正打算出售你的房子。你想要设定一个合适的售价，于是你和朋友讨论如何做到这一点。

你：我不确定该怎么办。我只是不知道我的房子到底值多少钱。

朋友：你有没有大概的估计？

你：我猜大概在 15 万到 30 万之间。

朋友：那范围挺大的。

你：是啊，我希望我认识一些卖过房子的人。我需要一些参考。

朋友：我听说艾丽斯的房子卖了 25 万。

你：是加利福尼亚州的艾丽斯吗？那真的很让人惊讶！而且，我不认为加利福尼亚州的房子能帮我更好地估计我自己的房子。它可能仍然在 15 万到 30 万之间。

朋友：不，是住在你隔壁的艾丽斯。

你：哦，我明白了。那实际上很有用，因为她的房子和我的房子非常相似！现在，我猜我的房子价格大概在 23 万到 27 万之间。是时候和我的房地产经纪人谈谈了！

朋友：很高兴我能帮上忙。

在这次对话中，你提到以邻居艾丽斯的房子作为参考来估计自己房子的价格是一个好策略。这是因为这两套房子在属性上相似，且地理位置相近，所以你预期它们的价格会相近。而另一位艾丽斯的房子在加利福尼亚州，与你的房子完全无关，所以即使你知道了她的房子卖了多少钱，你也无法获得任何你感兴趣的信息：你自己房子的价值是多少。

我们刚才进行的计算是对我们对房子价格信念的贝叶斯更新。你可能熟悉贝叶斯定理，如图 2-2 所示。对于贝叶斯定理和贝叶斯学习的详细介绍，请参考 Luis Serrano 的 *Grokking Machine Learning*(Manning，2021 年)第 8 章。

贝叶斯定理提供了一种更新我们对感兴趣数量的信念的方法，在这个例子中，就是对我们房子合适价格的信念。应用贝叶斯定理时，我们将从先验信念(即我们的初步猜测)转变为对所讨论数量的后验信念。这个后验信念结合了先验信念和我们观测到的数据的可能性。

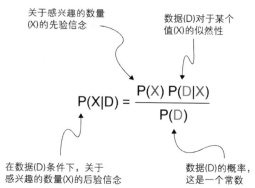

关于感兴趣的数量
(X)的先验信念

数据(D)对于某个
值(X)的似然性

$$P(X|D) = \frac{P(X)\,P(D|X)}{P(D)}$$

在数据(D)条件下，关于
感兴趣的数量(X)的后验信念

数据(D)的概率，
这是一个常数

图 2-2　贝叶斯定理提供了一种更新我们对感兴趣数量的信念的方法，这种信念以随机变量的概率分布形式表示。在观测到任何数据之前，我们对 X 有一个先验信念。在用数据更新之后，我们得到了关于 X 的后验信念

在此例中，我们最初认为房价在 15 万到 30 万之间。正如你朋友所指出的，这个范围相当大，所以这个初始的先验信念并没有包含太多信息——在这个价格范围内的任何数字都是可能的。现在，当我们根据新信息更新这个范围到后验信念时，考虑了两栋房子价格的新信息，发生了一些有趣的变化。

首先，假设加州的艾丽斯的房子估值为 25 万，我们对自己房子的后验信念保持不变：在 15 万到 30 万之间。再次强调，这是因为加利福尼亚州艾丽斯的房子与我们的房子无关，她房子的价格并不能为我们提供有参考价值的信息。

其次，如果新信息是隔壁的艾丽斯的房子估值为 25 万，那么我们的后验信念会从先验信念显著改变：变为 23 万到 27 万的区间。有了隔壁艾丽斯的房子作为参考，我们的信念已经更新，接近观察到的值，即 25 万，同时缩小了我们信念的范围(从 15 万的差距变为 4 万的差距)。这是一个非常合理的做法，因为隔壁艾丽斯房子的价格对我们房子的价格具有很高的参考价值。图 2-3 展示了整个过程。

注意，例子中的数字并不精确，它们只是为了让例子更直观。然而，我们会看到，通过使用多元高斯分布来模拟我们的信念，我们能以一种可量化的方式实现这个直观的更新过程。此外，通过这样的高斯分布，我们可以确定一个变量(某人的房屋)是否与我们感兴趣的变量(我们自己的房屋)相似，以及它在多大程度上影响我们的后验信念。

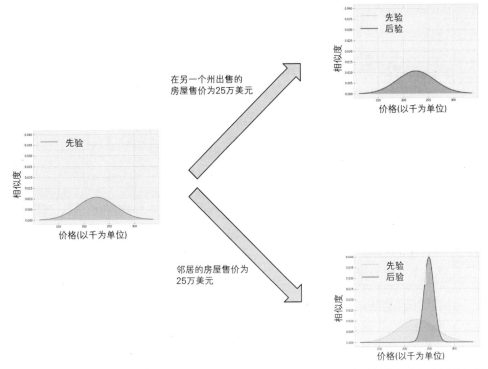

图 2-3　在贝叶斯方式下更新关于我们房屋价格的信念。根据观测到的房屋价格与我们房屋的相似度，后验信念要么保持不变，要么会被大幅更新

2.2　运用多元高斯分布对相关性建模并进行贝叶斯更新

在本节中，我们将学习多元高斯分布(或多元高斯，或简称 MVN)，并了解它们如何促进我们之前介绍的更新规则。这将为我们后续讨论 GP 奠定基础。

2.2.1　使用多元高斯分布联合建模多个变量

首先，我们介绍什么是多元高斯分布以及它们能够建模的内容。我们将看到，通过协方差矩阵，MVN 不仅描述了各个随机变量的行为，还描述了这些变量之间的相关性。

我们先考虑正态分布——也就是所谓的钟形曲线。正态分布在现实世界中非常普遍，被用来模拟各种数量，如身高、智商、收入和出生时的体重。

当我们想要建模多个数量时，我们会使用 MVN。为了做到这一点，我们将这些数量聚合成一个随机变量的向量，然后这个向量就被称为服从多元高斯分布。这种聚合如图 2-4 所示。

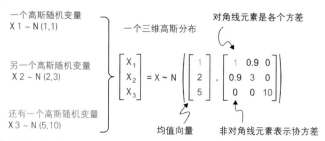

图 2-4　MVN 将多个正态分布的随机变量组合在一起。虽然 MVN 的均值向量是各个变量均值的串联，但协方差矩阵则用来描述各个变量之间的相关性

定义　考虑一个随机向量 $X = [X_1 X_2 \ldots X_n]$，它服从高斯分布，记为 $N(\mu, \Sigma)$，其中 μ 是长度为 n 的向量，Σ 是一个 $n \times n$ 矩阵。这里，μ 被称为均值向量，其各个元素表示 X 中对应随机变量的期望值，Σ 是协方差矩阵，描述了各个变量的方差以及变量之间的相关性。

让我们详细解析一下多元高斯分布的定义：

- 首先，由于多元高斯分布(MVN)的便利性，向量 X 中的每个随机变量都服从正态分布。具体来说，第 i 个变量 X_i 具有均值 μ_i，这是多元高斯分布(MVN)的均值向量 μ 的第 i 个元素。
- 此外，X_i 的方差是协方差矩阵 Σ 的第 i 个对角线元素。
- 如果我们有一个服从 MVN 的随机变量向量，那么每个单独的变量都对应于一个已知的正态分布。

如果协方差矩阵 Σ 的对角线元素是各个变量的方差，那么非对角线元素呢？这个矩阵中第 i 行第 j 列的元素表示 X_i 和 X_j 之间的协方差，这与两个随机变量之间的相关性有关。假设相关性是正的，那么以下情况适用：

- 如果相关性很高，那么两个随机变量 X_i 和 X_j 就被认为是相关的。这意味着一个变量的值增加，另一个的值也倾向于增加，如果一个变量的值减少，另一个的值也会减少。你邻居艾丽斯的房子和你自己的就是相关变量的例子。
- 相反，如果相关性很低且接近零，那么无论 X_i 的值是多少，我们对 X_j 的值的了解很可能不会有很大的变化。这是因为这两个变量之间没有相关性。加利福尼亚州艾丽斯的房子和我们的房子就属于这一类。

负相关性
之前的描述是针对正相关性的。相关性也可以是负的，表明变量以相反的方向变动：如果一个变量增加，另一个会减少，反之亦然。正相关性是我们要学习的重要概念，所以不必理会负相关性的细节。

为了使讨论更具体，下面定义一个 MVN，它联合建模三个随机变量：我们房子的价格 A；邻居艾丽斯房子的价格 B；以及加利福尼亚州艾丽斯房子的价格 C。这个三维高斯分布也有一个协方差矩阵，如图 2-4 所示。

注意　为了方便起见，通常假设这个高斯分布(Gaussian)的均值向量被标准化为零向量。在实践中，这种标准化通常是为了简化数学运算。

再次强调，对角线单元格告诉我们各个随机变量的方差。B 的方差(3)略大于 A 的方差(1)，这意味着我们对 B 的值更不确定，因为我们并不完全了解邻居房子的所有信息，因此无法做出更准确的估计。另一方面，第三个变量 C 的方差最大，这反映了加利福尼亚州的房价的总体波动范围更广。

注意　这里使用的值(1, 3, 10)是示例值，用来说明随机变量的方差越大，对变量值的不确定性就越大(在了解它的值之前)。

此外，我们的房子(A)和邻居的房子(B)之间的协方差为 0.9，这表明两者的价格是显著相关的。这很合理，因为一旦我们知道了邻居房子的价格，我们就能更准确地估计自己房子的价值，毕竟它们位于同一街区。同时，我们注意到房子 A 和 B 与加利福尼亚州的房子(C)在价格上没有相关性，因为从地理位置来看，C 与 A、B 并无关联。换句话说，即使我们知道加利福尼亚州的房价，也不会知道我们自己房子的价格。现在，让我们用图 2-5 中的平行坐标图来直观地展示这个三维高斯分布。

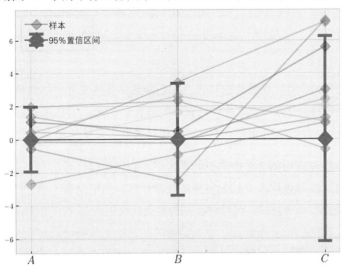

图 2-5　平行坐标图展示了房价示例中的均值标准化的 MVN。误差条表示相应正态分布的 95%置信区间，而浅色线条则显示了从多元高斯分布中抽取的样本

注意图中的粗体菱形及其对应的误差条:

- 粗体菱形代表高斯分布的均值向量,它就是简单的零向量。
- 误差条表示三个独立变量的 95%置信区间(CI)。从 A 到 B 再到 C,我们观测到置信区间逐渐变大,这与各自方差的增加值对应。

置信区间

一个随机变量 x 的正态分布的$(1-\alpha)$置信区间是一个特定范围,其中 x 落在这个范围内的概率恰好是$(1-\alpha)$。统计学家通常使用 95%的置信区间。这里的 95%并没有特别的含义,除了它是许多统计程序用来确定某事是否有意义的阈值。例如,t 检验通常使用置信水平 $1-\alpha = 0.95$,这意味着 p 值小于 $\alpha = 0.05$ 表示显著结果。正态分布的一个事实是,$\mu \pm 1.96\sigma$ 是一个 95%的置信区间(有些人甚至使用$\mu \pm 2\sigma$),其中μ和σ是变量 x 的均值和标准差,这是一个容易计算的量。

图 2-5 代表了我们对三座房子的标准化价格的先验信念。基于这个先验信念,我们猜测这三座房子的标准化价格都是 0,并且我们对这些猜测的不确定性水平各不相同。此外,由于我们正在处理一个随机分布,因此可以从这个多元高斯分布(MVN)中抽取样本。这些样本以连接的浅色菱形块显示。

2.2.2 更新多元高斯分布

掌握了多元高斯分布后,我们将介绍如何根据观测到的数据来更新这个分布。具体来说,按照本章开头的例子,我们希望在观测到 B 或 C 的值后,能够推导出关于这些价格的后验信念。这是一个重要的任务,因为这是 MVN 以及 GP 从数据中学习的方式。

定义 这种更新过程有时被称为条件化:在已知某些其他变量的值的情况下,推导出一个变量的条件分布。更具体地说,我们基于 B 或 C 的值来条件化我们的信念——一个联合的三元高斯分布——以获取这三个变量的联合后验分布。

在这里,通过应用图 2-2 中的贝叶斯定理,我们可以推导出这个后验分布的精确表达式。不过,推导过程涉及较为复杂的数学计算,所以这里不再详细展开。我们只需要了解,我们有一个公式,可以将我们想要条件化的 B 或 C 的值代入,公式会告诉我们 A、B 和 C 的后验分布情况。令人惊讶的是,给定数据时,高斯分布的后验分布同样是高斯分布,我们可以精确计算出后验高斯分布的均值和方差(在本章后续部分,我们将看到,当使用 GPyTorch 在 Python 中实现高斯过程时,GPyTorch 将自动处理这些复杂的数学更新)。

注意 对公式及其推导过程感兴趣的读者可以阅读卡尔·爱德华·拉斯穆森(Carl Edward Rasmussen)和克里斯托弗·K·I·威廉姆斯(Christopher K. I. Williams)的著作《机器学习的高斯过程》(*Gaussian Processes for Machine Learning*)的第 2 章第 2 节。这本书由麻省理工学院出版社(MIT Press)于 2006 年出版，被视为 GP 领域的权威著作。

现在，让我们重新生成平行坐标图，以 $B=4$ 作为 B 的一个示例值来条件化 MVN。结果如图 2-6 所示。

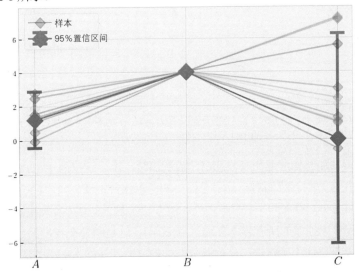

图 2-6　平行坐标图展示了图 2-5 中的 MVN，以 $B=4$ 为条件。在此图中，A 的分布被更新，所有抽取的样本都在 $B=4$ 的条件下进行插值

通过对 B 的观测更新我们的信念后，我们的后验信念发生了一些变化：

- A 的分布发生了变化，由于 A 和 B 之间的正相关性，其均值略微增大。此外，其误差范围现在变得更小。

- B 的后验分布简单地变成了一个特殊正态分布，其方差为零，因为我们在后验中已经确切地知道了它的值。换句话说，B 的值不再有任何不确定性。
- 而 C 的分布在更新后保持不变，因为它与 B 没有相关性。

这一切都是合理的，并且与我们从房价示例中得出的预期相符。具体而言，当我们得知邻居房子的价格后，我们对自己房子的信念会更新，使其与观测到的价格相近，并且我们的不确定性也会相应降低。

当我们以 C 的值为条件时，会发生什么变化呢？正如你可能预料的那样，由于在已知 B 的值后 C 的值保持不变，所以当我们以 C 为条件时，A 和 B 的后验分布不发生变化。图 2-7 展示了 C 等于 4 时的情形。

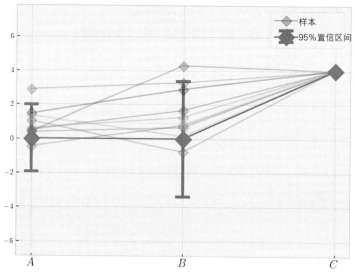

图 2-7　平行坐标图展示了图 2-5 中的 MVN，条件是 $C = 4$。在此图中，其他边缘分布没有变化。所有抽取的样本都在 $C = 4$ 的条件下进行插值

当我们得知加利福尼亚州有一座房子被售出时，由于这座房子与我们在密苏里州的房子没有任何关联，我们对自己房子价格的信念保持不变。

图 2-6 和图 2-7 还有另一个有趣之处。注意，在图 2-6 中，当条件为 $B = 4$ 时，我们从后验 MVN 中抽取的所有样本都通过点 $(B, 4)$。这是因为在我们的后验信念中，B 的取值已经没有任何不确定性，从后验分布中抽取的任何样本都必须满足这个条件的约束。同样的情况也适用于图 2-7 中的点 $(C, 4)$。

从视觉上来说，你可以想象当我们对一个变量进行条件化时，我们"绑定"了从先验分布(如图 2-5 所示)中抽取的样本，将它们"固定"在与我们条件化的变量相对应的那一点上，如图 2-8 所示。

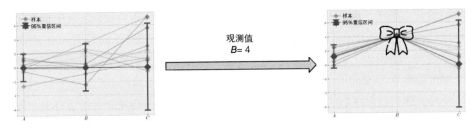

图 2-8　将一个高斯分布限制在观测值上，类似于在该观测值周围打一个结。来自后验分布的所有样本都必须穿过这个结点，而在观测点上不存在不确定性

最后，我们可以通过一个类似于图 2-3 的图表来形象地描述我们刚刚经历的贝叶斯条件化过程，如图 2-9 所示。

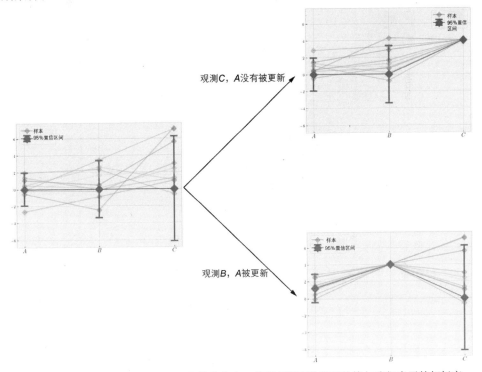

图 2-9　以贝叶斯方式更新我们对房子价格的信念。根据观测到的房子价格与我们房子的相似度，后验信念要么保持不变，要么会大幅更新

同样，如果我们基于 C 来条件化高斯分布，那些与之无关的变量的后验分布保持不变。然而，如果我们基于 B 来条件化，那么与之相关的变量 A 就会被更新。

2.2.3　使用高维高斯分布建模多个变量

多元高斯分布并不局限于包含三个随机变量。实际上，它可以同时建模任意有限数量的变量。在这一小节中，我们将了解到更高维的高斯分布与我们之前所探讨的工作原理是相通的。假设我们不是用一个三维高斯来表示三座房子，而是用一个 20 维的高斯来编码一条街道上多座房子的信息，那么一个更高维度的高斯分布则可用来建模一个城市或整个国家的房子。

此外，通过这些平行坐标图，我们可以同时可视化高维高斯分布的所有单个变量的分布情况。这是因为每个变量对应于一个单一的误差条，只占用 x 轴上的一个位置。

为简化分析，我们再次将均值向量标准化为零向量，虽然直接展示 20×20 的协方差矩阵不太方便，但可以通过绘制热图来可视化这个矩阵，如图 2-10 所示。

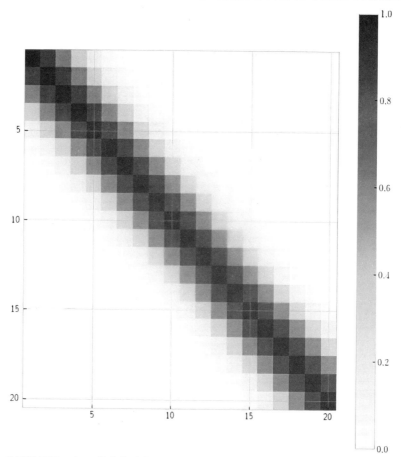

图 2-10   热图显示了一个 20 维高斯分布的协方差矩阵。相邻变量之间的相关性高于那些距离较远的变量，这一点通过更深的颜色表示

在这种情况下，对角线元素，或者说各个变量的方差，都是 1。此外，变量的排列方式使得相邻的变量之间存在相关性。也就是说，它们的协方差值较大。而相距较远的变量之间的相关性较低，它们的协方差接近于零。例如，在这个高斯分布中，任

何一对连续的变量(第一个和第二个，第二个和第三个，等等)的协方差大约为 0.87。也就是说，任何相邻的两座房子的协方差为 0.87。如果我们考虑第一个和第二十个变量——也就是街道一端的房子和另一端的房子——它们的协方差实际上接近于零。

这非常直观，因为我们预计附近的房子价格会相似，所以一旦知道了某个房子的价格，就能获得更多关于该地区其他房子价格的信息，而不是关于那些远离该地区的房子价格信息。

这在平行坐标图中是如何体现的呢？图 2-11 展示了先验高斯分布(左图)，以及条件设置为第 10 个变量值为 2 的后验高斯分布(右图)。基本上，我们正在模拟这样一个事件：我们发现第 10 套房子的价格是 2(具体单位已省略)：

- 首先，我们再次观察到这种现象：在后验分布中，误差条和样本围绕条件限制下的观测值形成了一个"结"。
- 其次，由于协方差矩阵所设定的相关性结构，与第 10 个变量相邻的变量的均值被"提升"，使得均值向量现在平滑地通过点(10, 2)。这表明我们的信念已经根据所获得的信息更新，周围房屋的价格也已相应上调。

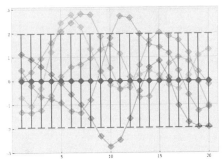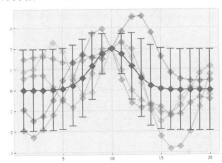

图 2-11 从先验(左)和后验(右)高斯分布中抽取的误差条和样本，条件是第 10 个变量值为 2。后验中，与第 10 个变量接近的变量的不确定性减少，它们的均值被更新为接近 2

- 最后，围绕点(10, 2)的不确定性(由误差条表示)在条件化后明显减小。这是一个非常好的特性，因为直观上，如果我们知道了一个变量的值，我们应该对与已知变量相关的其他变量的值更加确定。也就是说，如果我们知道了一座房子的价格，我们对附近房子的价格也会更加确定。这个特性是 GP 提供校准不确定性量化的基础，我们将在下一节中深入探讨。

2.3 从有限维高斯分布到无限维高斯分布

现在，我们已准备好讨论 GP 的定义。就像我们之前讨论的三个变量 A、B 和 C，或者像上一节中的 20 个变量一样，假设我们现在有无限多个变量，它们都属于一个

MVN。这个无限维的高斯分布就被称为高斯过程。

　　想象一下，在一个非常庞大且人口密集的区域预测房价。整个区域的规模如此之大，以至于我们稍微离开一座房子一小段距离，就会到达另一座不同的房子。鉴于高斯分布中变量(房子)的极高密度，我们可以将整个区域视为拥有无限多的房子。也就是说，这个高斯分布拥有无穷多个变量。

　　图 2-12 通过展示加利福尼亚州 5000 个房价数据点来说明这一点。在左上角的散点图中，我们可以看到每个单独的数据点。在其他图表中，我们通过在加利福尼亚州地图上划分不同区域，并用不同数量的变量来模拟这些数据。随着变量数量的增加，我们的模型变得更加细致。当变量数量达到无限时(即我们可以在地图上的任何区域做出预测时)，我们的模型就构成了一个无限维度的空间。

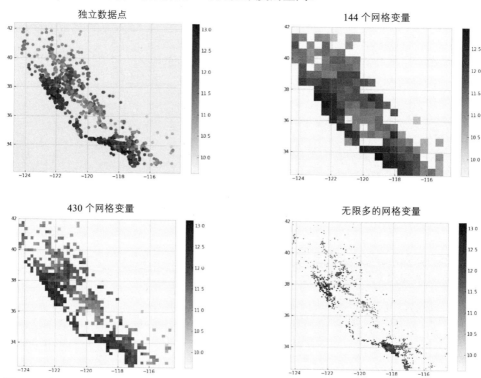

图 2-12　使用不同数量的变量来建模加利福尼亚州的房价。我们拥有的变量越多，模型就越平滑，也就越接近一个无限维的模型

　　这正是 GP 的定义：一个存在于无限维空间中的高斯分布。能够在任何区域进行预测的能力使我们能够摆脱有限维的 MVN，并获得一个 ML 模型。严格来说，当存在无限多个变量时，高斯分布的概念并不适用，因此其精确定义如下。

定义 高斯过程是一组随机变量，这些变量的任意有限子集的联合分布都服从 MVN。

这个定义意味着，如果我们有一个 GP 模型来描述一个函数 f，那么任何一组点的函数值都是由一个 MVN 建模的。例如，变量向量$[f(1)\ f(2)\ f(3)]$服从一个三维高斯分布；$[f(1)\ f(0)\ f(10)\ f(5)\ f(3)]$服从一个不同的五维高斯分布；而$[f(0.1)\ f(0.2)\ \cdots\ f(9.9)\ f(10)]$服从另一个高斯分布。

如图 2-13 所示，前三个图表通过平行坐标图展示了$[f(-2)\ f(1)\ f(4)]$的三元高斯分布，$[f(-4.5)\ f(-4)\ \cdots\ f(4)\ f(4.5)]$的 11 元高斯分布，以及在更密集网格上的 101 元高斯分布。在最后一个图表中，我们有无限多的变量，这给我们提供了一个 GP。

三元高斯分布

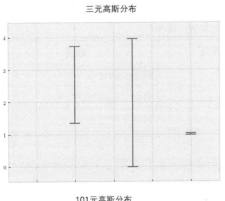

11元高斯分布

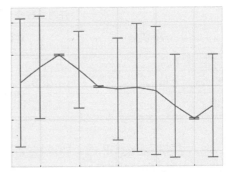

101元高斯分布

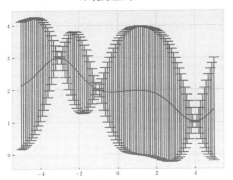

无限高斯过程：高斯过程

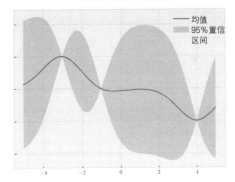

图 2-13 不同高斯分布的平行坐标图。高斯过程的任何有限子集都是多元高斯分布。当变量的数量趋近于无穷时，我们得到了一个高斯过程，并且可以在域中的任何位置进行预测

由于我们现在处于无限维度，再谈论均值向量和协方差矩阵已经没有意义。而对于 GP，我们讨论的是均值函数和协方差函数，但这两个概念在 MVN 中的作用相同：

- 首先，均值函数接收一个输入 x，并计算函数值 $f(x)$ 的期望值。

- 其次，协方差函数接收两个输入 x_1 和 x_2，并计算两个变量 $f(x_1)$ 和 $f(x_2)$ 之间的协方差。如果 x_1 与 x_2 相同，那么这个协方差值就是 $f(x)$ 的正态分布的方差。如果 x_1 与 x_2 不同，协方差表示两个变量之间的相关性。

由于均值和协方差是函数形式，我们不再受限于固定数量的变量——实际上，我们有无限多的变量，可以在任意位置进行预测，如图 2-13 所示。这就是尽管 GP 具有 MVN 的所有特性，但能存在于无限维中的原因。

出于同样的原因，GP 可以被视为函数上的分布，正如本章标题所示。表 2-1 总结了一维正态分布到 GP 的演变。

表 2-1　高斯分布对象及其建模内容。使用 GP，我们在无限维下进行操作，
并对函数而非数字或向量进行建模

分布类型	建模的变量数量	描述
一维正态分布	1 个	数字上的分布
多元高斯分布	有限多个	有限长度向量的分布
GP	无限多个	函数上的分布

为了实际观察 GP 的工作过程，让我们重新审视本章开头图 2-1 中的曲线拟合过程，我们将域限制在-5 到 5 之间，如图 2-14 所示。

在每个图表中，以下情况成立：

- 中间的实线代表均值函数，这类似于图 2-11 中连接菱形的实线。
- 另一方面，阴影区域是整个域上的 95%置信区间，对应于图 2-11 中的误差条。
- 各种波动的线是从相应的 GP 中抽取的样本。

在观测到任何数据之前，我们从左上角的先验 GP 开始。就像先验 MVN 一样，在我们的先验高斯过程中，在没有训练数据的情况下，会产生恒定的均值预测和不确定性。这是一个合理的表现。

当我们对 GP 设置各种数据点条件限制时，有趣的现象就出现了。这在图 2-14 的剩余图表中可以看到。正如离散情况下的 MVN 一样，高斯过程在连续域中工作时，均值预测以及从后验分布中抽取的样本会平滑地插值训练集中的数据点，同时我们对函数值的不确定性(由置信区间量化)在这些观测值周围的区域也会平滑下降。这就是所谓的校准不确定性量化，也是高斯过程最大的优势之一。

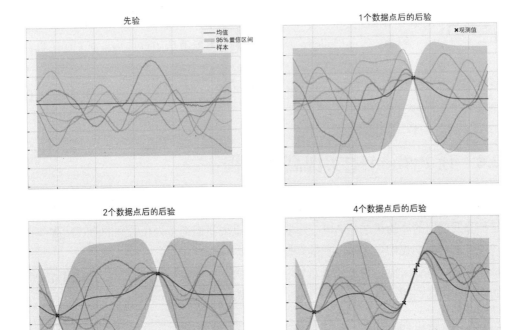

图 2-14　高斯过程在 0、1、2 和 4 个观测条件下的预测

高斯过程的平滑性

平滑性是指要求相似点之间相互关联的约束。换句话说，相似的点应该产生相似的函数值。这也是为什么当我们在右下角图表中基于数据点 3 进行条件化时，2.9 和 3.1 处的均值预测被更新为比它们的先验均值更大的值。点 2.9、点 3.1 与 3 相似，因为它们彼此接近。这种平滑性是通过 GP 的协方差函数来设定的，这将是第 3 章的主题。虽然我们到目前为止看到的例子都是在一维空间中，但当我们的搜索空间是高维时，这种平滑性仍得以保持，正如我们后面将看到的。

总的来说，我们发现在扩展到无限维时，GP 是 MVN。得益于高斯分布的许多便利的数学性质，GP 不仅产生了均值预测，而且通过其预测协方差，以一种合理的方式量化我们对函数值的不确定性。

均值预测恰好穿过训练数据点，并且这些数据点处的不确定性已消失。

建模非高斯数据

在现实生活中，并非所有数据都服从高斯分布。例如，对于某些数值范围受限或不服从钟形分布的变量，高斯分布是不适用的，可能会导致预测质量低下。

在这些情况下，我们可以应用各种数据处理技术来"转换"我们的数据点，使其服从高斯分布。例如，Box-Muller 变换就是一种有效的算法，它从均匀分布的随机数中生成成对的正态分布随机数。对此算法感兴趣的读者可以在 Wolfram 的 MathWorld(可访问链接 https://mathworld.wolfram.com/Box-MullerTransformation.html) 上查阅更多详细信息。

2.4   在 Python 中实现高斯过程

在本章的最后一节，我们将迈出在 Python 中实现高斯过程的第一步。我们的目标是熟悉要使用的库的语法和 API，并学习如何重现我们迄今为止看到的图表。这个实践部分也将帮助我们更深入地理解高斯过程。

首先，请确保你已经下载了书中附带的代码，并安装了必要的库。关于如何操作的详细说明请参阅前言部分，代码位于 CH02/01 - processes.ipynb 中。

2.4.1   设置训练数据

在开始实现我们的高斯过程模型代码之前，我们先花些时间创建一个我们想要建模的目标函数和一个训练数据集。为此，需要导入 PyTorch 来计算和操作张量，以及导入 Matplotlib 来实现数据可视化：

```
import torch
import matplotlib.pyplot as plt
```

在这个例子中，我们的目标函数是一维的 Forrester 函数。Forrester 函数是多峰的，有一个全局最大值和一个局部最大值(https://www.sfu.ca/~ssurjano/forretal08.html)，这使得拟合和找到函数的最大值成为一项具有挑战性的任务。该函数的公式如下：

$$f(x) = -\frac{1}{5}(x+1)^2 \sin(2x+2) + 1$$

其实现通常如下：

```
def forrester_1d(x):
    y = -((x + 1) ** 2) * torch.sin(2 * x + 2) / 5 + 1
    return y.squeeze(-1)
```

让我们快速地将这个函数绘制成图表。在这里，我们将研究范围限制在-3 到 3 之间，并在这个范围内计算 Forrester 函数在密集网格上的 100 个点。我们还需要一些用于训练的样本点，这些点通过使用 torch.rand()随机采样生成，并存储在 train_x 中：

train_y 包含了这些训练点的标签，可以通过 forrester_1d(train_x)计算得到。该图表由以下代码生成，代码运行结果如图 2-15 所示。

```
xs = torch.linspace(-3, 3, 101).unsqueeze(1)
ys = forrester_1d(xs)

torch.manual_seed(0)
train_x = torch.rand(size=(3, 1)) * 6 - 3
train_y = forrester_1d(train_x)

plt.figure(figsize=(8, 6))

plt.plot(xs, ys, label="objective", c="r")
plt.scatter(train_x, train_y, marker="x", c="k", label="observations")

plt.legend(fontsize=15);
```

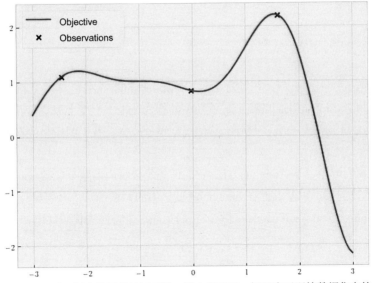

图 2-15　当前示例中使用的目标函数，用实线表示。标记表示训练数据集中的点

我们看到的三个标记点是随机挑选出来并包含在训练数据集中的。这些训练数据点的位置存储在 train_x 中，它们的标签(即这些位置处 Forrester 函数的值)存储在 train_y 中。这为我们的回归任务设定了框架：在这三个数据点上实现并训练一个 GP，并在 −3 到 3 的范围内可视化它的预测结果。在这里，我们还创建了一个密集网格 xs，覆盖了这个范围。

2.4.2　实现一个高斯过程类

在本小节中，我们将学习如何在 Python 中实现一个高斯过程模型。我们将使用 GPyTorch 库，这是一个用于现代高斯过程建模的先进工具。

> **重要提示**　GPyTorch 的设计参照了 DL 库 PyTorch，并且所有模型类都扩展了一个基础模型类。如果你对在 PyTorch 中实现神经网络很熟悉，那么你可能知道这个基础类是 torch.nn.Module。在使用 GPyTorch 时，我们通常会扩展 gpytorch.models. ExactGP 类。

为了实现我们的模型类，使用以下结构：

```
import gpytorch

class BaseGPModel(gpytorch.models.ExactGP):
    def __init__(self, train_x, train_y, likelihood):
        ...

    def forward(self, x):
        ...
```

在这里，我们实现了一个名为 BaseGPModel 的类，它包含两个特定的方法：__init__()和 forward()。我们的高斯过程模型的行为在很大程度上取决于我们如何编写这两个方法，无论我们想要实现什么样的高斯过程模型，我们的模型类都需要包含这两个方法。

首先，我们讨论一下__init__()方法。它的任务是接收由前两个参数 train_x 和 train_y 定义的训练数据集，以及存储在 likelihood 变量中的似然函数，并初始化高斯过程模型，该模型是一个 BaseGPModel 对象。我们实现这个方法的代码如下：

```
def __init__(self, train_x, train_y, likelihood):
    super().__init__(train_x, train_y, likelihood)
    self.mean_module = gpytorch.means.ZeroMean()
    self.covar_module = gpytorch.kernels.RBFKernel()
```

在这里，我们简单地将这三个输入参数传递给超类(super class)的__init__()方法，而 gpytorch.models.ExactGP 的内置实现会为我们处理大部分工作。剩下的就是定义均值和协方差函数，如前所述，这是高斯过程的两个主要组成部分。

在 GPyTorch 中，均值和协方差函数都有多种选择，我们将在第 3 章中探讨。目前，我们使用高斯过程(GP)最常用的选项：

- 使用 gpytorch.means.ZeroMean()作为均值函数，它在先验模式下输出零均值预测。

- 使用 gpytorch.kernels.RBFKernel()作为协方差函数,它实现了径向基函数(radial basis function,RBF)核——这是 GP 中最常用的协方差函数之一,它基于一个核心理念,即相近的数据点之间存在相关性。

我们将这些对象分别存储在 mean_module 和 covar_module 类属性中。这就是 __init__()方法需要完成的所有任务。现在,让我们转向关注 forward()方法。

forward()方法非常重要,因为它定义了模型应该如何处理输入数据。如果你在 PyTorch 中使用过神经网络,就会知道网络类的 forward()方法会按顺序将输入传递给网络的各层,最终层的输出就是神经网络产生的结果。在 PyTorch 中,每一层都作为一个模块实现,模块是构成 PyTorch 中任何数据处理对象的基本单元。

GPyTorch 中的高斯过程(GP)的 forward()方法的工作方式类似:GP 的均值和协方差函数被实现为模块,方法的输入同时传递给这些模块。与神经网络中顺序传递结果不同,我们同时将输入传递给均值和协方差函数。这些模块的输出随后被组合起来以创建一个多元高斯分布(MVN)。PyTorch 和 GPyTorch 之间的这种差异如图 2-16 所示。

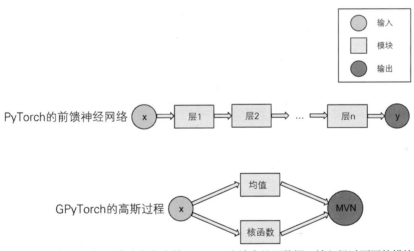

图 2-16　PyTorch 和 GPyTorch 在它们各自的 forward()方法中处理数据。输入经过不同的模块处理后产生最终的输出,对于前馈神经网络输出是一个数字,对于高斯过程输出是一个 MVN 分布

forward()方法的实现代码如下:

```
def forward(self, x):
    mean_x = self.mean_module(x)
    covar_x = self.covar_module(x)
    return gpytorch.distributions.MultivariateNormal(mean_x, covar_x)
```

这里的逻辑相当直接:既然我们有一个均值函数和一个协方差函数,那么只需在输入 x 上调用它们来计算均值和协方差的预测值。最后,我们需要返回的是一个 MVN,

由 gpytorch.distributions.MultivariateNormal 类实现,其参数即为计算得到的均值和协方差。换句话说,我们所做的不过是创建一个 MVN 分布,其均值向量和协方差矩阵是通过模型类的 mean_module 和 covar_module 属性计算得出的。

这就是全部,使用 GPyTorch 实现一个 GP 模型就是这么简单!对我们来说,关键在于需要在__init__()方法中实现均值和协方差函数。在 forward()方法中,当我们需要进行预测时,只需简单地对传入的输入调用这两个函数即可。

2.4.3 使用高斯过程进行预测

有了 BaseGPModel 类,我们就准备好使用高斯过程(GP)进行预测了!回想一下,在__init__()方法中,除了训练数据,我们还需要传入一个似然函数 likelihood。在许多回归任务中,一个 gpytorch.likelihoods.GaussianLikelihood 对象就够用了。我们按如下方式创建这个对象:

```
likelihood = gpytorch.likelihoods.GaussianLikelihood()
```

现在,可以初始化 BaseGPModel 对象了。但在用三个数据点的训练数据初始化它之前,我们可以先尝试用先验高斯过程进行预测。

使用高斯过程的一个优势在于,即使在没有任何数据的情况下,也可以通过先验均值函数中蕴含的知识来进行预测

要初始化一个没有任何训练数据的高斯过程对象,我们将训练特征(train_x)和标签(train_y)都传入 None。所以我们的先验高斯过程是这样创建的:

```
model = BaseGPModel(None, None, likelihood)
```

最后,在进行任何预测之前,我们需要进行一些准备工作。首先,我们需要设置高斯过程的超参数:

```
lengthscale = 1
noise = 1e-4

model.covar_module.lengthscale = lengthscale
```

```
model.likelihood.noise = noise

model.eval()
likelihood.eval()
```

我们将在第 3 章讨论每个超参数控制的具体内容。目前，我们只需要使用我个人偏好的默认值：长度尺度为 1，噪声方差为 0.0001。最后的步骤是，通过调用相应对象的 eval()方法，为 GP 模型及其似然函数启用预测模式。

完成这些准备工作后，我们终于可以调用这个高斯过程模型对我们的测试数据进行预测了。具体操作如下：

```
with torch.no_grad():
    predictive_distribution = likelihood(model(xs))
```

记住，在模型类的 forward()方法中，我们返回的是 MVN，因此当通过模型使用 model(xs)传递测试数据时，得到的输出即为该 MVN 分布。在 PyTorch 的语法中，调用 model(xs)实际上是对测试数据 xs 执行 forward()方法的简写。同时，我们将这个输出传递给似然函数，该函数将噪声方差整合到我们的预测中。简而言之，我们存储在 predictive_distribution 中的是一个多元高斯分布，它代表了对测试点 xs 的预测。此外，当不需要 PyTorch 跟踪这些计算的梯度时，在 torch.no_grad()上下文中进行计算，这是一种良好的实践。

注意 我们只有在使用梯度下降优化模型参数时，才希望计算操作的梯度。但是，当我们想做预测的时候，应该保持模型完全固定，因此适合禁用梯度检查。

2.4.4 高斯过程的预测可视化

有了这个预测得到的高斯分布，我们现在就可以重现之前所见到的高斯过程图表。这些图表中的每一个都包括一个均值函数 μ，我们可以通过 MVN 获得。

```
predictive_mean = predictive_distribution.mean
```

此外，我们想要展示 95%置信区间(CI)。从数学上讲，这可以通过提取预测协方差矩阵 Σ 的对角元素(这些元素表示各个方差 σ^2)，取这些值的平方根以计算标准差 σ，并计算 $\mu \pm 1.96\sigma$ 的 CI 范围来实现。

幸运的是，在处理高斯过程时，计算 95%置信区间是一种常见的操作，因此 GPyTorch 提供了一个方便的辅助方法 confidence_region()，我们可以直接从 MVN 分布对象调用这个方法：

```
predictive_lower, predictive_upper =
    predictive_distribution.confidence_region()
```

这个方法返回一个包含两个 Torch 张量的元组, 分别存储置信区间的下界和上界。

最后, 我们可能想要从当前的高斯过程模型中抽取样本以用于图表展示。我们可以直接调用 predictive_distribution 对象的 sample() 方法来实现这一点。如果我们不传递任何输入参数, 该方法将返回一个单一的样本。在这里, 我们想要从我们的 GP 中取样五次, 如下所示:

```
torch.manual_seed(0)
    samples = predictive_distribution.sample(torch.Size([5]))
```

我们传递一个 torch.Size() 对象来表示我们想要获取五个样本。在采样之前设定一个随机种子是确保代码可复现性的好习惯。有了这些, 就可以开始制作图表了!

首先, 我们要做的是绘制均值函数:

```
plt.plot(xs, predictive_mean.detach(), label="mean")
```

对于 95% 置信区间, 通常使用类似于之前展示的阴影区域来表示, 这可以通过 Matplotlib 的 fill_between() 函数来实现:

```
plt.fill_between(
    xs.flatten(),
    predictive_upper,
    predictive_lower,
    alpha=0.3,
    label="95% CI"
)
```

最后, 我们绘制单个样本:

```
for i in range(samples.shape[0]):
    plt.plot(xs, samples[i, :], alpha=0.5)
```

这段代码将生成图 2-17 所示的图表。

我们观察到, 在整个定义域内, 我们的先验高斯过程生成了一个恒定为零的均值函数, 以及一个固定不变的 95% 置信区间。这是预料之中的, 因为我们使用了 gpytorch.means. ZeroMean() 对象来定义均值函数, 而且在没有训练数据的情况下, 先验预测自然默认为 0。

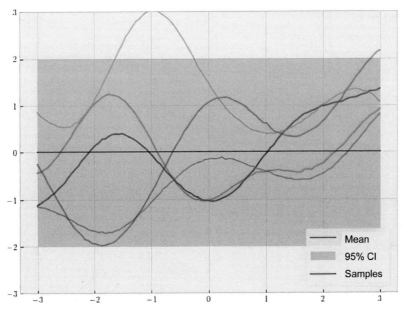

图 2-17　由具有零均值和 RBF 核的先验高斯过程所做的预测。虽然均值和置信区间保持恒定，但单个样本表现出复杂的非线性行为

也就是说，均值和置信区间只是期望的度量：它们表示在许多不同的可能实现中，我们预测的平均行为。然而，当我们抽取单个样本时，我们会发现每个样本的形状都非常复杂，并不是恒定的。所有这些都表明，尽管我们在任何点的预测期望值都为零，但实际可能的取值范围很广泛。这体现了高斯过程能够以灵活的方式模拟复杂的非线性行为。

到目前为止，我们已经学会了如何在没有任何训练数据的情况下制作和可视化先验高斯过程的预测。现在，让我们在随机生成的训练集上实际训练一个高斯过程模型，并观察预测结果会如何变化。到目前为止，所有的代码都可以重用，现在只需要用训练数据初始化高斯过程(记得之前我们将前两个参数设为 None 时做出相应调整即可)：

```
model = BaseGPModel(train_x, train_y, likelihood)
```

重新运行代码，将生成图 2-18。

这正是我们希望看到的预测结果：均值线和样本很好地插值了我们观察到的数据点，而且不确定性(由置信区间衡量)也在这些数据点周围的区域减少。

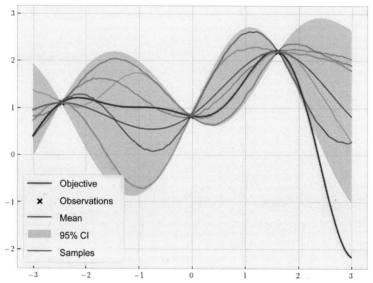

图 2-18 由后验高斯过程做出的预测。均值函数和随机抽取的样本平滑地插值训练数据点，而在这些数据点周围的区域，不确定性消失

我们能够看到，这种不确定性量化在建模目标函数时是多么有用。仅仅观察了三个数据点，我们的高斯过程就已经对真实目标函数有了相当不错的近似。实际上，几乎目标函数的所有值都落在 95% 置信区间内，这表明我们的 GP 能够成功地预测目标函数的行为，即使是那些还没有任何函数数据的区域。这种经过校准的量化对我们基于 GP 模型做出决策尤其有益，比如决定在哪些点上观察函数值以寻找最优解——不过，这些内容将本书的后续部分详细讨论。

2.4.5　超越一维目标函数

到目前为止，我们只看到了在一维目标函数上训练的高斯过程的例子。然而，高斯过程的应用并不局限于只能处理一维。实际上，只要我们的均值和协方差函数能够处理高维输入，GP 就可以在高维空间中顺利运作。在本小节中，我们将学习如何在二维数据集上训练 GP。

按照上一节中的步骤。首先，我们需要一个训练数据集。在这里，我人为地创建了一个包含点(0, 0)、(1, 2)和(-1, 1)的虚拟数据集，相应的标签分别为0、-1 和 0.5。换句话说，我们重新学习的目标函数在(0, 0)处的值为 0，在(1, 2)处为-1，在(-1, 1)处为 0.5。我们希望在[-3, 3]乘[-3, 3]的正方形区域内进行预测。

这在 Python 中的设置如下：

```
# training data
train_x = torch.tensor(
```

```
        [
            [0., 0.],
            [1., 2.],
            [-1., 1.]
        ]
    )

train_y = torch.tensor([0., -1., 0.5])

# test data
grid_x = torch.linspace(-3, 3, 101)          ← 一维网格

grid_x1, grid_x2 = torch.meshgrid(grid_x, grid_x,
➥ indexing="ij")                             ← 二维网格
xs = torch.vstack([grid_x1.flatten(), grid_x2.flatten()]).transpose(-1, -2)
```

变量 xs 是一个 10,201×2 的矩阵，包含了我们想要进行预测的正方形区域的所有网格点坐标。

重要
提示　有 10,201 个点是因为我们在两个维度上都取了 101 个端点的网格。现在，我们只需重新运行之前用于训练高斯过程和在这个二维数据集上进行预测的高斯过程代码。值得注意的是，我们的 BaseGPModel 类或任何预测代码都不需要进行修改，这非常令人惊叹！

然而，有一点我们需要改变，就是如何可视化我们的预测结果。由于我们是在二维空间中操作，将预测均值和置信区间绘制在单一图表中变得更加困难。对此，一个典型的解决方案是为预测均值绘制一个热图，再为预测标准差绘制另一个热图。虽然标准差并不完全等同于 95% 置信区间，但这两个对象在本质上确实量化了同一件事：我们对函数值的不确定性。

所以，我们不再像之前那样调用 predictive_distribution.confidence_region()，而是像下面这样提取预测的标准差：

```
predictive_stddev = predictive_distribution.stddev
```

现在，为了绘制热图，我们使用 Matplotlib 中的 imshow() 函数。我们需要小心处理 predictive_mean 和 predictive_stddev 中的预测形状。它们每个都是长度为 10,000 的张量，所以在传递给 imshow() 函数之前，需要将其重塑为一个矩阵。可以这样实现：

```
fig, ax = plt.subplots(1, 2)

ax[0].imshow(
    predictive_mean.detach().reshape(101, 101).transpose(-1, -2),
```

```
    origin="lower",
    extent=[-3, 3, -3, 3]
)                              ◄────┤ 第一张预测均值的热图

ax[1].imshow(
    predictive_stddev.detach().reshape(101, 101).transpose(-1, -2),
    origin="lower",
    extent=[-3, 3, -3, 3]
)                              ◄────┤ 第二张预测标准差的热图
```

这段代码生成了图 2-19 中的两张热图。

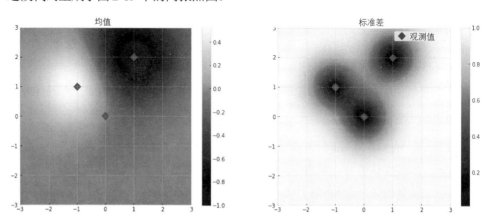

图 2-19   由二维高斯过程做出的预测。均值函数仍然与训练数据一致，并且在这些数据点周围的区域，不确定性再次消失

我们观察到，在一维情况下的规律同样适用于这个例子：

- 在左侧面板中，可以看到我们的平均预测与训练数据相符：左侧的明亮区域对应于点(-1, 1)，其值为 0.5，而右侧的暗区域对应于点(1, 2)，其值为 0.8(我们在(0, 0)处的观测值为 0，这与先验均值相符，因此在左侧面板中不如其他两个点明显)。
- 我们对训练数据中的三个点的不确定性(由预测标准差衡量)接近于零，如右面板所示。远离这些数据点，标准差平滑地增加至归一化的最大不确定性值 1。

这意味着当我们进入更高维度时，高斯过程的所有优秀特性，如平滑插值和不确定性量化，都得到了保留。

至此，第 2 章已结束。我们已经对高斯过程有了概念性的理解，并学习了如何使用 GPyTorch 在 Python 中实现一个基本的 GP 模型。第 3 章将更深入地探讨 GP 的均值和协方差函数，包括它们的超参数设置，并观察这些组件如何控制我们 GP 模型的行为。

2.5　练习题

在这个练习题中,我们将在第 1 章中看到的真实世界数据集上训练一个高斯过程,该数据集再次展示在表 2-2 中。每个数据点(行)对应一种合金(一种金属),它是由铅(Pb)、锡(Sn)、锗(Ge)和锰(Mn)——这些被称为母体化合物——以不同比例混合而成的。这些特征包含在前四列中,它们是母体化合物的百分比。预测目标,即混合温度,在最后一列中给出,表示合金能够形成的最低温度。本练习题的任务是根据合金的组成百分比来预测混合温度。

表2-2　来自材料发现任务的数据。特征是以母体化合物的百分比表示的材料结构,预测目标是混合温度

铅的比例	锡的比例	锗的比例	锰的比例	混合温度(华氏温度)
0.50	0.50	0.00	0.00	192.08
0.33	0.33	0.33	0.00	258.30
0.00	0.50	0.50	0.00	187.24
0.00	0.33	0.33	0.33	188.54

这个过程包含多个步骤:

(1) 创建表 2-2 中包含的四维数据集。

(2) 对第 5 列进行标准化处理,方法是从所有值中减去均值,并将结果除以它们的标准差。

(3) 将前 4 列视为特征,第 5 列视为标签。基于这些数据训练一个高斯过程模型。可以重用我们在本章中实现的 GP 模型类。

(4) 创建一个测试数据集,其中包含的合金成分中锗和锰的百分比均为 0。换句话说,测试集是一个覆盖在单位正方形上的网格,其坐标轴是铅和锡的百分比。

测试集应该类似于下面的 PyTorch 张量:

```
tensor([[0.0000, 0.0000, 0.0000, 0.0000],
        [0.0000, 0.0100, 0.0000, 0.0000],
        [0.0000, 0.0200, 0.0000, 0.0000],
        ...,
        [1.0000, 0.9800, 0.0000, 0.0000],
        [1.0000, 0.9900, 0.0000, 0.0000],
        [1.0000, 1.0000, 0.0000, 0.0000]])
```

注意到第 3 列和第 4 列中的所有值都是 0。

(5) 在这个测试集上预测混合温度。也就是说，计算测试集中每个点的标准化混合温度的后验均值和标准差。

(6) 可视化预测结果。这包括以与图 2-19 相同的方式展示均值和标准差的热图。解决方案包含在 CH02/02 - Exercise.ipynb 文件中。

2.6　本章小结

- 多元高斯分布模型用于描述许多随机变量的联合分布。均值向量表示这些变量的期望值，而协方差矩阵则描述了这些变量的方差以及它们之间的相关性。
- 通过运用贝叶斯定理，我们可以计算出多元高斯分布的后验概率。这种贝叶斯更新机制使得模型能够根据观测数据对相似变量的预测进行相应调整，以体现数据之间的相似性。总的来说，相似的变量会给出相似的预测结果。
- GP 将多元高斯分布的概念扩展到了无限维度，使其成为一种描述函数分布的强大工具。尽管如此，GP 的行为模式仍然与多元高斯分布保持一致。
- 即使在没有训练数据的情况下，GP 也能够根据其先验分布产生预测。
- 一旦 GP 在数据集上完成训练，它对训练数据点的均值预测会呈现出平滑的插值效果。
- GP 的一个显著优势在于能提供经过校准的不确定性量化：对于靠近训练数据点的预测，模型表现出较高的置信度；而对于远离训练数据的预测，则显示出更高的不确定性。
- 在对多元高斯分布或高斯过程进行条件化时，其效果类似于在观测点上系一个结。这样做会强制模型精确匹配观测值，并将不确定性降至最低。
- 在利用 GPyTorch 实现 GP 模型时，我们可以编写一个模型类，以一种模块化的方式扩展基类。具体来说，我们需要实现两个关键方法：__init__()用于定义 GP 的均值和协方差函数，forward()用于根据输入构建一个多元高斯分布。

第3章

通过均值和协方差函数定制高斯过程

本章主要内容
- 使用均值函数控制高斯过程的预期行为
- 使用协方差函数控制高斯过程的平滑性
- 使用梯度下降法学习高斯过程的最优超参数

在第 2 章中，我们了解到均值函数和协方差函数是高斯过程(GP)的两个核心组成部分。尽管我们在实现 GP 时使用了零均值和径向基函数(RBF)，但在这两个组件的选择上，你有许多不同的选项。

通过为均值或协方差函数选择特定的形式，我们实际上是在为高斯过程设定先验知识。在任何贝叶斯模型(包括 GP)中，都必须将先验知识融入预测。即使不是必须这么做，在模型中融入先验知识也总是有益的，尤其是在数据获取成本高昂的情况下，比如贝叶斯优化(BayesOpt)中。

例如，在天气预报领域，如果我们想要预测密苏里州一月份的平均温度，不需要复杂的计算就能大致推断气温会比较低。同样，在加利福尼亚州，我们可以合理推测夏天的气温会比较高。这些初步的估计可以作为贝叶斯模型的先验知识。如果我们没有这些初步的估计，就需要构建更复杂的模型来做出预测。

在本章中，我们将了解到，将先验知识融入高斯过程模型能够显著影响模型的表现，从而可能带来更好的预测结果，进而促进更有效的决策。仅当我们对函数行为没有任何合理猜测时，才应避免使用先验知识；否则，这将意味着浪费信息。

在本章中，我们将讨论均值和协方差函数的不同选择，以及它们如何影响最终的高斯过程模型。与第 2 章不同，本章将采用实践的方法，围绕 Python 代码实现展开讨论。到本章结束时，我们将开发出一个流程，用于选择适当的均值和协方差函数，以及优化它们的超参数。

3.1   贝叶斯模型中先验的重要性

问题：为什么你无法改变某些人的想法？答案：因为他们的先验知识。为了说明先验知识在贝叶斯模型中的重要性，考虑以下情景。

假设你和你的朋友鲍勃、艾丽斯在嘉年华上闲逛，遇到了一个自称是通灵者的人。她允许你们通过以下方式来测试她：你和你的朋友们各自想一个 0 到 9 之间的数字，然后这位"通灵者"会告诉你每个人心中所想的数字。你可以随意重复这个过程任意次。

现在，你们三人都对这位所谓的通灵者感到好奇，并决定进行 100 次测试。令人惊讶的是，在完成这 100 次测试后，嘉年华上的这位所谓通灵者竟然猜中了你们每个人心中所想的数字。然而，测试结束后，你们的反应各不相同，如图 3-1 所示。

图 3-1   你们这群朋友在目睹某人连续 100 次猜中一个秘密数字后，大家的反应各异。这正是因为每个人的先验信念不同，导致了不同的结论

关于贝叶斯定理的推荐阅读

如果你想要回顾一下贝叶斯定理的内容，可以重温 2.2 节，我们在那一节学习了该内容。本书只是简要介绍了贝叶斯定理，但如果你希望深入理解，建议阅读 Will Kurt 的 *Bayesian Statistics the Fun Way*(No Starch Press, 2019)的前两章。

为何你们三人观察同一事件(嘉年华上的人连续 100 次猜对数字)却得出不同的结论？要回答这个问题，可想想贝叶斯定理更新信念的过程：

(1) 每个人开始时都有一个特定的先验概率，认为这个人是通灵者。

(2) 然后，每个人都观察到她猜对了一次数字。

(3) 接着，计算似然项。首先，假设她确实是通灵者，猜对数字的似然性正好是 1，因为真正的通灵者总能通过这个测试。其次，假设她不是通灵者，猜对数字的似然性是 1/10。这是因为每次你都是随机选择 0 到 9 之间的一个数字，所以在这 10 个选项中，任何猜测都有相同的概率是正确的，即 1/10 的概率。

(4) 最后，你通过将先验与这些似然项结合起来更新你的信念，计算这个人不是通灵者的后验概率。具体来说，这个后验将与先验乘以第一个似然项的乘积成比例。

(5) 重复这个过程 100 次，每次都使用上一次迭代的后验概率作为当前迭代的先验。

在此重要的是，从高层次上看，在每次测试后，你和你的朋友们对这个人是通灵者的信念的后验概率从未降低，因为这一陈述与你们观察到的数据不符。具体来说，图 3-2 展示了你们每个人对嘉年华上那位"通灵者"通过测试次数的后验概率的变化情况。

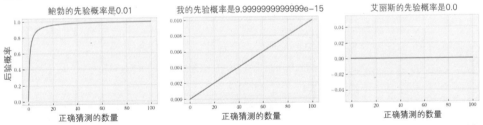

图 3-2　嘉年华上那位通灵者的后验概率随成功猜测次数的增加而逐渐变化。这个后验概率永远不会减少，但会根据初始先验的不同而表现出不同的行为

正如我们所见，三条曲线要么上升，要么保持平坦——没有一条曲线实际下降，因为通灵者可能性的下降与连续 100 次成功猜测的结果是不一致的。但为什么三条曲线看起来如此不同呢？你可能已经猜到了，曲线的起始位置——也就是每个人对这位女士是通灵者的先验概率——导致了这个结果。

在鲍勃的例子中，如左侧的图所示，他最初对这个人是通灵者的先验概率相对较高：1%。鲍勃是个信徒，随着他观察到越来越多的数据支持这一信念，他的后验概率也随之不断增加。

处于中间位置的你，作为一个怀疑论者，你的先验概率起始值要低得多：1 除以 10 的 14 次方。然而，由于你的观测结果确实暗示这位女士可能是通灵者，随着数据的不断增多，你的后验概率也随之上升，最终达到了 1%。

另一方面，艾丽斯的情况如右图所示。从一开始，她就不相信通灵者是真实存在的，所以她给自己的先验概率分配了确切的 0。现在，根据贝叶斯定理，后验概率与先验概率乘以似然度的乘积成正比。由于艾丽斯的先验概率恰好是零，这个乘法在贝叶斯更新中总是会产生另一个 0。

由于艾丽斯一开始的概率为 0，即使在一次成功测试后，这个概率仍然保持不变。在一次正确的猜测后，艾丽斯的后验概率是 0。在两次猜测后，它仍然是 0。即使在 100 次正确的猜测后，这个数字仍然是 0。这一切都符合贝叶斯更新规则，但由于艾丽斯的先验不考虑通灵者存在的可能性，任何数量的数据都无法说服她改变看法。

这突出了贝叶斯学习的一个重要方面——我们的先验决定了我们的学习方式(如图 3-3 所示)：

- 鲍勃的先验概率相当高，所以在 100 次测试结束后，他完全相信那个人是通灵者。
- 而你则持怀疑态度，因为你的初始先验概率远低于鲍勃。这意味着你需要更多的证据才能得出一个高的后验概率。
- 至于艾丽斯，她完全不考虑通灵的可能性，她的零先验信念使得她的后验信念始终停留在 0。

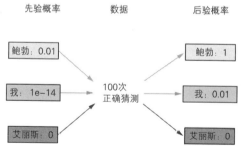

图 3-3　每个人根据相同的数据更新先验信念的方式各不相同。与鲍勃相比，你的先验信念较低，增长也更缓慢。艾丽斯的先验信念始终为 0，并且一直保持不变

尽管我们的例子是声称某人是一个通灵者，但同样的贝叶斯更新过程适用于所有"我们对某些事件持有概率性信念，并根据数据来频繁更新这些信念"的情况。实际上，这也是为什么有时我们似乎无法改变某人的想法，即使面对压倒性的证据：因为他们的先验概率从一开始就是 0，那么后验概率也就永远不会更新为非零值。

这个讨论在哲学上很有趣，因为它表明要说服某人相信某事，他们至少需要赋予该事件非零的先验概率。与我们的主题更相关的是，这个例子展示了在贝叶斯模型中拥有良好先验知识的重要性。如前所述，我们可通过均值和协方差函数来指定高斯过程的先验知识。在高斯过程的预测中，每个选择都会导致不同的行为。

3.2　将已知的信息融入高斯过程

本节我们明确了在高斯过程中指定先验知识的重要性。这为本章剩余部分的讨论奠定了基础。

一个先验的高斯过程可能从一开始就具有恒定的均值和置信区间。然后，这个 GP 会被更新，以便平滑地插入观测到的数据点，如图 3-4 所示。也就是说，均值预测会精确地穿过数据点，并且在这些区域内，95%的置信区间会消失。

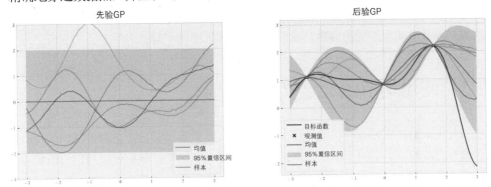

图 3-4　先验 GP 与后验 GP 的比较。先验 GP 包含了关于目标函数的先验信息，而后验 GP 则将这些信息与实际观测数据结合起来

图 3-4 中的先验高斯过程对我们正在建模的目标函数没有任何假设。这就是为什么这个 GP 的均值预测在所有地方都为 0。然而，在许多情况下，尽管我们不知道目标函数的确切形式，但我们确实知道目标函数的某些方面。

例如：

- 在超参数调优应用中对模型的准确性进行建模时，我们知道目标函数的范围在 0 到 1 之间。
- 在 2.1 节的房价预测例子中，函数值(即价格)总是正的，且当房子的某个吸引人的特性，如居住面积增加时，价格应该上升。
- 在房价预测的例子中，函数值对某些特征的敏感度要高于其他特征。例如，房屋的价格随着楼层数的增加而迅速增长，而随居住面积则上升较慢。

这种信息正是我们希望用高斯过程来表示的先验知识。使用 GP 的一个最大优势是我们有很多方法可以融入先验知识。这样做有助于缩小 GP 代理模型与它所建模的真实目标函数之间的差距，这也将更有效地指导后续的优化过程。

> **在高斯过程中融入先验知识**
>
> 我们可通过为高斯过程选择合适的均值和协方差函数，并设定这些函数参数的值来融合先验知识。具体来说：
> - 均值函数定义了目标函数的预期行为。
> - 协方差函数定义了目标函数的结构，或者更具体地说，定义了数据点对之间的关系，以及目标函数在其定义域内变化的速度和平滑程度。

前面提到的每种选择都会导致生成的 GP 表现出截然不同的行为。例如，线性均值函数会导致 GP 预测呈现出线性行为，而二次均值函数则会产生二次曲线。通过在协方差函数中使用不同的参数，我们还可以控制 GP 的变异性。

3.3　使用均值函数定义函数行为

首先来看高斯过程的均值函数，它定义了 GP 的预期行为，或者说我们认为函数在所有可能的场景下的平均表现。通过合理选择均值函数，我们可以指定与函数的一般行为和形状相关的先验知识。我们在本节中使用的代码包含在 CH03/01 - Mean functions.ipynb 文件中。为了使讨论具体化，我们使用了一个包含五个数据点的房价数据集，如表 3-1 所示。

表 3-1　训练数据集示例。预测目标(价格)随着特征(居住面积)的增加而增加

居住面积(以平方英尺乘以 1000 为单位)	价格(以美元乘以 100,000 为单位)
0.5	0.0625
1	0.25
1.5	0.375
3	2.25
4	4

在这个数据集中，我们所建模的函数值代表房价，这些房价是严格正数，并且随着居住面积的增加而上升。这些特性是符合常识的，即便我们没有观测到那些房屋的价格，我们也能确信那些未观测到的房价遵循同样的规律。

我们的目标是将这些特性融入我们的均值函数中，因为它们描述了我们对函数行为的预期。在建模之前，我们先编写一个辅助函数，它接收一个 GP 模型(以及其似然函数)，并可视化从 0 到 10(即 10000 平方英尺居住面积)范围内的预测。实现代码如下：

```
def visualize_gp_belief(model, likelihood):
    with torch.no_grad():
      predictive_distribution = likelihood(model(xs))
      predictive_mean = predictive_distribution.mean
      predictive_upper, predictive_lower =
      ➥ predictive_distribution .confidence_region()


    plt.figure(figsize=(8, 6))

    plt.plot(xs, ys, label="objective", c="r")
    plt.scatter(train_x, train_y, marker="x", c="k", label="observations")

    plt.plot(xs, predictive_mean, label="mean")          ◄─── 绘制均值线
    plt.fill_between(
        xs.flatten(), predictive_upper, predictive_lower, alpha=0.3,
        label="95% CI"
    )
                                                  绘制 95% 置信区间区域
    plt.legend(fontsize=15);
```

计算预测值

我们在 2.4.3 节中介绍了这段代码是如何工作的，现在我们将把它封装成一个方便的函数。有了这个函数，我们就着手实现 GP 模型，并观察我们的选择是如何影响预测的。

3.3.1　使用零均值函数作为基本策略

最简单的均值形式是一个常数函数，通常设为 0。在没有数据的情况下，这个函数默认预测值为 0。零均值函数可在没有额外关于目标函数的信息可作为先验知识融入高斯过程时使用。

一个具有零均值函数的 GP 实现如下所示：

```
class ConstantMeanGPModel(gpytorch.models.ExactGP):
    def __init__(self, train_x, train_y, likelihood):
        super().__init__(train_x, train_y, likelihood)
        self.mean_module = gpytorch.means.ConstantMean()
        self.covar_module = gpytorch.kernels.RBFKernel()

    def forward(self, x):
        mean_x = self.mean_module(x)
        covar_x = self.covar_module(x)
        return gpytorch.distributions.MultivariateNormal(mean_x, covar_x)
```

其默认值为
0 的常数均
值函数

回顾 2.4.2 节，使用 GPyTorch 构建 GP 模型时，我们实现了__init__()和 forward()
方法。在第一个方法中，我们初始化均值和协方差函数；在第二个方法中，我们让这
些函数处理输入 x，并返回相应的多元高斯分布。

注意　在我们的实现中，没有使用 2.4.2 节中的 gpytorch.means.ZeroMean 类，而是使
用了 gpytorch.means.ConstantMean 类来初始化均值函数。然而，这个常数均值
函数默认值为 0，所以实际上我们仍然在实现相同的 GP 模型。尽管目前这两
种选择导致了相同的模型，但在本章中，我们将展示如何通过调整
gpytorch.means.ConstantMean 的常数均值来获得更好的模型。

现在，我们初始化这个类的实例，使用训练数据对其进行训练，并可视化其预测。
我们使用以下代码来实现这一点：

```
lengthscale = 1
noise = 1e-4

likelihood = gpytorch.likelihoods.GaussianLikelihood()          声明高斯过程
model = ConstantMeanGPModel(train_x, train_y, likelihood)

model.covar_module.lengthscale = lengthscale                   固定超参数
model.likelihood.noise = noise

model.eval()
likelihood.eval()

visualize_gp_belief(model, likelihood)
```

在这里，我们初始化了高斯过程模型，并设置了其超参数——长度尺度和噪声方
差，分别为 1 和 0.0001。我们将在本章后面看到如何合理设置这些超参数的值。现在，
让我们继续使用这些值。最后，在我们的高斯过程模型上调用刚刚编写的辅助函数
visualize_gp_belief()，这将生成图 3-5。

在 2.4.4 节中我们提到的高斯过程的所有优秀特性仍然存在：

● 后验均值函数平滑地插值了作为我们训练数据点的 xs 值。

● 在这些数据点周围，95%的置信区间消失，这表明了对不确定性的良好校准。

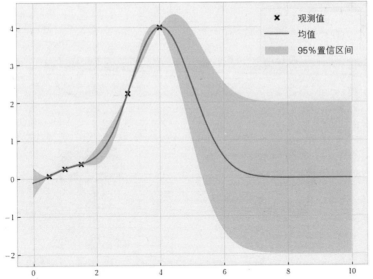

图 3-5　使用零均值函数的高斯过程的预测。后验均值函数在观测数据点之间进行插值，并在远离这些观测点的区域恢复到 0

我们还注意到，一旦远离了训练数据点(图的右侧)，后验均值函数就会恢复到先验均值，即 0。这实际上是高斯过程的一个重要特性：在没有数据(即未观测的区域)的情况下，先验均值函数是推断过程的主要驱动力。这在直觉上是合理的，因为没有实际观测数据时，预测模型能做得最好的事情就是简单地依赖均值函数中编码的先验知识。

注意　由此可见，将明确定义的先验知识编码到先验 GP 中的重要性：在没有数据的情况下，驱动预测的唯一因素就是先验 GP。

我们自然会问：能否使用非零的均值函数来改变高斯过程在这些未探索区域的行为？如果可以，有哪些选择？本节的后半部分将重点回答这个问题。我们首先从使用一个非零的常数均值函数开始探索。

3.3.2　使用常数函数和梯度下降法

当我们预期所建模的目标函数在事先已知的某个范围内取值时，使用非零的常数均值函数是合适的。正如我们对房价建模时，使用一个大于零的常数均值函数是有意义的，因为我们确实预期价格是正数。

当然，在许多情况下，我们不可能知道目标函数的平均值，那么应该如何找到适合均值函数的值呢？我们采用的策略是借助一个特定的量：训练数据集在给定均值函数的值的情况下的可能性(或称似然度)。大致来说，这个量衡量了我们的模型解释其训练数据的能力。我们将在本小节中展示如何使用这个量来为我们的 GP 选择最佳的均值函数。

如果给定某个值 $c1$ 的训练数据的似然度高于给定另一个值 $c2$ 的似然度,那么我们更倾向于使用 $c1$ 而不是 $c2$。这量化了我们之前关于使用非零均值函数来建模正函数的直觉:一个值为正的常数均值函数比值为零(或负)的函数更好地解释了完全为正的函数的观测值。

如何计算这个似然度呢?GPyTorch 提供了一个方便的类,gpytorch.mlls.Exact-MarginalLogLikelihood,它接收一个 GP 模型,并计算给定模型超参数的训练数据的边际对数似然度。

为了看到这种似然度指标在量化数据拟合方面的效果,请查看图 3-6。这个图展示了两个独立的高斯过程模型所做的预测:左边是我们前一节中看到的零均值 GP,右边是均值函数值为 2 的 GP。注意在第二个面板中,均值函数在图的右侧恢复到 2 而不是 0。在这里,第二个 GP 的(对数)似然度比第一个 GP 更高,这意味着值 2 比值 0 能更好地解释我们的训练数据。

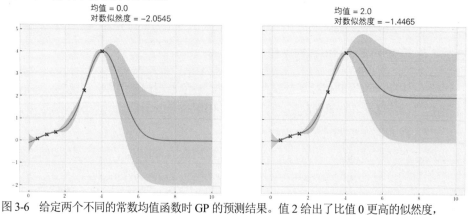

图 3-6　给定两个不同的常数均值函数时 GP 的预测结果。值 2 给出了比值 0 更高的似然度,表明前者的均值函数能比后者更好地拟合数据

在处理似然度值时，我们通常使用对数尺度，这使得许多底层计算在数值上更加稳定

有了这个对数似然度的计算方法，我们的最后一步就是简单地找到最大化对数似然度的均值函数值。换句话说，我们的目标是寻找最能解释训练数据的均值。由于我们可以计算对数似然度，因此可以使用基于梯度的优化算法，如梯度下降法，来迭代优化我们现有的均值。在算法收敛后，我们将得到一个能够给出高的数据似然度的良好均值。如果你需要复习梯度下降的工作原理，推荐阅读 Luis Serrano 的 *Grokking Machine Learning*(Manning, 2021)的附录 B，其中很好地解释了这个概念。

现在，我们介绍如何用代码实现这个过程。由于我们已经使用 gpytorch.means.ConstantMean 类实现了 GP 模型的均值函数，因此这里不需要任何修改。现在，让我们再次初始化 GP 模型：

```
# declare the GP
lengthscale = 1
noise = 1e-4

likelihood = gpytorch.likelihoods.GaussianLikelihood()
model = ConstantMeanGPModel(train_x, train_y, likelihood)

# fix the hyperparameters
model.covar_module.lengthscale = lengthscale
model.likelihood.noise = noise
```

这个程序的核心步骤是定义对数似然度函数以及梯度下降算法。如前所述，前者是 gpytorch.mlls.ExactMarginalLogLikelihood 类的实例，其实现方式如下：

```
mll = gpytorch.mlls.ExactMarginalLogLikelihood(likelihood, model)
```

对于梯度下降算法，我们使用 Adam，这是一种最先进的算法，在许多机器学习(ML)任务中，尤其是深度学习(DL)中取得了巨大成功。我们使用 PyTorch 声明它，如下所示：

```
optimizer = torch.optim.Adam([model.mean_module.constant], lr=0.01)
```

注意，我们传递给 torch.optim.Adam 类的是 model.mean_module.constant，这是我们想要优化的均值。当我们运行梯度下降过程时，Adam 算法会迭代更新 model.mean_module.constant 的值以改进似然度函数。

现在，我们需要做的最后一件事是运行梯度下降过程，其实现方式如下：

```
model.train()          启用训练模式
likelihood.train()

losses = []
constants = []
for i in tqdm(range(500)):
    optimizer.zero_grad()

    output = model(train_x)              损失作为负边际对数
    loss = -mll(output, train_y)         似然度
    loss.backward()

在损失上  losses.append(loss.item())
的梯度下  constants.append(model.mean_module.constant.item())
降
    optimizer.step()

model.eval()           启用预测模式
likelihood.eval()
```

在开始时调用 train() 和在结束时调用 eval() 是我们在训练过程中必须执行的标准步骤，分别用于激活 GP 模型的训练模式和预测模式。在每一步中使用 optimizer.zero_grad() 来重置梯度，这是为了确保梯度计算的准确性，避免累积错误。

在训练过程中，我们采用 500 步的梯度下降法，迭代地计算损失(即对数似然度的负值)，并根据损失的梯度进行优化。在这个循环过程中，我们会记录每一步得到的负对数似然度值和调整后的平均值。这样做的目的是在训练完成后，可以通过这些值来直观地判断模型是否已经收敛。

图 3-7 展示了随着迭代次数增加，负对数似然度(我们努力最小化的目标)和 GP 的均值函数值的变化情况。随着均值常数的增加，我们的损失值稳步下降(这是一个好迹象)，这表明正值确实比 0 提供了更高的似然度。两条曲线在大约 500 次迭代后趋于稳定，表明我们已经找到了均值常数的最优值。

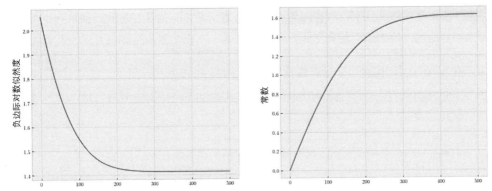

图 3-7 在梯度下降过程中运行负对数似然度(越低越好)和平均值。在两个面板中,这些值都已经收敛,表明我们已经找到了最优解

注意 在使用梯度下降法时,我建议始终绘制出损失的逐步变化图,就像我们刚才做的那样,以确认是否已经达到最优值。如果在收敛之前就停止,可能会导致模型性能不佳。虽然在本章的后续部分我们不会再展示这些图,但提供的代码中确实包含了它们。

到目前为止,我们已经学会了如何将零均值函数作为 GP 模型的默认设置,以及如何根据数据似然度优化均值常数值。然而,在许多应用场景中,你可能对目标函数的行为有一定的先验知识,因此更倾向于在均值函数中融入更多的结构。

例如,如何实现房屋价格随着居住面积增大而上升的概念?接下来,我们将学习如何通过使用线性或二次均值函数在高斯过程中实现这一点。

3.3.3 使用线性函数和梯度下降法

我们继续使用线性均值函数,其形式为 $\mu = w^T x + b$。在这里,μ 是在测试点 x 处的预测均值,w 是权重向量,它表示 x 中每个特征的系数,而 b 是一个常数偏置项。

通过使用线性均值函数,我们编码了这样一个假设:我们的目标函数的预期行为等于数据点 x 的特征的线性组合。在前面的房价例子中,我们只有一个特征,即居住面积,我们期望它有一个正的权重,所以随着居住面积的增加,我们的模型将预测出更高的价格。

另一种思考这个线性均值模型的方式是,我们有一个线性回归模型(它也假设目标标签是特征的线性组合),然后在我们的预测之上叠加了一个概率信念,即一个 GP 模型。这为我们提供了线性回归模型的能力,同时叠加了使用 GP 建模的所有优势,即不确定性量化。

注意 在常数均值函数下，权重向量 w 固定为零向量，而偏置 b 是我们在前一小节中尝试优化的均值。换句话说，线性函数是一个比常数均值函数更通用的模型。

在实现方面，构建一个带有线性均值函数的 GP 模型相对简单。我们只需要将原来的常数均值替换为一个 **gpytorch.means.LinearMean** 实例，如下所示(forward()方法保持不变):

```python
class LinearMeanGPModel(gpytorch.models.ExactGP):
    def __init__(self, train_x, train_y, likelihood):
        super().__init__(train_x, train_y, likelihood)
        self.mean_module = gpytorch.means.LinearMean(1)          # 线性均值
        self.covar_module = gpytorch.kernels.RBFKernel()
```

这里，我们将均值模块初始化为 1，这意味着我们正在处理一个一维的目标函数。如果你在处理更高维度的函数，那么在这里指定该函数的维度即可。除此之外，我们模型的其他部分与之前相同。在包含三个数据点的数据集上拟合和训练这个新模型后，我们得到了图 3-8 所示的预测结果。

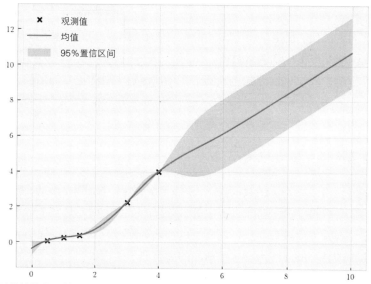

图 3-8　使用线性均值函数的高斯过程的预测结果呈现出上升趋势，这是线性均值函数斜率为正的直接结果

与我们之前看到的常数均值不同，这里使用的线性均值函数使得整个 GP 模型呈现出上升的趋势。这是因为我们训练数据中的五个数据点的最佳拟合线具有正斜率，这正是我们想要捕捉的居住面积与价格之间的正相关关系。

3.3.4　通过实现自定义均值函数来使用二次函数

我们这里的线性均值函数成功捕捉到了价格的上升趋势，但它假设价格上涨的速率是恒定的。也就是说，预期中，增加额外的居住面积会带来恒定的价格增长。

然而，在许多情况下，我们可能已经具备了先验知识，知道我们的目标函数的增长速度并非恒定，而线性均值函数无法模拟这种变化。实际上，我们使用的数据点是这样生成的：价格与居住面积之间是二次函数关系。这解释了为什么我们看到大房子价格的增长速度比小房子快。在接下来的小节中，我们将实现一个二次函数作为我们的 GP 均值函数。

在撰写本文时，GPyTorch 仅提供了常数和线性均值函数的实现。但正如我们在本书中将反复看到的，这个包的美妙之处在于其模块化设计：GP 模型的所有组件，如均值函数、协方差函数、预测策略，甚至边际对数似然函数，都是模块化的，因此可以以面向对象的方式修改、重写和扩展。我们在实现自己的二次均值函数时，将亲身体会到这一点。

我们首先需要定义一个均值函数类：

```
class QuadraticMean(gpytorch.means.Mean):
    def __init__(self, batch_shape=torch.Size(), bias=True):
        ...

    def forward(self, x):
        ...
```

这个类扩展了 gpytorch.means.Mean 类，这是所有 GPyTorch 均值函数实现的基础。为了实现我们的自定义逻辑，我们需要重写两个方法：__init__()和 forward()，这与我们实现高斯过程模型时使用的方法完全相同！

在__init__()方法中，我们需要声明我们的均值函数包含哪些参数。这个过程被称为参数注册。

线性函数有两个参数：斜率和截距，而二次函数有三个参数：一个用于二次项 x^2 的系数；一个用于一次项 x 的系数；以及一个用于零次项的系数，通常称为偏置，如图 3-9 所示。

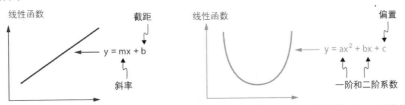

图 3-9　线性函数和二次函数的函数形式。线性函数有两个参数，而二次函数有三个。当这些函数用作 GP 的均值函数时，相应的参数就是 GP 的超参数

考虑到这一点，我们这样实现__init__()方法：

```python
class QuadraticMean(gpytorch.means.Mean):
    def __init__(self, batch_shape=torch.Size(), bias=True):
        super().__init__()
        self.register_parameter(
        name="second",
        parameter=torch.nn.Parameter(torch.randn(*batch_shape, 1, 1))
    )                    ←——— 二次项系数
        self.register_parameter(
            name="first",
            parameter=torch.nn.Parameter(torch.randn(*batch_shape, 1, 1))
        )                ←——— 一次项系数
        if bias:
          self.register_parameter(
            name="bias",
            parameter=torch.nn.Parameter(torch.randn(*batch_shape, 1))
          )          ←——— 偏置项
        else:
          self.bias = None
```

我们顺序调用register_parameter()方法来注册二次项系数、一次项系数以及偏置项。由于我们尚未明确这些系数的理想值，因此我们选择使用torch.randn()函数随机赋予它们初始值。

注意 我们需要将这些参数注册为torch.nn.Parameter类的实例，这样在梯度下降过程中就可以调整(训练)它们的值。

在定义forward()方法时，我们需要明确均值函数处理输入的方式。正如我们之前提到的，二次函数的形式是$ax^2 + bx + c$，其中a、b和c分别代表二次项系数、一次项系数和偏置。因此，我们只需要实现相应的逻辑，具体如下：

```python
class QuadraticMean(gpytorch.means.Mean):
    def __init__(self, train_x, train_y, likelihood):
        ...    ←——— 省略

    def forward(self, x):
        res = x.pow(2).matmul(self.second).squeeze(-1) \
            + x.matmul(self.first).squeeze(-1)    ←——— 二次函数的公式
        if self.bias is not None:
            res = res + self.bias
        return res
```

有了这个二次均值函数，我们现在可以编写一个 GP 模型，它使用我们刚刚实现的自定义的 QuadraticMean 类来初始化其均值模块：

```
class QuadraticMeanGPModel(gpytorch.models.ExactGP):
    def __init__(self, train_x, train_y, likelihood):
        super().__init__(train_x, train_y, likelihood)
        self.mean_module = QuadraticMean()
        self.covar_module = gpytorch.kernels.RBFKernel()

    def forward(self, x):          省略
        ...
```

使用梯度下降重新运行我们整个训练过程，我们得到了图 3-10 所示的预测结果。

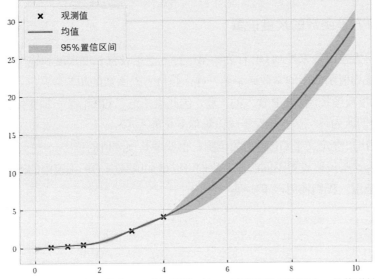

图 3-10　使用具有二次均值函数的 GP 进行预测。该 GP 预测居住面积越大，价格增长速度越快

在这里，我们成功地模拟了房价相对于居住面积增长的非恒定速率。图表右侧的预测比左侧的增长得要快得多。

我们可以针对目标函数的任何函数形式实现这一过程，无论是高阶多项式还是次线性函数。关键在于创建一个均值函数类，并为其配置合适的参数。随后，通过梯度下降算法确定这些参数的值，以便模型能够很好地拟合训练数据。

至此，我们的讨论展示了 GP 模型的数学灵活性，即它们能够利用任何结构的均值函数，同时仍能产生概率预测。这种灵活性激励并推动了 GPyTorch 的设计，它对模块性的强调帮助我们轻松地扩展和实现自定义均值函数。我们在 GPyTorch 的协方差函数中也看到了同样的灵活性和模块性，接下来我们将讨论这一点。

3.4 用协方差函数定义变异性和平滑性

GP 的均值函数确定了我们对目标函数整体行为的预期，而协方差函数(或核函数)则承担了更为复杂的任务：它描述了数据点之间的相互关系，并决定了 GP 的结构和平滑性。在本节中，我们将通过调整模型的各个组成部分来观察，GP 预测的变化情况，从而获得如何为 GP 模型选择合适协方差函数的实用指导。相关的代码示例可以在 CH03/02 - Covariance functions.ipynb 文件中找到。

在这些例子中，我们使用了 Forrester 函数作为我们的目标函数，这在 2.4.1 节中已经介绍过。我们再次在-3 到 3 之间随机采样三个数据点，并将它们作为训练数据集。本节所有中可视化的预测都来自在这三个点上训练的 GP。

3.4.1 协方差函数的尺度设置

通过协方差函数来控制 GP 行为的第一种方法是设置长度尺度和输出尺度。这些尺度，就像均值函数中的常数或系数一样，是协方差函数的超参数：

- 长度尺度控制着 GP 输入的尺度，因此也决定了 GP 沿某一轴变化的速度，即我们认为目标函数相对于输入维度变化的程度。
- 输出尺度定义了 GP 输出的范围，也就是其预测值的范围。

通过为这些尺度设置不同的值，我们可以增加或减少 GP 预测中的不确定性，并调整预测范围。我们使用以下实现：

```
class ScaleGPModel(gpytorch.models.ExactGP):
    def __init__(self, train_x, train_y, likelihood):
        super().__init__(train_x, train_y, likelihood)
        self.mean_module = gpytorch.means.ZeroMean()
        self.covar_module =
        ⇥ gpytorch.kernels.ScaleKernel(
            gpytorch.kernels.RBFKernel())    ◀──── gpytorch.kernels.ScaleKernel
                                                   实现了输出尺度

    def forward(self, x):
        ...    ◀──── 省略
```

注意到这里的 covar_module 属性的代码与之前的不同：我们在常规的 RBF 核之外放置了一个 gpytorch.kernels.ScaleKernel 对象。这实际上实现了输出尺度，它通过某个常数因子来调整 RBF 核的输出。另一方面，长度尺度已经内置在 gpytorch.kernels.RBFKernel 中。

```
gpytorch.kernels.ScaleKernel(gpytorch.kernels.RBFKernel())
```

尺度核(Scale kernel)将其
输入乘以一个输出尺度　　　　　　　RBF核已经实现了长度尺度

　　在我们之前使用的代码中，有一行代码通过 model.covar_module.base_
kernel.lengthscale = lengthscale 来设置核的长度尺度。这就是长度尺度值被设定的地方。
使用同样的 API，我们可以通过 model.covar_module.outputscale = outputscale 来设定核
的输出尺度。为了直观展示长度尺度如何影响函数变化的速度，我们对比了两个 GP
的预测结果：一个设置了长度尺度为 1，另一个为 0.3。这些对比结果可以在图 3-11
中查看。

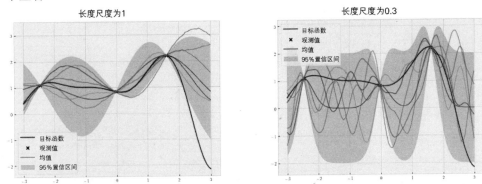

图 3-11　GP 在设置长度尺度为 1(左图)和 0.3(右图)时的预测。长度尺度较小时，GP 预测的变异性更
　　　　　高，导致不确定性更大

这两个图表之间的显著差异清晰地展示了长度尺度的影响：

- 更短的长度尺度意味着在输入保持恒定变化的情况下，目标函数的变异性
  更大。
- 另一方面，更长的长度尺度会使函数更加平滑，也就是说，在相同的输入变
  化下，它的变异性更小。

　　例如，在图 3-11 的左侧图表中，沿着 x 轴移动一个单位，样本的变异性比右图表
中的要小。

　　那么，输出尺度又会产生怎样的影响呢？我们之前提到，这个参数负责将协方差
函数的输出调整到不同的范围。这可以通过简单地将协方差输出乘以该参数来完成的。
因此，较大的输出尺度会使 GP 模型的预测范围更广，而较小的输出尺度则会缩小预
测的范围。为了验证这一点，我们再次运行代码并生成新的预测，这次将输出尺度设
置为 3。结果如图 3-12 所示。

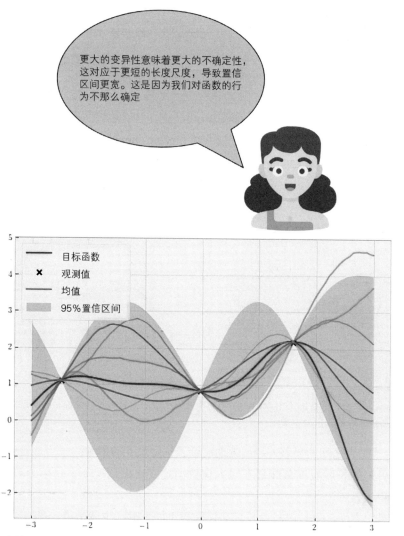

图 3-12   当输出尺度设置为 3 时，GP 的预测。由于输出尺度较大，GP 模型预测的函数范围更宽，同时预测中存在更多的不确定性

在图 3-11 和图 3-12 的左侧部分，尽管 GP 及其样本在两个图中具有相同的形状，我们可以看到图 3-12 的纵坐标范围更宽，因为它的预测和样本值(无论是正值还是负值)都呈现出更大的数值。这是由于 RBF 核的协方差值被一个较大的输出尺度所放大的直接后果。

通过调整协方差函数的两个超参数，我们已经能够描述由 GP 所模拟的多种函数行为，这些行为如表 3-2 所示。你可以尝试使用不同的长度尺度和输出尺度值来重新运行代码，以观察这些参数变化对模型预测的具体影响，并亲自验证表格中的内容。

表 3-2 GP 中长度尺度和输出尺度的作用

参数	具有较大的值	具有较小的值
长度尺度	预测更平滑,不确定性较小	变异性更大,不确定性更高
输出尺度	输出值更大,不确定性更高	输出范围更窄,不确定性较小

注意 这种建模的灵活性带来了一个问题:如何合理地确定这些超参数的值?幸运的是,我们已经掌握了一种有效地设定 GP 模型超参数的方法。我们可以选择最能解释我们数据的值来实现这一点,即通过最大化边际对数似然,特别是利用梯度下降法来实现。

就像我们之前优化均值函数的超参数一样,现在只需要将我们想要优化的变量——协方差函数的参数——简单地传递给 Adam 优化器:

```
optimizer = torch.optim.Adam(model.covar_module.parameters(), lr=0.01)
```

通过执行梯度下降算法,我们可以为这些参数找到合适的值。具体而言,我得到的长度尺度大约是 1.3,输出尺度大约是 2.1。也就是说,为了更好地适应包含三个点的训练数据集,我们希望 GP 表现出适度的平滑性(长度尺度略大于 1),并且我们也希望预测值的范围更宽(输出尺度更大)。这个结果无疑是令人安心的,因为我们的目标函数确实有较大的值域——在输入为 3 时,它的值达到了-2,这远远超出了输出尺度为 1 时的置信区间。

3.4.2 使用不同的协方差函数控制平滑度

到目前为止,我们一直使用 RBF 核作为协方差函数。然而,如果 RBF 核不合适,我们完全可以为 GP 选择不同的核函数。在本小节中,我们将学习使用另一类核函数——Matérn 核,并观察这个核函数对 GP 产生的影响。

注意 通过使用 Matérn 核,我们可以为 GP 模型指定函数的平滑度。在这里,"平滑度"是一个技术术语,指的是函数的可微性;函数可微的次数越多,它就越平滑。我们可以大致将其理解为函数值在锯齿状波动中的跳跃程度。

RBF 核(径向基函数核)能够模拟无限可微的函数,这是现实世界中许多函数所不具备的特性。相比之下,Matérn 核能够产生有限次可微的函数,而这些函数可以被微分的次数(即平滑程度)可以通过一个可设置的参数来控制,我们将在稍后讨论这一点。
为了观察 Matérn 核的实际效果,我们首先重新实现 GP 模型类:

```
class MaternGPModel(gpytorch.models.ExactGP):
    def __init__(self, train_x, train_y, likelihood, nu):
        super().__init__(train_x, train_y, likelihood)
        self.mean_module = gpytorch.means.ZeroMean()
        self.covar_module = gpytorch.kernels.MaternKernel(nu)

    def forward(self, x):          省略
        ...        ◀————
```

在这里，我们的 covar_module 属性被初始化为 gpytorch.kernels.MaternKernel 类的实例。这个初始化过程接收一个参数 nu，它定义了我们的 GP 将具有的平滑度，这个参数也是我们 __init__()方法的一个参数。

重要提示　在撰写本文时，GPyTorch 支持三种 nu 值，分别为 1/2、3/2 和 5/2，分别对应于非可微、一次可微和两次可微的函数。换句话说，nu 参数越大，我们的 GP 就越平滑。

首先，让我们尝试设置 nu = 0.5，即初始化 GP 时使用的值：

```
likelihood = gpytorch.likelihoods.GaussianLikelihood()
model = MaternGPModel(train_x, train_y, likelihood, 0.5)

...        ◀————固定超参数并启用预测模式

visualize_gp_belief(model, likelihood)
```

这段代码生成了图 3-13。

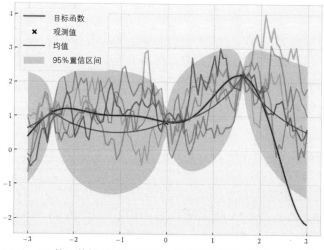

图 3-13　使用 Matérn 1/2 核函数的 GP 预测表明，这种函数是不可微的，对应着非常粗糙的样本

与之前 RBF 核的情况不同，这个 Matérn 核生成的样本都非常不平滑。实际上，这些样本都不具有可微性。在处理时间序列数据(如股票价格)时，nu=0.5 是一个适合 Matérn 核的参数值。

然而，这个值通常在贝叶斯优化(BayesOpt)中不被使用，因为像图 3-13 中那样的锯齿状函数波动性很大(它们可能以不可预测的方式上下跳跃)，通常不是自动优化技术的目标。我们需要优化的目标函数具有一定的平滑度；否则，有效地进行优化将成为一个不切实际的目标。

Matérn 5/2 核通常更受青睐。它的预测结果，以及由 Matérn 3/2 核生成的预测，如图 3-14 所示。

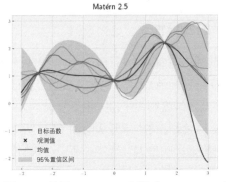
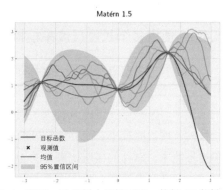

图 3-14　使用 Matérn 5/2(左图)和 Matérn 3/2(右图)核的 GP 预测。这些样本足够平滑，使得 GP 能够有效地从数据中学习，但也不是特别平滑，以真实地模拟现实世界的过程

可以看到，5/2 核的样本要平滑得多，这使得 GP 的学习更为有效。然而，这些样本也足够粗糙，以至于它们类似于我们在现实世界中可能遇到的函数。正因为如此，在贝叶斯优化的研究和应用中，大多数工作都倾向于使用这个 Matérn 5/2 核。在后续章节中，当我们讨论贝叶斯优化的决策制定时，我们将默认使用该核。

注意　虽然我们在这里没有包含相应的细节，但 Matérn 核也有自己的长度尺度和输出尺度，这些可以被指定，以进一步定制生成的 GP 的行为，就像在前一小节中讨论的那样。

通过巧妙地组合均值函数与核函数，我们可以在 GP 的预测中引入复杂的行为。比如之前的例子，每个人在看到某人连续 100 次猜对一个秘密数字后得出的结论会受到先验信息的影响一样，我们选择的均值函数和核函数决定了 GP 所做的预测。图 3-15 展示了三个例子，其中每个均值函数和核函数的组合都导致了截然不同的行为。

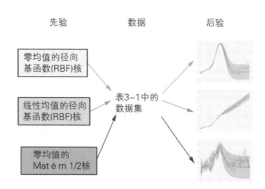

图 3-15　三种不同的均值函数和核的选择，以及它们各自的后验高斯过程(posterior GP)在相同数据集上训练后所做的预测。每种选择都导致了不同的预测行为

3.4.3　使用多个长度尺度来模拟不同水平的变异性

由于我们目前只考虑了一维目标函数(函数的输入只有一个特征)，所以我们只需要考虑一个长度尺度。然而，我们可以想象，在高维目标函数(函数的输入有多个特征)的场景中，某些维度可能具有更大的变异性，而其他维度则更平滑。也就是说，有些维度的长度尺度较小，而其他维度的长度尺度较大。还记得本章开头的例子吗：房屋价格预测中，额外的楼层比额外的居住面积对价格的影响更大。在本小节中，我们将探讨如何在高斯过程中设定多个长度尺度来模拟这些函数。

如果我们只对所有维度使用一个长度尺度，那么我们将无法真实地模拟目标函数。这种情况下，我们需要 GP 模型为每个维度分别设定一个长度尺度，以便充分捕捉每个维度的变异性。在本章的最后一部分，我们将学习如何利用 GPyTorch 来实现这一目标。

为了便于讨论，我们使用了一个具体的二维目标函数，称为 Ackley 函数，可以修改该函数，使其在不同维度上具有不同程度的变异性。这个函数的实现如下：

```
def ackley(x):
# a modification of https://www.sfu.ca/~ssurjano/ackley.html
    return -20 * torch.exp(
        -0.2 * torch.sqrt((x[:, 0] ** 2 + x[:, 1] ** 2) / 2)
    )
    - torch.exp(torch.cos(2 * pi * x[:, 0] / 3)
    + torch.cos(2 * pi * x[:, 1]))
```

我们将这个函数的定义域特定地限定在两个维度的[-3, 3]的正方形区域，通常表示为[-3, 3]²。为了可视化这个目标函数，我们使用了图 3-16 所示的热图。

在热图中，每个深色的区域代表着目标函数表面上的低谷。这里，y 轴方向上的低谷比 x 轴方向上的要多，这表明目标函数在 y 轴方向上的变异性更大——换句话说，

目标函数在 y 轴方向上的起伏比在 x 轴方向上要频繁得多。

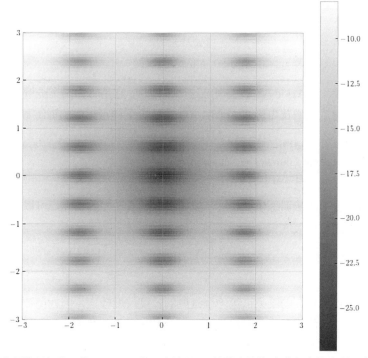

图 3-16 我们用作目标的二维 Ackley 函数。在这里，x 轴的变异性(变化幅度较小)比 y 轴要小，因此需要不同的长度尺度

这再次表明，对两个维度使用单一的长度尺度并不是最佳选择。我们应该为每个维度分别设置一个长度尺度(本例中为两个)。然后，每个长度尺度可以通过梯度下降法进行独立优化。

重要 为每个维度使用一个长度尺度的核被称为自动相关性确定(Automatic Relevance
提示 Determination，ARD)。这个术语表示，通过梯度下降法优化这些长度尺度后，
我们可以推断出目标函数的每个维度和函数值之间的相关性。具有较大长度尺
度的维度变异性较小，因此在建模目标函数值时，其相关性也相对较低；而具
有较小长度尺度的维度则恰好相反。

在 GPyTorch 中实现 ARD 非常简单：我们只需在初始化协方差函数时，将
ard_num_dims 参数设置为我们的目标函数的维度数。使用 RBF 核的实现如下：

```
class ARDGPModel(gpytorch.models.ExactGP):
    def __init__(self, train_x, train_y, likelihood):
        super().__init__(train_x, train_y, likelihood)
        self.mean_module = gpytorch.means.ZeroMean()
```

```
        self.covar_module = gpytorch.kernels.ScaleKernel(
            gpytorch.kernels.RBFKernel(ard_num_dims=2)
        )

    def forward(self, x):
        ...          ◄──── 省略
```

让我们看看，在 Ackley 函数上训练这个模型时，它是否为两个维度提供了不同的长度尺度。为此，我们首先构建一个由 100 个随机采样点组成的训练数据集：

```
torch.manual_seed(0)
train_x = torch.rand(size=(100, 2)) * 6 - 3
train_y = ackley(train_x)
```

在使用梯度下降法训练模型之后，就像我们一直在做的那样，可以通过打印输出来检查优化后的长度尺度值：

```
>>> model.covar_module.base_kernel.lengthscale
tensor([[0.7175, 0.4117]])
```

这确实是我们预期的结果：第一个维度的长度尺度较大，因为函数值在那里的变异性较小；第二个维度的长度尺度较小，因为那里的变异性更大。

如果一个函数有很多输入维度，且这些维度的变异性水平相同，那么相应的长度尺度很可能会被优化为相似的值

关于核函数的更多阅读材料

核函数本身在机器学习社区引起了广泛的关注。除了我们迄今为止所讨论的内容外，值得注意的是，核函数还能够编码复杂的结构，例如周期性、线性和噪声。对于希望更深入地了解核函数及其在机器学习中的作用，以及更技术性的讨论，推荐读者参考 David Duvenaud 的 *The Kernel Cookbook*(https://www.cs.toronto.edu/~duvenaud/cookbook/)。

这一讨论标志着第 3 章的结束。在这一章中,我们深入探讨了均值和协方差函数,特别是它们的各种参数,是如何影响 GP 模型的。我们利用这些知识将关于目标函数的信息——即先验信息——融入 GP 模型中。我们还学习了如何使用梯度下降法来估计这些参数的值,以获得最能解释我们数据的 GP 模型。

这也标志本书第 I 部分的结束,在这一部分我们专注于 GP。从下一章开始,我们将开始学习 BayesOpt 框架的第二个组成部分:决策策略。我们将首先介绍两种最常用的 BayesOpt 策略:改进概率(Probability of Improvement)和期望改进(Expected Improvement),它们旨在从已观察到的最佳点进行改进。

3.5　练习题

这个练习题提供了实现具有自动相关性确定(ARD)的 GP 模型的实践。为此,我们创建了一个沿一个轴变化大于另一个轴的目标函数。然后,我们在该函数的数据点上训练 GP 模型(分别在启用和禁用 ARD 的情况下),并比较长度尺度值。解决方案包含在 CH03/03 - Exercise.ipynb 文件中。

这个过程包含多个步骤:

(1) 使用 PyTorch 在 Python 中实现以下二维函数:

$$f(x_1, x_2) = \sin\left(\frac{5x_1 - 5}{2}\right)\cos(2.5 - 5x_2) + \frac{1}{10}\left(\frac{5x_2 + 1}{2}\right)^2$$

这个函数模拟了超参数调优任务中支持向量机(SVM)模型的准确率曲面。x 轴表示惩罚参数 c 的值,而 y 轴表示 RBF 核参数 γ 的值(我们在后续章节中也将使用这个函数作为我们的目标函数)。

(2) 在定义域$[0, 2]^2$ 上可视化这个函数。热图应该如图 3-17 所示。

(3) 从定义域$[0, 2]^2$ 中随机抽取 100 个数据点。这些将用作我们的训练数据。

(4) 实现一个具有恒定均值函数和 Matérn5/2 核的 GP 模型,输出尺度通过 gpytorch.kernels.ScaleKernel 对象实现。

(5) 在初始化核对象时不要指定 ard_num_dims 参数,或将参数设置为 None。这将创建一个没有 ARD 的高斯过程(GP)模型。

(6) 使用梯度下降法训练 GP 模型的超参数,并在训练后检查长度尺度。

(7) 重新定义 GP 模型类,这次设置 ard_num_dims = 2。使用梯度下降法重新训练 GP 模型,并验证两个长度尺度具有显著不同的值。

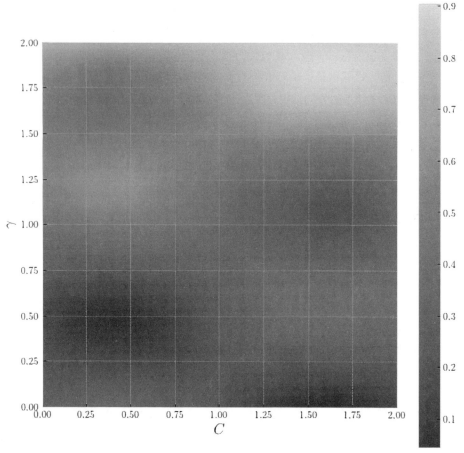

图 3-17　SVM 模型在测试数据集上的准确率与惩罚参数 c 及 RBF 核参数 γ 的函数关系。这个函数相对于 γ 的变化比相对于 c 的变化更快

3.6　本章小结

- 在贝叶斯模型中，先验知识扮演着重要角色，并且可以显著影响模型的后验预测。

- 在 GP 中，先验知识可以通过均值和协方差函数来指定。

- 均值函数描述了 GP 模型的预期行为。在没有数据的情况下，GP 的后验均值预测会回归到先验均值。

- GP 的均值函数可以采用任何函数形式，包括常数、线性函数和二次函数，这些都可以利用 GPyTorch 实现。

- GP 的协方差函数控制了 GP 模型的平滑度。

- 长度尺度指定了输出相对于函数输入的变异水平。较大的长度尺度导致更平滑的输出,因此预测中的不确定性较小。
- GP 的每个维度都可以有自己的长度尺度。这被称为自动相关性确定(ARD),用于模拟在不同维度上具有不同变异水平的目标函数。
- 输出尺度指定了函数的输出范围。较大的输出尺度导致输出范围更广,因此预测中的不确定性也就越大。
- Matérn 核类是 RBF 核类的泛化。通过指定其参数 nu,我们可以模拟 GP 预测中的不同平滑度水平。
- GP 的超参数可以通过梯度下降法优化,以最大化数据的边缘似然。

第 II 部分

使用贝叶斯优化进行决策

高斯过程(GP)只是方程式的一部分。为了完全实现贝叶斯优化(BayesOpt)技术，我们需要方程式的第二部分：决策策略，这些策略规定了如何进行函数评估以尽快优化目标函数。这一部分列举了最流行的贝叶斯优化策略，包括它们的动机、数学原理和实现方式。尽管不同的策略出于不同的目标，但它们都有一个共同的目标：在探索(exploration)和利用(exploitation)之间找到平衡——具体而言，这是贝叶斯优化的核心挑战，而更广泛地说，则是不确定性问题下的决策。

第 4 章首先介绍了获取分数(acquisition score)的概念，这是一种对函数评估的价值进行量化方法。本章还描述了一种启发式策略，即从我们迄今为止观测到的最佳点进行改进，由此引出两种流行的贝叶斯优化策略：改进概率(Probability of Improvement)和期望改进(Expected Improvement)。

第 5 章将贝叶斯优化与一个密切相关的问题：多臂老虎机联系起来。我们探讨了流行的上置信界(Upper Confidence Bound)策略，利用不确定性下的乐观估计，以及汤普森采样(Thompson sampling)策略，利用 GP 的概率特性来辅助决策。

第 6 章介绍了信息论，这是数学的一个子领域，在决策问题中有着广泛应用。利用信息论中的核心概念——熵，我们设计了一种贝叶斯优化策略，旨在尽可能多地获取关于搜索目标的信息。

在这一部分中，我们将探讨各种解决探索与利用权衡的策略，并构建一个多样化的优化方法工具箱。虽然在前一部分中我们已经学习了如何使用 GPyTorch 来实现 GP，但在这一部分，我们将专注于贝叶斯优化领域的顶尖库 BoTorch。我们将学习如何声明 BayesOpt 策略，如何利用这些策略来优化循环过程，以及如何在多种任务中对比它们的性能。到这一部分结束时，你将掌握实施和运行贝叶斯优化策略的实际技能。

第 4 章

通过基于改进的策略优化最佳结果

本章主要内容

- 贝叶斯优化循环
- 贝叶斯优化策略中的利用与探索权衡
- 将改进作为寻找新数据点的标准
- 使用改进作为标准的贝叶斯优化策略

在本章中，我们首先回顾贝叶斯优化(BayesOpt)的迭代过程：我们不断地在基于已收集数据训练高斯过程(GP)和使用贝叶斯优化策略确定下一个标记数据点之间进行切换。这形成了一个良性循环，在这个循环中，我们过去的数据用于指导未来的决策。接着，我们将讨论一个好的贝叶斯优化策略应具备的特点：它是一个决策算法，负责决定哪个数据点值得标记。理想的贝叶斯优化策略需要在充分探索搜索空间和精确定位高性能区域之间取得平衡。

最后，我们将学习两种策略：PoI 和 EI，它们旨在超越迄今为止在贝叶斯优化循环中观察到的最佳数据点。以超参数调整应用为例，我们希望找到在数据集上验证准确率最高的神经网络配置，目前最高准确率是 90%，我们的目标就是超越这个 90% 的界限。本章介绍的策略将致力于实现这一目标。在表 1-2 所示的物质发现任务中，我们的目标是寻找能在较低温度下混合的金属合金，目前已知的最低温度是 187.24。这两种策略将致力于寻找比 187.24 更低的温度值。

令人惊叹的是，得益于我们对目标函数的高斯分布假设，我们可以在封闭形式下计算出从当前最佳点预期的改进幅度。换句话说，尽管我们无法预知目标函数在未知位置的具体值，但在 GP 的框架下，我们仍然可以轻松地计算出基于改进的指标。本章结束时，我们将全面理解贝叶斯优化策略所需完成的任务以及如何通过两种基于改进的策略来实现这些任务。我们还将学习如何集成 BoTorch，这个 Python 中的贝叶斯优化库(https://botorch.org/docs/introduction)，从本章开始，我们将一直使用它来实现贝叶斯优化策略，直到全书结束。

4.1 在贝叶斯优化中探索搜索空间

我们如何确保正确地利用过去的数据来指导未来的决策？在贝叶斯优化策略中，我们寻求的自动化决策过程应该具备哪些特点？本小节将回答这些问题，并为我们清晰地展示在使用 GP 时贝叶斯优化是如何工作的。

接下来，我们将重新审视在 1.2.2 节简要提及的贝叶斯优化循环，探讨如何结合贝叶斯优化策略和 GP 的训练来进行决策。接着，我们将讨论贝叶斯优化策略面临的主要挑战：搜索空间中不确定性高的区域与利用已知优质区域之间的平衡。

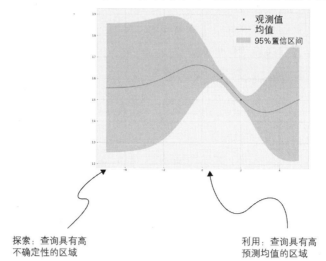

图 4-1   在贝叶斯优化中，探索与利用之间的权衡是一个核心问题。每种策略都需要决定是查询那些不确定性较高的区域(探索)还是查询那些预测值较高的区域(利用)

以图 4-1 为例，它展示了一个在数据点 1 和 2 上训练的 GP。在这种情况下，贝叶斯优化策略需要决定在-5 到 5 范围内的哪个点上继续评估目标函数。探索与利用的权衡问题变得明显：我们需要决定是在搜索空间的两端(大约在-5 和 5 附近)进行评估(预测存在较大的不确定性)，还是在 0 附近的区域(预测均值最高)。这种探索与利用之间的权衡将为本书后续章节中讨论各种贝叶斯优化策略奠定基础。

4.1.1 贝叶斯优化循环与策略

首先，让我们回顾一下贝叶斯优化循环的流程以及贝叶斯优化策略在流程中扮演的角色。在本章中，我们还将构建这个循环的框架，以便在后续章节中分析贝叶斯优化策略。请参考图 4-2，它是图 1-6 的复现，展示了贝叶斯优化在宏观层面的运作机制。

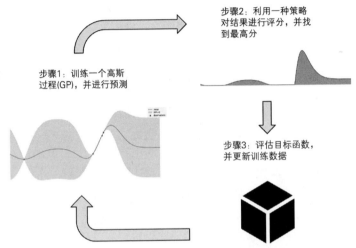

步骤2：利用一种策略对结果进行评分，并找到最高分

步骤1：训练一个高斯过程(GP)，并进行预测

步骤3：评估目标函数，并更新训练数据

图 4-2　贝叶斯优化循环结合了用于建模的 GP 和用于决策的策略。这个完整的工作流程现在可以用来优化黑盒函数

具体来说，贝叶斯优化是通过一个循环来实现的，这个循环交替执行以下步骤：

- 在当前训练集上训练一个 GP。我们在之前的章节中已经详细讨论了如何完成这一步。
- 利用训练好的 GP 评估搜索空间中各个数据点的价值，即这些点在帮助我们找到目标函数最优解方面的潜力(参见图 4-2 的步骤 2)。得分最高的点将被选中进行标记，并加入训练数据集中(参见图 4-2 的步骤 3)。评分的具体方法由所采用的贝叶斯优化策略决定。在本章以及第 5 章和第 6 章中，我们将更深入地了解不同的策略。

我们会重复这个循环直到满足终止条件，通常是评估目标函数到达指定的迭代次数。该过程是一个端到端的优化流程，因为我们不仅使用高斯过程进行预测，还将这些预测用于决定接下来要收集哪些数据点，进而影响未来预测的生成。

定义　贝叶斯优化循环是一个不断自我完善的模型训练(高斯过程, GP)与数据采集(策略)相结合的良性循环, 两者相辅相成, 最终找到目标函数的最优解。这一循环是一个正向反馈机制, 它通过迭代逼近一个具有理想特性的平衡点; 各个组成部分协同作用, 共同推动目标的实现, 而非相互冲突, 导致负面结果。

贝叶斯优化策略决定了如何根据数据点对我们实现目标的价值进行评分, 这对于优化性能至关重要。一个好的策略会为那些对优化真正有价值的数据点打高分, 这将更快、更有效地引导我们找到目标函数的最优解。相反, 如果一个策略设计得不合理, 那么可能会误导我们的实验, 浪费宝贵的资源。

定义　贝叶斯优化策略是一种根据每个潜在查询点的价值进行评分的机制, 从而决定我们接下来应该在哪里查询目标函数(即评分最大化的地方)。这种由策略计算出的评分被称为获取分数, 因为它直接关联到我们如何获取新的数据点。

与强化学习策略的联系

如果你有强化学习(Reinforcement Learning, RL)方面的经验, 你可能会注意到贝叶斯优化策略与 RL 策略之间的联系。在这两种技术中, 策略告诉我们在决策问题中应该采取什么行动。在 RL 中, 策略可能会为每个行动分配一个分数, 我们依次选择分数最高的那个行动, 或者策略可能直接输出我们应该采取的行动。在贝叶斯优化中, 通常是前者, 策略输出一个分数来量化每个可能查询的价值, 所以我们的任务是识别最大化这个分数的查询。

设计一个出色的贝叶斯优化策略并非易事, 实际上, 不存在一个能够适用于所有目标函数的万能策略。正如我们在本章及后续章节中所探讨的, 不同的策略往往基于不同的侧重点和启发式方法。有些启发式方法在特定类型的目标函数上表现出色, 而另一些则可能在其他类型的函数上更为有效。这意味着我们需要广泛了解各种贝叶斯优化策略, 并掌握它们的核心目标, 以便在适当的情境下加以应用——这正是我们在第 4~6 章中将要深入探讨的内容。

什么是策略?

每一种贝叶斯优化策略都是一个决策规则, 它根据给定的标准或启发式方法, 对数据点在优化中的有用性进行评分。不同的标准和启发式方法会产生不同的策略, 不存在一套预先设定的贝叶斯优化策略。实际上, 贝叶斯优化的研究者们仍在发表论文提出新策略。在本书中, 我们仅讨论实践中最流行且常用的策略。

现在, 让我们先来看一下实现一个基础的贝叶斯优化循环的代码, 这个循环我们将在后续中用于分析不同的贝叶斯优化策略。这段代码位于 CH04/01-BayesOpt loop.ipynb 文件中。首先，我们需要一个目标函数，我们希望通过贝叶斯优化来优化它。在这里，我们选用了熟悉的一维 Forrester 函数，定义域为-5 到 5 之间，作为要最大化的目标函数。同时，我们也会在该函数的定义域[-5, 5]内计算 Forrester 函数的值，其中 xs 和 ys 代表真实数据。

```python
def forrester_1d(x):
    y = -((x + 1) ** 2) * torch.sin(2 * x + 2) / 5 + 1
    return y.squeeze(-1)

bound = 5

xs = torch.linspace(-bound, bound, bound * 100 + 1).unsqueeze(1)
ys = forrester_1d(xs)
```

目标函数的形式，假定为未知

在-5 到 5 之间的网格上计算的测试数据

我们还需要做的另一件事是调整 GP 模型的实现方式，以便它们可以与 BoTorch 中的贝叶斯优化策略一起使用。实现高斯过程是贝叶斯优化循环的第一步。

由于 BoTorch 直接基于 GPyTorch 构建，所需的改动非常少。具体而言，我们采用了这样一种 GP 实现，其中不仅继承了 gpytorch.models.ExactGP 类，还继承了 botorch.models.gpytorch.GPyTorchModel 类。此外，我们定义了一个类属性 num_outputs 并将其值设定为 1。这些就是我们为了使用 GPyTorch 模型与 BoTorch 所要做的最小修改，它实现了我们在本章后续部分使用的贝叶斯优化策略。

```python
class GPModel(gpytorch.models.ExactGP,
  botorch.models.gpytorch.GPyTorchModel):
    num_outputs = 1

    def __init__(self, train_x, train_y, likelihood):
        super().__init__(train_x, train_y, likelihood)
        self.mean_module = gpytorch.means.ConstantMean()
        self.covar_module = gpytorch.kernels.ScaleKernel(
            gpytorch.kernels.RBFKernel()
        )

    def forward(self, x):
        mean_x = self.mean_module(x)
        covar_x = self.covar_module(x)
        return gpytorch.distributions.MultivariateNormal(mean_x, covar_x)
```

与 BoTorch 集成的修改

除此之外，高斯过程实现的其他部分保持不变。我们现在编写一个辅助函数，用于在训练数据上训练高斯过程：

```
def fit_gp_model(train_x, train_y, num_train_iters=500):
    noise = 1e-4                                          ←── 使用梯度下降法训练
                                                              高斯过程
    likelihood = gpytorch.likelihoods
    ⇒.GaussianLikelihood()
    model = GPModel(train_x, train_y, likelihood)         声明高斯过程
    model.likelihood.noise = noise

    optimizer = torch.optim.Adam(model.parameters(),
    ⇒lr=0.01)
    mll = gpytorch.mlls.ExactMarginalLogLikelihood
    ⇒(likelihood, model)                                  使用梯度下降法
                                                          训练高斯过程
    model.train()
    likelihood.train()

    for i in tqdm(range(num_train_iters)):
        optimizer.zero_grad()

        output = model(train_x)
        loss = -mll(output, train_y)

        loss.backward()
        optimizer.step()

    model.eval()
    likelihood.eval()

    return model, likelihood
```

注意　我们已经在前面的章节中使用过大部分的代码。如果你对某段代码的理解有困难，请参考 3.3.2 节以了解更多细节。

　　这完成了图 4-2 的步骤 1。目前，我们跳过了步骤 2，即实现贝叶斯优化策略，并将其留到下一节和后续章节。接下来要实现的组件是对迄今为止收集的数据、当前的高斯过程信念以及贝叶斯优化策略如何对剩余数据点进行评分的可视化。这种可视化的目标如图 4-3 所示，我们在第 1 章中已经见过。具体来说，图的顶部展示了高斯过程模型对真实目标函数的预测，底部则展示了贝叶斯优化策略计算的获取分数。

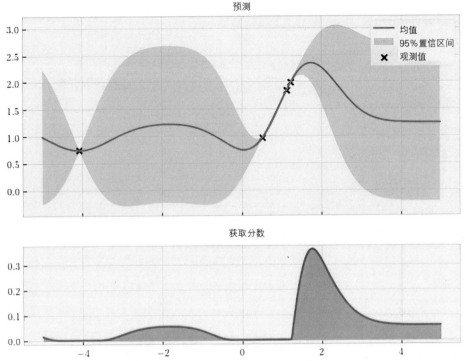

图 4-3　贝叶斯优化进展的典型可视化。顶部展示了高斯过程的预测和真实目标函数，而底部则展示了由名为期望改进的贝叶斯优化策略计算的获取分数，我们将在 4.3 节中了解这一策略

　　我们已经熟悉如何生成顶部图表，生成底部图表同样简单。这通过使用一个类似于我们在 3.3 节中使用的辅助函数来完成。该函数接受一个高斯过程模型及其似然函数作为输入，以及两个可选输入：

　　(1) policy 指的是一个贝叶斯优化策略对象，它可以像任何 PyTorch 模块一样被调用。在这里，我们将其应用于代表我们搜索空间的网格 xs，以获得整个空间内的获取分数。下一节中将讨论如何使用 BoTorch 实现这些策略对象，但目前不需要知道更多。

　　(2) next_x 是最大化获取分数的数据点位置，这个位置将被添加到当前的训练数据集中。

```
def visualize_gp_belief_and_policy(
    model, likelihood, policy=None, next_x=None
):
    with torch.no_grad():
```

高斯过程预测
```
        predictive_distribution = likelihood(model(xs))
        predictive_mean = predictive_distribution.mean
        predictive_upper, predictive_lower =
          ➡predictive_distribution.confidence_region()
```

```
if policy is not None:
    acquisition_score = policy(xs.unsqueeze(1))          获取分数
... ◄──── 省略
```

在这里，我们正在从 GP 生成预测，并在测试数据 xs 上计算获取分数。注意，如果没有传递 policy，我们不会计算获取分数，在这种情况下，我们还会以我们已经熟悉的方式可视化 GP 预测——散点图表示训练数据，实线表示均值预测，阴影区域表示 95% 置信区间(CI)：

```
if policy is None:
    plt.figure(figsize=(8, 3))
                                                         真实值
    plt.plot(xs, ys, label="objective", c="r")  ◄
    plt.scatter(train_x, train_y, marker="x", c="k",
        label="observations")
训练数据
    plt.plot(xs, predictive_mean, label="mean")
    plt.fill_between(
        xs.flatten(),
        predictive_upper,                                均值预测和 95%
        predictive_lower,                                置信区间
        alpha=0.3,
        label="95% CI",
    )

    plt.legend()
    plt.show()
```

注意　请参考 2.4.4 节以回顾有关可视化的内容。

如果提供了一个策略对象，我们会生成另一个子图来展示整个搜索空间内的获取分数：

```
else:
    fig, ax = plt.subplots(
        2,
        1,
        figsize=(8, 6),
        sharex=True,
        gridspec_kw={"height_ratios": [2, 1]}
    )
```

...　←————————　高斯过程预测(与之前相同)

```
if next_x is not None:
        ax[0].axvline(next_x, linestyle="dotted", c="k")
```

获取
分数

```
ax[1].plot(xs, acquisition_score, c="g")
ax[1].fill_between(
    xs.flatten(),
    acquisition_score,
    0,
    color="g",
    alpha=0.5
)
```

使用虚线垂
直线表示的
获取分数最
大化的点

```
if next_x is not None:
    ax[1].axvline(next_x, linestyle="dotted", c="k")

ax[1].set_ylabel("acquisition score")

plt.show()
```

当传递了策略(policy)和下一个查询点(next_x)时，这个函数会创建一个底部面板，展示由贝叶斯优化策略计算出的获取分数。最后，我们需要实现图 4-2 中贝叶斯优化循环的第三步，这包括(1)找到获取分数最高的点；(2)将其添加到训练数据中并更新高斯过程。对于第一个任务，即识别获取分数最高的点，在 Forrester 示例中，虽然在一维搜索空间内进行穷举搜索是可行的，但随着目标函数维度的增加，穷举搜索的成本会越来越高。

注意　我们可以使用 BoTorch 的辅助函数 botorch.optim.optimize.optimize_acqf()，它能够找到任何贝叶斯优化策略分数最大的点。这个辅助函数采用了 L-BFGS 算法，这是一种准牛顿优化方法，通常比梯度下降法表现更好。

我们需要设置以下内容：
- 策略(policy)是贝叶斯优化策略对象，我们很快就会了解到它。
- 边界(bound)存储了我们搜索空间的范围，在这个例子中是−5 到 5。
- q = 1 指定了我们希望辅助函数返回的点的数量，这里是 1(在第 7 章，我们将学习向目标函数发起多个查询的设置)。

- num_restarts 和 raw_samples 分别表示 L-BFGS 在寻找给出最高获取分数的最优候选点时使用的重复次数和初始数据点数量。通常，我建议这些参数分别使用维度数的 20 倍和 50 倍。

- 返回的值 next_x 和 acq_val 分别是给出最高获取分数的点的位置和相应的最大获取分数:

```
next_x, acq_val = botorch.optim.optimize_acqf(
    policy,
    bounds=torch.tensor([[-bound * 1.0], [bound * 1.0]]),
    q=1,
    num_restarts=20,
    raw_samples=50,
)
```

设置重启次数和原始样本数量

当 num_restarts(重启次数)和 raw_samples(原始样本数量)的值越高时，L-BFGS 在寻找最大化获取分数的最优候选点时会越全面。这也意味着 L-BFGS 算法的运行时间会更长。如果你发现 L-BFGS 在最大化获取分数方面表现不佳，可以增加这两个数值；如果算法运行时间过长，可以适当减少它们。

作为最后一步，我们将迄今为止实现的内容整合进一个贝叶斯优化循环中。在循环的每次迭代中，我们执行以下步骤:

(1) 首先，我们打印出到目前为止看到的最优值(train_y.max())，以展示优化的进展情况。

(2) 使用当前的训练数据重新训练高斯过程，并重新声明贝叶斯优化策略。

(3) 利用 BoTorch 的辅助函数 botorch.optim.optimize_acqf()，找到搜索空间中最大化获取分数的点。

(4) 调用辅助函数 visualize_gp_belief_and_policy()，可视化我们当前的高斯过程信念和优化进度。

(5) 在确定的点(next_x)处查询函数值，并更新我们的观测数据。

整个流程在图 4-4 中进行了总结，展示了贝叶斯优化循环的步骤以及实现这些步骤的相应代码。每个步骤都是由我们的辅助函数或 BoTorch 的模块化代码实现的，使得整个流程易于理解。

步骤1：训练一个高斯
过程，并进行预测

```
model, likelihood = fit_gp_model(
    train_x, train_y
)
```

步骤2：使用策略评分，
并找到最高分

```
policy = ...

next_x, acq_val =
    botorch.optim.optimize_acqf(...)
```

步骤2.5：可视化当前进展

```
visualize_gp_belief_and_policy(...)
```

步骤3：评估目标函数，
并更新训练数据

```
next_y = forrester_1d(next_x)

train_x = torch.cat([train_x, next_x])
train_y = torch.cat([train_y, next_y])
```

图 4-4　贝叶斯优化循环中的步骤及相应的代码。每个步骤的代码都是模块化的，这使得整个循环
　　　　易于跟踪

代码实现如下：

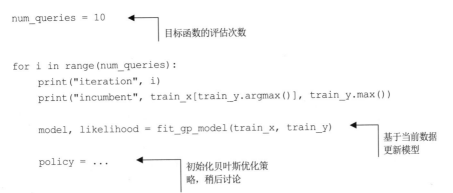

```
num_queries = 10          ◀──────  目标函数的评估次数


for i in range(num_queries):
    print("iteration", i)
    print("incumbent", train_x[train_y.argmax()], train_y.max())


    model, likelihood = fit_gp_model(train_x, train_y)  ◀───  基于当前数据
                                                              更新模型

    policy = ...     ◀──────  初始化贝叶斯优化策
                             略，稍后讨论
```

```
next_x, acq_val = botorch.optim.optimize_acqf(
    policy,
    bounds=torch.tensor([[-bound * 1.0],
    ⮑[bound * 1.0]]),
    q=1,
    num_restarts=20,
    raw_samples=50,
)
```

找到使获取分数
最高的点

可视化当前的高斯过程模
型和获取分数

```
visualize_gp_belief_and_policy(model, likelihood, policy,
    next_x=next_x)

next_y = forrester_1d(next_x)

train_x = torch.cat([train_x, next_x])
train_y = torch.cat([train_y, next_y])
```

在识别的点处进行观察并
更新训练数据

现在，我们已经构建了一个贝叶斯优化循环的基本结构。剩下的任务就是将策略初始化为一个实际的贝叶斯优化策略，这样我们就可以在 Forrester 函数上运行贝叶斯优化了。虽然调用 visualize_gp_belief_and_policy()函数并非必需(也就是说，即使没有这个函数，贝叶斯优化循环仍然可以正常运行)，但它对于帮助我们观察贝叶斯优化策略的行为和特点，以及诊断潜在问题是非常有用的，这将在本章后续部分讨论。

贝叶斯优化策略的核心特点之一在于探索与利用之间的平衡，这是许多人工智能和机器学习领域中常见的权衡问题。在这里，我们需要在未知领域中发现潜在高性能区域的可能性(探索)与深入挖掘已知优质区域(利用)之间做出取舍。我们将在接下来的小节中深入探讨这种权衡。

4.1.2　平衡探索与利用

在本小节中，我们将讨论任何决策过程(包括贝叶斯优化)中普遍存在的一个问题：在整个搜索空间进行充分探索与及时利用产出良好结果的区域之间找到平衡。这一讨论将帮助我们对一个好的贝叶斯优化策略应该做什么形成认知，并让我们意识到我们所学的不同策略是如何处理这种权衡的。

为了说明探索与利用之间的权衡，想象一下你正在一家你只光顾过数次的餐厅用餐(如图 4-5 所示)。你知道这家餐厅的汉堡非常棒，但你不确定他们的鱼和牛排是否也同样美味。在这里，你面临着一个"探索与利用"的问题，你需要在尝试可能非常出色的新菜(探索)和点你常吃但可靠的餐点(利用)之间做出选择。

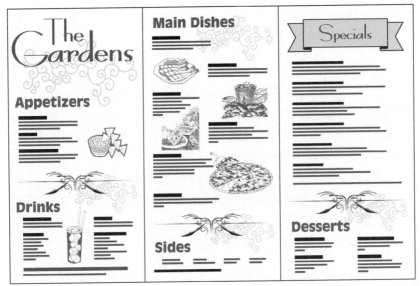

图 4-5 在餐厅点菜时，本质上就存在探索(尝试新菜式)与利用(点常规菜品)之间的权衡

过度探索可能会导致你点到不喜欢的菜品，而持续的利用则可能让你错失真正喜欢的菜肴。因此，在这两者之间找到一个合理的平衡点至关重要。

这个普遍的问题不仅出现在日常的点餐选择中，也贯穿于人工智能的多个领域，例如强化学习、产品推荐和科学研究。在贝叶斯优化中，我们同样需要在两个方面之间找到平衡：一方面，我们需要充分探索搜索空间，以避免错失任何可能的优质区域；另一方面，我们也需要集中精力在那些目标值较高的区域，确保我们的优化工作能够取得实质性进展。

注意 "具有高目标值的区域"指的是那些输入 x 能够产生高输出值 $f(x)$ 的区域，这些区域是我们优化任务(特别是最大化任务)的目标。

回到我们的代码示例，并假设一开始，我们的训练数据集包含了 Forrester 目标函数在 $x=1$ 和 $x=2$ 处的两个观测值：

```
train_x = torch.tensor([
    [1.],
    [2.]
])
train_y = forrester_1d(train_x)

model, likelihood = fit_gp_model(train_x, train_y)

print(torch.hstack([train_x, train_y.unsqueeze(1)]))
```

代码运行后的输出如下：

```
tensor([[1.0000, 1.6054],
        [2.0000, 1.5029]])
```

这表明在 $x=1$ 处的点评估值大约为 1.6，而在 $x=2$ 处的点评估值大约为 1.5。将训练有素的高斯过程所做的预测可视化，我们得到了图 4-6 中熟悉的图表。这个图表展示了我们面临的探索与利用的权衡问题：我们应该在不确定性较高的地方评估目标函数，还是应该留在预测均值较高的区域？

每种贝叶斯优化策略都有自己处理权衡的方法，因此，对于如何最好地探索搜索空间提供了不同的建议。在图 4-6 中，有些策略可能会引导我们进一步探索未知区域，而其他策略可能会建议我们专注于已知的高价值区域。同样，通常没有一个万能的方法(也就是说，没有一种策略总是行之有效)。

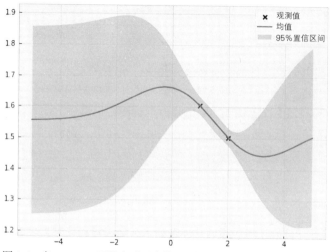

图 4-6　在 Forrester 函数上对两个数据点进行训练的高斯过程的预测

4.2　在贝叶斯优化中寻找改进

我们已经基本准备好了在特定目标函数上应用贝叶斯优化。现在我们需要一个策略，它能够根据我们在寻找目标最优解过程中每个潜在数据点的价值给出评分规则。每种策略都会提供不同的评分规则，这些规则基于不同的优化启发式原则。

在本节中，我们将学习一种在优化目标下具有直观意义的启发式方法。它以从我们迄今为止观察到的最佳点中寻求改进为目标。在接下来的小节中，我们将了解到 GP 可以帮助计算这种改进的度量。随后，我们将探讨不同的改进定义方式，从而产生两种最常见的贝叶斯优化策略：改进概率(PoI)和期望改进(EI)。

4.2.1　使用高斯过程衡量改进

在本小节中，我们将探讨贝叶斯优化中的改进是如何定义的，它如何构成一个好的效用度量，以及在正态分布下如何直接处理与改进相关的量。在贝叶斯优化中，我们的最终目标是找到目标函数的全局最优解——即提供最高目标值的点。因此，在对目标函数进行评估时我们观测到的值越高，该点的效用就越高。假设我们在某个点 x_1 处评估目标函数，观测到的值是 2。在另一种情况下，我们在另一个点 x_2 处评估，观测到的值是 10。直观上，我们应该更重视第二个点，因为它给出了更高的函数值。

然而，如果在观测 x_1 和 x_2 之前，我们已经观测到了一个点 x_0，其值达到了 20，那该怎么办？在这种情况下，很自然地会认为，尽管 x_2 比 x_1 更好，但这两个点都没有带来任何额外的效用，因为我们已经有了一个更好的观测值 x_0。另一方面，如果我们有一个点 x_3，其值达到了 21，那么我们会更高兴，因为我们找到了比 x_0 更好的值，如图 4-7 所示。

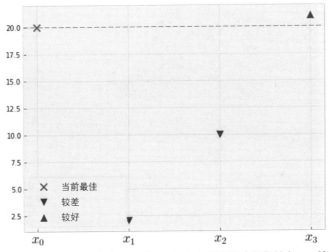

图 4-7　寻求从最佳观测点改进。尽管点 x_2 比点 x_1 更好，但两者均未能超越点 x_0，所以都是"较差的"

这些比较表明，在贝叶斯优化中，我们关心的不仅是观测值的原始数值，还有新发现的观测值是否比我们已有的观测值更好。在这种情况下，由于 x_0 在函数值方面设定了一个非常高的标准，x_1 和 x_2 都没有构成改进——至少不是我们在优化中所关注的实质性改进。换句话说，优化的一个合理目标是从我们迄今为止观察到的最佳点寻求改进，因为只要我们从最佳点进行改进，我们就在取得进展。

定义　最佳观测点，或者说到目前为止我们发现的最高函数值点，通常被称为现任 (incumbent)。这个术语表示，这个点在搜索过程中查询的所有点中拥有最高的值。

鉴于我们对目标函数有一个 GP 的信念，评估我们能从最佳观测点改进多少可能很容易实现。让我们从 Forrester 函数的运行示例开始，我们当前的高斯过程如图 4-6 所示。

在训练集的两个数据点中，$(x = 1, y = 1.6)$ 是更好的一个，因为它具有更高的函数值。这是我们当前的最优值。再次，我们的目标是基于这个 1.6 的阈值进行改进；也就是说，我们希望找到能产生高于 1.6 函数值的数据点。

视觉上看，我们可以将这种基于改进的概念想象为在当前最佳点(即现任)的水平位置截断高斯过程，如图 4-8 所示。深色突出显示的部分代表了"从现任的改进"(以 1.6 为基准)。任何低于这条线的部分都不会带来改进，因此不会为我们的优化提供额外的价值。例如，点 $x = 0$ 是否会得到更高的函数值尚不明确，但我们仍然可以利用高斯过程模型提供的信息来推测产生高值的概率。

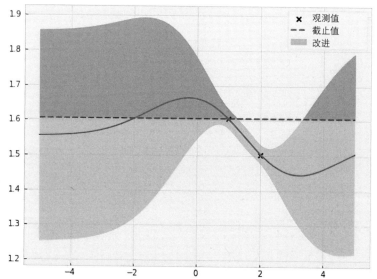

图 4-8   从高斯过程的视角看，与现任相比有所改进的部分以更深的颜色突出显示

推理 $x = 0$ 将产生更高函数值的概率是容易的，因为通过查询点 $x = 0$，我们可以观察到从现任的改进恰好对应于一个部分截断的正态分布，如图 4-9 所示。

图 4-9 的左侧图表包含了与图 4-8 相同的高斯过程，但在当前最优值处被截断，并额外展示了 $x = 0$ 处的正态分布预测的置信区间(CI)。在这一点 0 处垂直切割高斯过程，我们得到了图 4-9 的右侧图表，其中两个图表的置信区间是相同的。我们可以看到，只有右侧图表中高亮显示的正态分布部分代表了我们可能从现任观察到的改进，这是我们关心的部分。这个高亮部分是正态分布的一部分，正如我们在接下来的小节中将讨论的，这带来了许多数学上的便利。

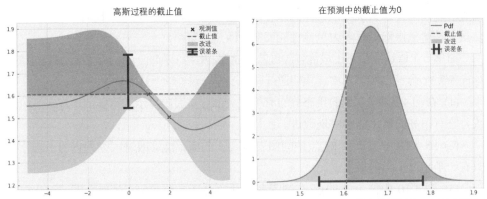

图 4-9　0 点处从现任改进的部分，以更深的色调突出显示。左侧展示了整个高斯过程，而右侧仅展示了对应于 0 点预测的正态分布(两个面板上的误差条相同)。在这里，从现任的改进遵循截断的正态分布

这些便利不仅适用于 $x = 0$。由于高斯过程在任何给定点的预测都是一个正态分布，任何点的改进也遵循一个被截断的正态分布，如图 4-10 所示。

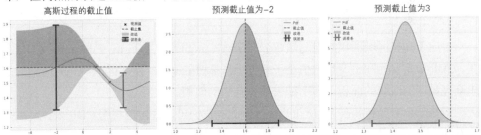

图 4-10　与现任相比-2 和 3 处的改进部分，用更深的颜色进行了强调。左侧图表展示了完整的高斯过程，中间图表显示了在-2 处的预测，右侧图表则显示了在 3 处的预测。这些强调的部分代表了可能的改进，这取决于特定点处的正态分布

我们注意到，与图 4-9 相比，0 点处的正态分布有很大一部分被标记为潜在的改进，现在的情况有所不同：

- –2 点处的预测(中间图表)表现较差，只有一半显示为可能的改进。这是因为–2 点处的平均预测值大致等于现任，所以从 1.6 提升到更高值的概率大约是 50%。
- 另一个例子，右侧图表展示了 3 点处的预测，根据我们对目标函数的高斯过程信念，几乎不可能从现任那里得到改进，因为 3 点处的整个正态分布几乎都位于现任的阈值之下。

这表明，根据高斯过程的预测，不同点可能导致不同程度的潜在改进。

4.2.2　计算改进的概率

既然我们已经明确了贝叶斯优化的目标——从当前最优值中寻求改进，我们现在

准备开始讨论旨在实现这一目标的贝叶斯优化策略。在本小节中，我们将了解 PoI，这是一种衡量候选点有多大可能性能够实现改进的策略。

衡量一个候选点相对于最优解改进的可能性，相当于判断一个点是否是"有利"的，如图4-7所示。在4.2.1节中，我们通过高斯过程提到了以下几点：

(1) 在图4-9中，0点的正态分布有很大一部分被突出显示为可能的改进。换句话说，它有很高的概率能够实现改进。

(2) 图4-10中位于-2的点(中间图表)有0.5的概率能够改进，因为它的正态分布只有一半超过了当前最优值。

(3) 图4-10中位于3的点(右侧图表)的大部分正态分布位于阈值之下，因此它改进的概率非常低。

我们可以通过观察图4-9和图4-10中高亮区域的面积来更具体地计算一个点从当前最优值改进的概率。

定义 任何正态曲线下的总面积为1，因此图4-9和图4-10中高亮部分的面积恰好衡量了所讨论的正态随机变量(即给定点处的函数值)超过当前最优值的可能性。

对应于高亮区域面积的量与累积分布函数(Cumulative Density Function，CDF)有关，CDF被定义为随机变量取值小于或等于目标值的概率。换句话说，CDF衡量的是未高亮显示的区域的面积，即1减去高亮区域的面积。

得益于正态分布和高斯过程的数学便利性，我们可以轻松地利用CDF来计算高亮区域的面积，这需要知道相关正态分布的均值和标准差。在计算过程中，我们可以利用PyTorch的torch.distributions.Normal类，它实现了正态分布并提供了实用的cdf()方法。具体来说，如果我们想要计算点0有多大可能性超越当前最优值，我们将遵循图4-11中描述的步骤进行计算：

(1) 使用高斯过程来计算0点处的均值和标准差预测。

(2) 计算以之前计算出的均值和标准差定义的正态曲线下的面积，以现任作为截断点。我们使用CDF进行计算。

(3) 从1中减去CDF的值，以得到候选点的改进概率(PoI)。

图4-11 PoI得分的计算流程图。遵循这一流程，我们可以计算任何候选点相对于最优解改进的可能性

注意　从技术上讲，CDF 计算的是正态分布中低于某个阈值的部分面积，因此我们
需要从 1 中减去 CDF 的输出，以得到阈值右侧部分的面积，这对应于可能的
改进。

首先，我们生成该点的高斯过程预测：

```
with torch.no_grad():
    predictive_distribution = likelihood(model(torch.tensor([[0.]])))
    predictive_mean = predictive_distribution.mean        ◄── 在 0 处的预测
                                                               均值
    predictive_sd = predictive_distribution.stddev
在 0 处的预测
标准差
```

然后，用相应的均值和标准差初始化一个一维正态分布：

```
normal = torch.distributions.Normal(predictive_mean, predictive_sd)
```

这个正态分布就是图 4-9 右侧图表所展示的。最后，为了计算突出显示部分的面
积，我们调用 cdf() 方法，以训练数据的最大值(即 train_y.max())作为输入，并从 1 中减
去这个结果：

```
>>> 1 - normal.cdf(train_y.max())

tensor([0.8305])
```

在这里，我们的代码表明，在 0 点，我们有超过 80% 的可能性从当前最优解那里
获得改进，这与图 4-9 中大部分正态分布区域被高亮显示的情况一致。通过同样的计
算方法，我们可以得出在 −2 处的 PoI 为 0.4948，在 3 处为 0.0036。通过观察图 4-10，
我们可以确认这些数值是合理的。除了这三个点(0、−2 和 3)，我们还可以使用相同的
公式在整个搜索空间中计算任意给定点的改进可能性，即该点的 PoI。

定义　图 4-11 中的流程为我们提供了 PoI 策略的评分规则。在搜索空间中，每个点的
得分等于该点能够超越当前最优值的可能性。同样，这个得分也被称为获取分
数，因为我们将其作为数据获取的方法。

我们注意到，这个 PoI 策略使用了 cdf() 方法，但为了简化操作，我们更倾向于使
用 BoTorch，这是一个专门实现贝叶斯优化策略的 Python 库。BoTorch 是基于 PyTorch
和 GPyTorch 构建的，可无缝衔接。如前所示，我们只需要对我们的 GP 类做两处代码
调整，就能让模型与 BoTorch 兼容。此外，BoTorch 将策略实现为模块化形式，这样
我们可以在贝叶斯优化循环中轻松地替换不同的策略。

BoTorch 策略的模块化特性

所谓模块化，意味着我们可以仅通过更改策略的初始化设置，就能在贝叶斯优化循环中替换当前使用的策略。贝叶斯优化循环的其他部分(训练高斯过程模型、可视化优化进度和更新训练数据)则不需要改变。我们在 3.3 节和 3.4.2 节中已经看到了 GPyTorch 的均值函数和核函数具有类似的模块化特性。

为了使用 BoTorch 实现 PoI 策略，我们需要执行以下步骤：

```
olicy = botorch.acquisition.analytic.ProbabilityOfImprovement(
    model, best_f=train_y.max()                                    声明 PoI 策略
)
```

```
with torch.no_grad():
    scores = policy(xs.unsqueeze(1))          计算分数
```

BoTorch 中的 ProbabilityOfImprovement 类将 PoI 实现为一个 PyTorch 模块，它接收一个高斯过程作为第一个参数，现任的值作为第二个参数。变量 scores 现在以 xs 的形式存储点的 PoI 分数，xs 是一个介于−5 到 5 之间的密集网格。

同样，根据我们的高斯过程信念，每个点的获取分数等于该点能够超越当前最优值的概率。图 4-12 展示了搜索空间中的 PoI 分数，以及我们的高斯过程。

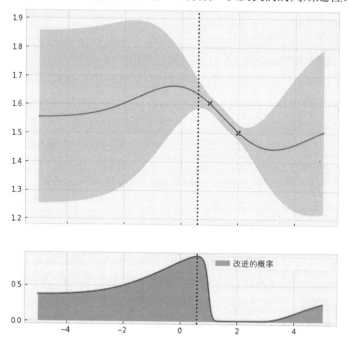

图 4-12   GP 预测(顶部)和(PoI(底部)，其中虚线表示最大化 PoI 分数的点。这个点就是我们在优化的下一次迭代中查询目标函数的位置

我们在 PoI 分数中观察到一些有趣行为：

- 当前最优值左侧的区域(从 0 到 1)的 PoI 分数相对较高。这与该区域的高均值预测吻合。
- 图表左侧的区域分数略低。这是因为虽然该区域的预测均值不是那么高，但由于存在较大的不确定性，仍然有相当大的改进可能性。
- 2 附近的区域 PoI 分数接近于 0。正如我们所观察到的，该区域的点的预测正态分布大多位于当前最优值阈值之下。

现在，我们所剩的任务就是在 -5 到 5 的区间内找到具有最高 PoI 分数的点，即最大化当前最优解的改进概率的点。正如之前提到的，我们可以利用 BoTorch 的辅助函数 botorch.optim.optimize.optimize_acqf()，这个函数能够找到最大化任何贝叶斯优化策略分数的点。我们通过以下代码实现这一功能，这是实现贝叶斯优化循环的部分代码：

```
next_x, acq_val = botorch.optim.optimize.optimize_acqf(
    policy,
    bounds=torch.tensor([[-bound], [bound]], dtype=torch.float),
    q=1,
    num_restarts=10,
    raw_samples=20,
)
```

返回的值是 L-BFGS 找到的具有最高获取分数的点的位置，以及相应的最大获取分数。经检查，我们得到以下结果：

```
>>> next_x, acq_val

(tensor([[0.5985]]), tensor(0.9129))
```

这个输出表明，在 0.91 的 PoI 下，最大化 PoI 分数的候选点大约在 0.6 的位置，这对应于图 4-12 中的垂直虚线。这个点就是我们下一次在贝叶斯优化中查询目标函数(即评估函数)的位置。

预测均值最高的候选点

有趣的是，我们选择进行查询的点(大约在 0.6 附近)并不是预测均值最高的点(预测均值最高的点大约在 -0.5 附近)。尽管后者的预测均值很高，但由于不确定性较大，它实际上不太可能比当前最优值有所改进，因此其 PoI 略低。

这就是在贝叶斯优化的单次迭代中，如何使用 PoI 策略来确定要查询的点的全部内容。但回想图 4-2 中的贝叶斯优化循环，我们在其中交替执行两个步骤：首先是利用策略确定下一个要查询的数据点(步骤 2)，然后是使用这个新数据更新我们的高斯过程模型(步骤 1 和步骤 3)。我们将在 4.2.3 节中详细探讨这一过程。

4.2.3   实施 PoI 策略

在这一小节中,我们将最终执行 PoI 策略并对其表现进行分析。再次,我们将重复整个过程——训练模型、定义 PoI 策略,并利用 optimize_acqf()函数寻找最佳点——直到满足终止条件。正如之前提到的,这个循环在 CH04/01 - BayesOpt loop.ipynb 中已经实现。现在,我们需要在适当的循环中初始化 PoI 策略。

这段代码调用辅助函数 visualize_gp_belief_and_policy()生成了一系列图表,每张图表都展示了我们在进行 10 次查询的过程中贝叶斯优化循环的当前状态。这些图类似于图 4-12,但额外包含了我们的目标函数供参考:

```
num_queries = 10

for i in range(num_queries):
    print("iteration", i)
    print("incumbent", train_x[train_y.argmax()], train_y.max())

    model, likelihood = fit_gp_model(train_x, train_y)

    policy = botorch.acquisition.analytic.ProbabilityOfImprovement(      我们的
        model, best_f=train_y.max()                                      PoI 策略
    )

    next_x, acq_val = botorch.optim.optimize_acqf(      省略
    ...
```

> **贝叶斯优化中的函数评估次数**
>
> 在 BayesOpt 中,查询次数完全取决于我们能够负担的函数评估次数。前面的 1.1 节定义了昂贵的黑盒优化问题,它假定由于函数评估的成本,我们能够进行的查询次数相对较少。
>
> 在确定何时终止 BayesOpt 循环时,还可以使用其他标准。例如,我们可以在达到预定的目标值时停止,或者在最近 5 或 10 次查询中没有显著改进时停止。在本书中,我们只基于一个标准,即我们可以进行的函数评估的次数是一个预先确定的数量。

我们使用默认的 10 次查询来运行一维 Forrester 函数的贝叶斯优化策略,并观察策略的表现。本章的练习题 2 涉及一个二维函数,使用了 20 次查询。

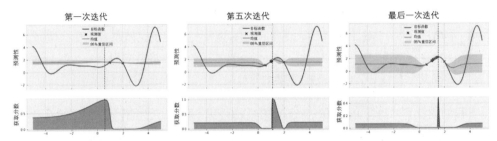

图 4-13　PoI 策略取得的进展。由于该策略旨在追求任何程度的改进，它在接近 2 的局部最优处停滞不前，我们未能探索搜索空间的其他区域

图 4-13 展示了在初次、第五次和最终迭代时的分布情况。我们发现 PoI 策略始终集中在 0 到 2 的区间内，而在第十次和最终迭代时，我们达到了一个局部最优。这表明我们的搜索策略未能充分探索整个空间，因此错失了目标函数在大约 4 附近区域的全局最优解。

在使用辅助函数 optimize_acqf() 时的 BoTorch 警告

在运行前一页的 BayesOpt 代码并应用 PoI 策略时，你可能会收到 BoTorch 发出的以下警告：

```
RuntimeWarning: Optimization failed in
`gen_candidates_scipy` with the following warning(s):
[OptimizationWarning('Optimization failed within `scipy.optimize.minimize`
with status 2 and message ABNORMAL_TERMINATION_IN_LNSRCH.')]
Trying again with a new set of initial conditions.
  warnings.warn(first_warn_msg, RuntimeWarning)
```

当你使用 optimize_acqf() 辅助函数(特别是其内部的线搜索子例程)进行 BayesOpt 优化时，如果无法成功优化获取分数(这里指 PoI 分数)，BoTorch 会发出警告。这种情况通常发生在获取分数函数非常不平滑的情况下，比如图 4-13 中的最后一图所示，x 值约为 1.5 时出现一个陡峭的峰值，这导致数值优化过程变得不稳定。

为避免深入研究优化过程，我们可以通过调整 optimize_acqf() 函数中的两个参数，即重启次数(num_restarts 参数)和初始采样的数量(raw_samples 参数)，来提升发现具有最高获取分数的数据点的概率。这样做可以更有效地探索搜索空间，从而增加找到最优解的可能性。

为简化说明，接下来，我们在代码中运行辅助函数 optimize_acqf() 时，将使用警告模块的上下文管理器来关闭这个警告，具体操作如下：

```
with warnings.catch_warnings():
    warnings.filterwarnings('ignore', category=RuntimeWarning)
    next_x, acq_val = botorch.optim.optimize_acqf(...)
```

注意 尽管图 4-13 中的 PoI 策略表现得可能不尽如人意(毕竟，我们投入了大量精力来构建这个看似过度利用的策略)，但分析其运作过程将为我们深入了解如何进一步优化和提升策略的表现提供宝贵经验。

我们注意到，尽管 PoI 策略卡在了局部最优点，但它仍在执行其应尽的义务。具体来说，由于 PoI 旨在从当前最优解中寻求改进，策略发现缓慢向右移动有很大概率能够实现这一目标。尽管 PoI 通过缓慢向右移动持续找到了越来越多的改进，但我们将这种行为视为过度利用，因为策略没有充分探索其他区域。

重要 尽管 PoI 策略的行为与我们最初想要实现的目标——即从当前最优解出发寻求
提示 改进——保持了一致，但最终结果并不是我们所期望的。这意味着，我们不应仅关注从当前最优解出发的微小改进。

解决这种过度利用行为有两种方法。首先，我们可以限制我们对"改进"的定义。我们对 PoI 的实验表明，在每次迭代中，策略只能通过缓慢地沿着 GP 认为函数上升的方向移动，从当前最优解中获得边际改进。

如果我们重新定义"改进"的概念，规定只有当改进幅度至少比当前最优值大 ε 时，这种改进才被认为是有效的，并对 PoI 策略进行相应的调整，那么策略就更有可能更有效地探索搜索空间。这是因为 GP 会意识到停留在局部最优解不会带来对当前最优值的显著改进。图 4-14 展示了这一理念。

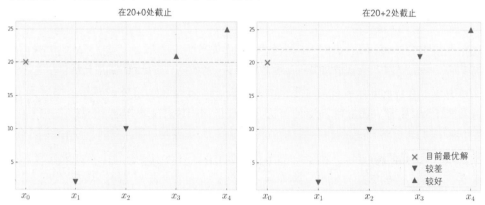

图 4-14 通过要求至少有 $\varepsilon = 0$(左侧)和 $\varepsilon = 2$(右侧)的改进幅度来定义一个更严格的改进标准。要求越高，PoI 策略的探索性就越强。更多细节见练习题 1

在这里我们不会深入探讨更多细节，但练习题 1 将探索这种方法。有趣的是，我们会观察到，我们对 PoI 要求的改进越多，策略的探索性就越强。

4.3　优化期望改进值

在上一节中我们提到，盲目追求从当前最优解出发的改进会导致 PoI 策略过度利用。这是因为，简单地在合适的方向上小幅调整当前最优解，就能获得较高的 PoI 值。因此，我们并不希望优化这个 PoI。在本节中，我们将学习如何进一步考虑可能实现的改进程度。换句话说，我们关心的是从当前最优解出发能够实现多大程度的改进。这将引导我们了解贝叶斯优化中非常流行的策略之一：期望改进(EI)。

将改进幅度考虑在内，其作用是显而易见的。比如图 4-15 中的例子。

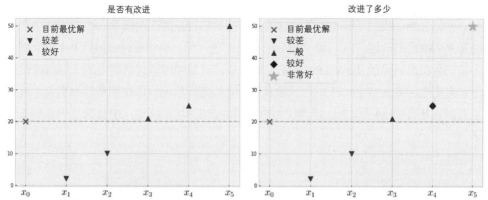

图 4-15　PoI(左侧)与 EI(右侧)的区别在于，前者只关心我们是否从当前最优解获得了改进，而后者则考虑了改进的幅度

左侧图表展示了 PoI 策略所做的计算，它只考虑每个候选数据点是否比当前最优解有所改进。因此，小幅改进的点和显著改进的点会被同等对待。

另一方面，右侧图表展示了如果我们同时将改进幅度考虑在内会怎样。在这里，尽管点 x_1 和 x_2 仍然被视为不理想(因为它们没有从当前最优解 x_0 中获得改进)，但 x_4 被认为比 x_3 更好，因为前者提供了更大的改进。同样，x_5 被认为是五个候选点中最好的。

当然，这并不意味着我们现在可以简单地设计一个策略，从当前最优解中挑选出实现最大改进的数据点。我们仍然需要知道实际观察到的改进值是多少(如果有的话)，这一点只有在我们实际查询目标函数时才能发现。

注意　尽管我们不知道观察到的改进的确切值，我们仍然可以以概率的方式推理每个候选点的改进幅度。

回顾图 4-9 和图 4-10，我们用一个截断的正态分布来表示在特定点上可能观察到的改进。通过计算高亮区域的面积，我们得到了一个点相对于当前最优解有所改进的概率，这构成了 PoI 策略。不过，我们还可以进行其他类型的计算。

定义　除了 PoI，我们还可以计算对应于高亮区域的随机变量的期望值。由于我们处理的是截断的正态分布，这使得我们能够以封闭形式计算这个期望值。使用这种度量来评分数据点的 BayesOpt 策略被称为期望改进(EI)。

虽然 EI 得分的封闭形式公式不像 PoI 的 CDF 那样简单，但 EI 的评分公式同样容易计算。直观上，使用期望改进值能使我们在探索和利用之间取得更好的平衡。毕竟，当前最优解附近的点虽然改进概率较高，但它们的改进幅度往往微乎其微(正如我们在实验中观察到的那样)。

相比之下，我们了解不多的很远的点可能给出较低的改进概率，但由于这个点可能带来大幅度的改进，EI 可能会给它一个较高的评分。换句话说，虽然 PoI 可能被认为是一种厌恶风险的 BayesOpt 策略，它关心的是从当前最优解出发的任何程度的改进，无论改进多么微小，EI 则在风险和回报之间进行权衡，以找到最佳平衡点。这一点在图 4-16 中得到了说明，该图使用相同的数据集和训练好的 GP 比较了 PoI 和 EI。

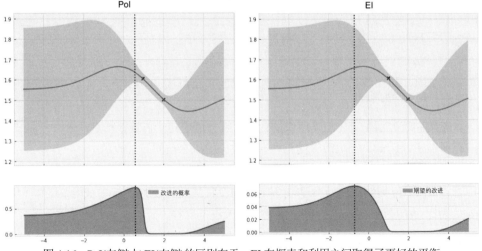

图 4-16　PoI(左侧)与 EI(右侧)的区别在于，EI 在探索和利用之间取得了更好的平衡

我们观察到，PoI(大约在 0.6 附近)选择的候选数据点与 EI(大约在-0.7 附近)选择的点不同。前者靠近当前最优解，因此查询这个点很可能帮助我们改进。然而，EI 认识到远离当前最优解的其他区域存在更大的不确定性，这可能导致更大的改进。正是基于这样的推理，EI 倾向于选择在探索和利用之间提供更好平衡的数据点。

EI 所展现出的平衡特性还体现在它为具有相同预测均值或标准差的数据点分配获取分数上。具体来说，其分配原则如下：

- 如果两个数据点具有相同的预测均值但预测标准差不同,那么不确定性更高的那个点将获得更高的分数。因此,该策略奖励探索。
- 如果两个数据点具有相同的预测标准差但预测均值不同,那么均值更高的那个点将获得更高的分数。因此,该策略奖励利用。

这是贝叶斯优化策略的一个理想特性,因为它在所有其他条件相等时(即预测均值相等时)表达了我们对探索的偏好,也在所有其他条件相等时(即不确定性相等时)表达了我们对利用的偏好。我们在第 5 章中会再次看到这一属性,届时我们将讨论另一种贝叶斯优化策略——上置信界(Upper Confidence Bound)。

在计算上,我们可以使用与 PoI 代码几乎相同的代码来初始化 EI 作为 BayesOpt 策略对象:

```
policy = botorch.acquisition.analytic.ExpectedImprovement(
    model, best_f=train_y.max()
)
```

现在,让我们使用 EI 策略重新运行整个 BayesOpt 循环,并确保我们从相同的初始数据集开始。这将生成图 4-17,可与 PoI 的图 4-13 进行比较。

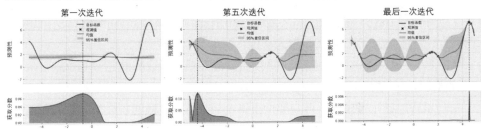

图 4-17　EI 策略取得的进展。该策略在探索和利用之间取得了更好的平衡,并在最后找到了全局最优解

在这里,我们可以看到,尽管 EI 策略最初仍然集中在 2 附近的局部最优区域,但它迅速探索搜索空间的其他区域,以寻找从当前最优解获得更大改进的可能性。在第五次迭代时,我们可以看到我们现在正在检查左侧的区域。最终,在完成所有 10 次查询后,EI 成功地识别出了目标函数的全局最优解,这在前一节中超过了 PoI 的表现。

注意　由于其简洁性以及在探索与利用之间达成的自然平衡,EI 是贝叶斯优化中应用最广泛的策略。如果没有特别的理由去选择其他策略,EI 无疑是理想的默认选项。

4.4 练习题

本章包含两个练习题：

1. 第一个练习题涉及通过改变改进的定义来使用 PoI 进行探索。

2. 第二个练习题涉及使用贝叶斯优化进行超参数调整，目标函数模拟了一个支持向量机(SVM)模型的准确率曲面。

4.4.1 练习题 1：使用 PoI 鼓励探索

解决 PoI 过度利用倾向的一种方法是为"改进"设定更高的标准。具体来说，我们发现，单纯寻找最大限度地从当前最优解改进概率的点会阻止我们跳出局部最优。

作为解决这个问题的方法，我们可以修改策略，规定我们只接受至少 ε 的改进。这将引导 PoI 在局部区域被充分覆盖后，寻找搜索空间中其他区域的改进。这个练习题在 CH04/02 - Exercise 1.ipynb 中实现，展示了它对 PoI 的积极影响。其步骤如下：

(1) 在 CH04/01 - BayesOpt loop.ipynb 中重新创建 BayesOpt 循环，该循环使用一维 Forrester 函数作为优化目标。

(2) 在实现 BayesOpt 的 for 循环之前，声明一个名为 epsilon 的变量。这个变量将作为最小改进阈值。现在将其设置为 0.1。

(3) 在 for 循环内部，像之前一样初始化 PoI 策略，但这次指定现任阈值(由 best_f 参数设置)为现任值加上存储在 epsilon 中的值。

(4) 重新运行 notebook，并观察这个修改是否通过鼓励更多探索，比原始的 PoI 策略带来更好的优化性能。

(5) PoI 的探索性在很大程度上取决于存储在 epsilon 中的最小改进阈值。将这个变量设置为 0.001，观察到如果改进阈值不够大，可能不一定能成功鼓励探索。当这个值设置为 0.5 时会发生什么？

(6) 在前一步中，我们看到了为 PoI 设置适当的改进阈值的重要性。然而，在多个应用和目标函数之间如何做到这一点并不明显。一个合理的启发式方法是将其动态设置为当前最优值的 α 百分比，指定我们希望看到当前最优值增加 $1 + \alpha$。在代码中实现这个 110% 的改进需求。

4.4.2 练习题 2：使用 BayesOpt 进行超参数调优

本练习题在 CH04/03 - Exercise 2.ipynb 中实现，将 BayesOpt 应用于一个目标函数，该函数模拟了超参数调优任务中 SVM 模型的准确率曲面。x 轴表示惩罚参数 C 的值，y 轴表示 RBF 核参数 γ 的值。有关更多细节，请参考第 3 章的练习题。步骤如下：

(1) 在 CH04/01 - BayesOpt loop.ipynb 中重新创建 BayesOpt 循环：

    a. 我们不再需要 Forrester 函数；相反，复制第 3 章练习题中描述的二维函数的代码，并将其作为目标函数使用。

    b. 注意，这个函数的定义域是[0, 2]²。

(2) 声明相应的测试数据，其中 xs 为表示定义域的二维网格，ys 为 xs 的函数值。

(3) 修改可视化优化进度的辅助函数。对于一维目标函数，很容易可视化 GP 预测以及采集分数。对于二维目标，辅助函数应该生成两个面板的图表：一个显示真实值，另一个显示采集分数。两个面板还应该显示标记的数据。图表应该类似于图 4-18。

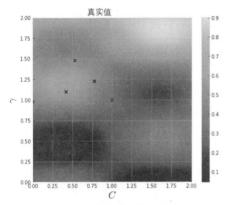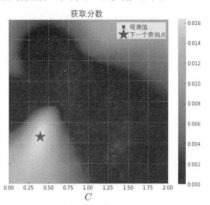

图 4-18　一个参考示例，展示了用于可视化 BayesOpt 进展的辅助函数应该是什么样子。左侧图表显示真实的目标函数，而右侧图表显示获取分数

(4) 从第 3 章的练习题中复制 GP 类，该类实现了带有自动相关性确定(ARD)的 Matern 2.5 核。进一步修改这个类，使其与 BoTorch 兼容。

(5) 重用辅助函数 fit_gp_model() 和实现贝叶斯优化的 for 循环：

    a. 初始训练数据集应包含定义域中心的点：(1, 1)。

    b. 由于我们的搜索空间是二维的，通过在 botorch.optim.optimize_acqf() 中设置 num_restarts = 40 和 raw_samples = 100，使寻找最大化采集分数的点的过程更加详尽。

    c. 将查询次数(即评估目标函数的次数)设置为 20。

(6) 在这个目标函数上运行 PoI 策略。观察到策略再次陷入局部最优。

(7) 运行修改后的 PoI 策略，其中最小改进阈值设置为 0.1：

    a. 有关为 PoI 设置最小改进阈值的更多细节，请参见练习题 1。

    b. 观察到这种修改再次导致更好地优化性能。

    c. 我们首次达到至少 90%准确率的迭代是哪一次？实现这一准确率的模型参数是什么？

(8) 在这个目标函数上运行 EI 策略：

　　　a. 观察到策略的表现优于 PoI。

　　　b. 我们首次达到至少 90%准确率的迭代是哪一次？实现这一准确率的模型参数是什么？

(9) 基于贝叶斯优化单次运行的性能评估可能会产生误导。最好是多次重复贝叶斯优化实验，并使用不同的起始数据：

　　　a. 实现重复实验的想法，并可视化 10 次实验的平均现任值和误差条。

　　　b. 每个实验应从搜索空间中均匀采样一个数据点开始。

　　　c. 运行我们列出的策略，并比较它们的性能。

　　本章关于基于改进的 BayesOpt 策略的讨论到此结束。请牢记我们在此使用的针对 Forrester 函数的 BayesOpt 循环代码，因为在后续章节中，我们将再次利用这段代码作为基准，来对比评估其他策略。在第 5 章，我们将学习到受多臂老虎机问题启发的 BayesOpt 策略。

4.5　本章小结

- BayesOpt 策略利用训练好的 GP 来评估每个数据点在探寻目标函数最优解过程中的价值。策略计算出的分数被称为获取分数。

- 在 BayesOpt 循环的每次迭代中，我们都会基于观察到的数据训练一个 GP，策略会建议一个新的数据点进行查询，并将这个点的标签添加到训练集中。这个过程会一直重复，直到我们无法进行更多的函数评估。

- 将 GPyTorch 模型集成到 BoTorch 中只需要进行最小程度的修改，BoTorch 实现了 BayesOpt 策略。

- BoTorch 提供了一个名为 optimize_acqf()的辅助函数，它位于 optim.optimize 模块中，该函数接收一个策略对象并返回最大化获取分数的数据点。

- 一个好的 BayesOpt 策略需要在探索(学习不确定性高的区域)和利用(缩小高性能区域)之间找到平衡。

- 不同的 BayesOpt 策略以不同的方式处理探索与利用之间的平衡。检查优化进度对于分析和调整正在使用的策略的性能至关重要。

- BayesOpt 中可以使用的一个启发式方法是寻找能够改进最佳观测值的点。

- 寻找能够从最佳观测值获得最大改进的点，该策略是 PoI 策略。

- 寻找能够从最佳观测值获得最高预期改进的点，该策略为 EI 策略。

- PoI 可能被认为是一种过度利用和风险规避的策略，因为该策略只是从最佳观测值中获得改进，无论改进多么微小。如果没有任何进一步的修改，EI 往往比 PoI 能更好地平衡探索和利用。
- 得益于对函数值的高斯信念，PoI 和 EI 的分数计算均可以采用封闭形式。因此，我们可以轻松地计算和优化这些策略所定义的分数。

## 第 5 章

使用类似多臂老虎机的策略探索
搜索空间

本章主要内容

- 多臂老虎机问题及其与 BayesOpt 的关系
- BayesOpt 中的上置信界策略
- BayesOpt 中的汤普森抽样策略

在游乐场中，你应该玩哪台老虎机以最大化收益？如何制定策略，巧妙地尝试多台老虎机并筛选出最赚钱的机器？这个问题与贝叶斯优化有什么关系？这些问题将在本章中得到解答。

第 4 章介绍了贝叶斯优化策略，这些策略决定了搜索空间应该如何被探索和检查。贝叶斯优化策略的探索策略应该引导不断逼近目标函数的最优值。我们学习了两种特定的策略：改进概率(PoI)和期望改进(EI)，它们均基于从当前观察到的最佳目标值寻求改进的想法。这种基于改进的思想只是一种启发式方法，因此并不是贝叶斯优化的唯一途径。

在本章，我们将探讨两种基于多臂老虎机(Multi-Armed Bandit，MAB)问题的贝叶斯优化策略。多臂老虎机问题，即在游乐场中选择最有可能盈利的老虎机，为不确定性下的决策问题提供了一个经典框架。这个问题历史悠久，研究成果丰富，已经孕育出许多有效的解决策略。正如本章所揭示的，多臂老虎机问题与贝叶斯优化在本质上是相似的，它们都是为了解决在不确定性环境下的优化决策问题。因此，我们期望多臂老虎机问题的解决方案同样适用于贝叶斯优化，并取得良好的效果。

首先，我们将简要探讨 MAB 问题，以及它与 BayesOpt 的关系。这部分内容旨在为读者提供必要的背景知识，更有助于理解贝叶斯优化在人工智能领域的广泛应用。接下来，我们将介绍 MAB 问题中两种最常用的策略，并探讨如何将它们应用于贝叶斯优化。第一种策略是上置信界(Upper Confidence Bound)策略，它基于在不确定性面前保持乐观的原则来做出决策。第二种策略是汤普森抽样(Thompson Sampling)，这是一种基于概率模型的随机化方法。最后，我们将在实际案例中实现和测试这些策略，并对其表现进行分析。

通过本章的学习，我们不仅能够深入理解多臂老虎机问题，还能明白它与贝叶斯优化的关系。更为我们解决黑盒优化问题提供新的思路与途径。

5.1　多臂老虎机问题简介

在本节中，我们将从宏观角度理解多臂老虎机问题。我们首先在第一个小节中讨论其问题陈述和背景设定。

重要　在多臂老虎机问题中，我们需要对长期决策过程中的每一步做出一个选择。每
提示　个选择都会根据一个未知的奖励率产生相应的回报，我们的目标是最大限度地
提高在这一长期过程结束时所获得的总回报。

我们还将探讨多臂老虎机问题与贝叶斯优化的关系，以及人工智能和机器学习中的其他问题。这为我们提供了上下文，将多臂老虎机问题与文本的其他部分联系起来。

5.1.1　在游乐场寻找最佳老虎机

在游乐场里，面对一排排的老虎机，你可能会遇到一个看似简单的选择难题：究竟哪台机器能给你带来最多的回报？这便是著名的"多臂老虎机问题"。它描述的是一个参与者在游乐场中如何策略性地选择老虎机，以最大化收益。想象一下，你站在一台老虎机前，每一次拉动手柄，都是与命运的一次博弈。

当你拉动老虎机的拉杆时，可能会得到硬币作为奖励，但这个过程充满了不确定性。老虎机内部预设了一个奖励概率 p，每次拉动拉杆，机器都会根据这个概率决定是否发放硬币，如图 5-1 所示。例如，如果 p 设为 0.5，那么玩家大约有一半的机会获得奖励。而如果 p 只有 0.01，那么玩家大约每拉 100 次才有一次机会赢得硬币。由于这个概率是内置在机器内部的，我们无法直接得知它的真实值。

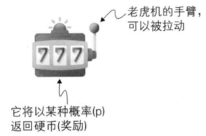

老虎机的手臂，
可以被拉动

它将以某种概率(p)
返回硬币(奖励)

图 5-1　一台老虎机，它有一个可以拉动的手柄。当你拉动这个手柄时，机器可能会根据其设定的奖
　　　励概率返还硬币

在这个设定中，游乐场精心设计了老虎机的程序，确保玩家输钱的速度远大于赢钱的速度。也就是说，尽管偶尔会有幸运儿从老虎机中赢得奖金，但长期来看，游乐场总是稳赚不赔。

定义　如果一个玩家在老虎机上输钱的速度远超赢钱，他可能会带着一丝无奈和不满，将这台机器戏称为"吃钱的老虎"。他这么称呼，是因为感觉机器在悄无声息地吞噬着他的硬币。由于这种机器有一个可以拉动的单臂，人们也形象地称它为"单臂老虎机"。

现在，设想我们面前不是一台老虎机，而是一排可供选择的老虎机，每台机器都有自己的奖励概率 p，如图 5-2 所示。

奖励概率 p_1　　　奖励概率 p_2　　　…　　　奖励概率 p_k

图 5-2　带有一个可以拉动的手柄的老虎机。当你拉动这个手柄时，机器会根据其设定的奖励概率来
　　　决定是否返还硬币

面对这排老虎机，一个策略性的玩家可能会将这个场景转化为一个决策挑战，他们的目标是以一种智能的方式尝试这些老虎机，以便尽快识别出哪台机器具有最高的奖励概率。他们的目的在于，在有限的拉动次数内，尽可能最大化他们所获得的奖励总额。

定义　这个问题被称为 MAB 问题，因为我们可以选择拉动多个机器的臂。我们的目标是设计一种策略，决定接下来应该拉动哪个机器的臂，以最大化我们在游戏结束时获得的总奖励。

我们发现 MAB 问题具有许多在不确定性下优化问题的特点，类似于 BayesOpt：

- 我们可以采取特定的行动。每种行动都对应着拉动老虎机的手柄。
- 我们的预算有限。我们在达到一定次数后必须停止拉动手柄。
- 行动的结果存在不确定性。我们不知道每台老虎机的奖励概率是多少,而且在我们多次拉动其手柄之前,我们甚至无法估计这个概率。此外,每次拉动手柄时,我们也无法确定是否会获得硬币,因为奖励存在随机性。
- 我们希望优化一个目标。我们的目标是最大化累积奖励,即在停止拉动机器手柄之前获得的硬币总数。

在 MAB 问题中,我们同样需要妥善处理探索与利用之间的权衡,这在 4.1.2 节中已经讨论过。特别是,每次我们决定拉动某个机器的臂时,必须在继续选择那个目前表现良好的机器(利用已知信息)和尝试其他我们不太了解其回报率的机器(探索未知)之间做出抉择。

我们面临的是一个微妙的权衡问题:一方面,过度探索,我们可能会在那些回报率较低的机器上浪费我们的尝试次数;另一方面,过度依赖已知的机器可能会导致我们错失那些实际上回报率更高的机器。图 5-3 展示了这样一个情景:

1. 在对第一台机器进行了 100 次拉动后,我们总共收集到了 70 枚硬币。也就是说,到目前为止,第一台机器提供了最高的经验成功率,达到了 70%。

2. 对于第二台机器,我们拥有更多的数据,因此对其回报率的不确定性最小,大约在 50% 左右。

3. 尽管第三台机器的经验成功率目前是最低的(0%),但我们可能还需要多次尝试以更准确地评估其回报率。

MAB 策略的核心职责,与 BayesOpt 策略类似,是分析过往奖励数据,并在探索与利用之间找到平衡,决定下一步应该尝试哪台老虎机。这种策略在现实世界中有广泛的应用,涵盖了各种需要在不确定性中做出最优选择的场景:

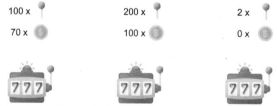

图 5-3   一个 MAB 数据集的例子展示了探索与利用之间的困境。MAB 策略必须在一台始终具有高成功率的机器和一台回报率不确定的机器之间做出选择

- 在产品推荐中,推荐引擎需要从商店的众多产品中挑选一个推荐给用户。每件产品可以视为老虎机的一个手柄,拉动手柄意味着引擎选择了展示该产品给用户。如果用户点击了产品的广告,我们可以将其视为获得了奖励,因为用户的点击是我们想要实现的目标。

- 在资源管理问题中，许多问题可以被构建为多臂老虎机问题，我们需要考虑如何将不同的资源最好地分配给不同的组织，以最大化一些高层次的目标(如利润或生产力)，而事先并不知道每个组织运作的效果如何。投资组合管理同样可以类比为多臂老虎机问题进行构建。

- 多臂老虎机问题还在临床试验设计中得到了应用，确定每个患者是否需要特定的治疗方案。我们希望优化所有患者的治疗效果，但面对有限的资源和每个患者从特定治疗方案中获益的可能性，我们需要做出明智的决策。

在这些应用场景中，我们可以选择一系列行动——即拉动一系列的臂——来在不确定性下优化某个目标。

5.1.2　从多臂老虎机到贝叶斯优化

我们已经注意到，多臂老虎机(MAB)问题和贝叶斯优化(BayesOpt)之间存在许多相似之处。在这两种情境下，我们都需要思考如何做出决策，以便最大化我们关心的某个指标。而且，每项行动的结果都具有不确定性。也就是说，在我们真正采取行动之前，我们无法预知它会带来怎样的结果。

然而，这两个问题在本质上又有所不同。在 MAB 问题中，我们追求的是随时间累积的总奖励最大化，也就是尽可能多地收集硬币。而在 BayesOpt 问题中，我们的目标是找到一个能产生高价值的函数输入；只要我们收集到的数据集中存在一个高目标值，就可以认为优化是成功的。这种单一目标值有时被称为简单奖励。这种区别意味着，在 MAB 问题中，我们需要不断地获得奖励以保持累积奖励的增长；而在 BayesOpt 问题中，我们可以更加注重探索，以便有可能发现一个优秀的目标值。

定义　所谓的"简单奖励"并不意味着目标更容易或优化更简单，而是指目标是一个单一的数值，而不是累积奖励的总和。

在 MAB 问题中，我们面临的是有限数量的行动选择(即有限的臂可以拉动)。而在 BayesOpt 中，我们是在连续空间中优化目标函数，这意味着有无限多的行动。由于我们基于高斯过程(GP)的假设，认为邻近点的函数值具有相似性，我们可以将这理解为相近的行动可能会产生相近的回报率。这在图 5-4 中得到了形象的展示，图中的每一个微小点都代表一个老虎机，我们可以拉动其臂(即计算目标函数在该点的值)，而颜色相近的老虎机则意味着它们的回报率相似。

大多数 MAB 问题的正式表述都考虑了二元设定，即老虎机在被拉动时要么返还一枚硬币，要么什么都不返还。而在 BayesOpt 中，我们观察到的函数值可以是任何实数值。

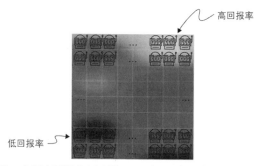

图 5-4 BayesOpt 类似于一个拥有无限多行动的 MAB 问题。每一个微小的点都可以视为一台老虎机，我们可以拉动它的手柄。此外，相互靠近的老虎机之间存在相关性，也就是说，它们的回报率相似

MAB 和 BayesOpt 之间的主要区别总结在表 5-1 中。尽管这些是基本的区别，但探索与利用之间的权衡在两个问题中都存在，因此将 MAB 策略应用于 BayesOpt 是合理的。

表 5-1　MAB 和 BayesOpt 之间的区别

准则	MAB	BayesOpt
要最大化的目标	累积奖励	简单奖励
观测/奖励类型	二元的	实值的
行动次数	有限的	无限的
行动之间的相关性	无	对于相似的行动，存在相关性

在本章的剩余部分，我们将了解两种策略及其背后的动机，并展示如何使用 BoTorch 来实现它们。我们将从下一节介绍上置信界策略开始。

5.2　在不确定性下保持乐观：上置信界策略

面对在特定位置评估目标函数时可能观测到的无限多的值，我们应该如何考虑这些可能性？此外，我们应该如何以一种简单、高效且有利于决策的方式来推理这些可能性？在本节中，我们将探讨多臂老虎机(MAB)中的上置信界(UCB)策略，这一策略在贝叶斯优化(BayesOpt)中也以相同的名字出现。

UCB 策略遵循在不确定性面前保持乐观的原则。在 MAB 问题中，其理念是使用每台老虎机回报率的估计的上界来代替真实但未知的回报率。也就是说，我们乐观地使用我们认为的回报率的上界来估计每台机器的回报率，最后选择上界最高的那台机器。

我们会首先讨论这一原则及其如何指导我们决策推理。随后，我们将学习如何使用 BoTorch 实现 UCB 策略，并分析其实际效果。

5.2.1　不确定性下的乐观主义

让我们通过一个简单的例子来直观地理解这个概念。假设你某天醒来，发现外面虽然阳光明媚，但地平线上却有乌云密布。你查看手机上的天气应用，想知道今天是否会持续晴朗，以及是否应该带把伞去上班以防晚些时候下雨。不幸的是，应用无法绝对确定天气是否会保持晴朗。相反，你只能看到一个估计，即晴朗天气的概率在30%到60%之间。

你心里想，如果天气保持晴朗的概率低于50%，你就会带伞。然而，你并没有一个单一的概率估计值，而是有一个介于30%到60%的概率范围。那么，你应该如何决定是否带伞呢？

悲观者可能会说，由于晴朗天气的概率可能低至30%，你应该谨慎行事，为最坏的情况做准备。考虑平均情况的人可能会进一步查看应用，看看保持晴朗天气的平均概率是多少，并据此做出决定。而乐观者看来，60%的概率已经足以让他们相信天气会保持晴朗，所以这个人可能不会带伞去上班。这些思考方式如图 5-5 所示。

晴天的概率：30% 到 60%

图 5-5　不同的思考未来和做决策的方式。最后一种人的做法对应于 UCB 策略，即以乐观的方式推理一个未知量

在图 5-5 中，第三个人的推理方式与 UCB 策略不谋而合：对未知事件的结果保持乐观，并基于这种信念做出决策。在多臂老虎机(MAB)问题中，UCB 策略会构建每台老虎机回报率的上界，并选择上界最高的机器。

注意　在 BayesOpt 中实现这一策略的方式特别简单，因为我们已经有了高斯过程(GP)作为目标函数的预测模型，这意味着我们已经有了每个行动回报率的上限。也就是说，对于任何给定的输入位置，我们都有一个目标值的上限。

具体来说，我们了解到在特定位置的目标值遵循正态分布，而衡量正态分布不确定性的一个常用指标是 95% 置信区间(CI)，它包含了分布的 95% 的概率质量。利用 GP，我们在输入空间中将这个 95% 置信区间表示为图 5-6 中的粗线条。这个置信区间的上界，也就是图 5-6 中阴影区域的上边缘，正是 UCB 策略用来评估搜索空间中数据点的获取分数。得分最高的点，也就是我们接下来要计算目标函数的位置，在这个例子中，就是用虚线标记的大约 -1.3 的位置。

定义　获取分数量化了一个数据点在引导我们找到目标函数最优值方面的价值。4.1.1节中首次讨论了获取分数的概念。

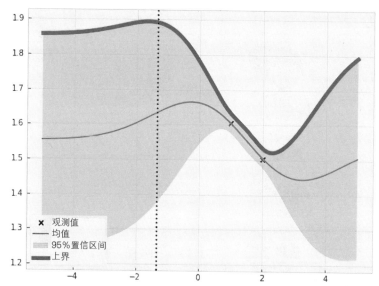

图 5-6　对应于 95% 置信区间的 GP 的 UCB。这个界限可以用作 UCB 策略的获取分数

你可能会认为，这种决策方式在高风险情况下不太合适，尤其是在糟糕决策的成本很高的情况下。以我们的雨伞为例，如果过于乐观地低估下雨的概率，你可能会冒着没有伞而被雨淋湿的风险。

然而，这种方法在计算上特别高效，因为我们只需简单地确定我们所关心数量的估计值的上界，并利用这个上界来做决策。此外，正如我们在下一节中要讨论的，通过选择使用哪个置信区间(而不是固定地使用 95% 置信区间)，我们可以完全控制 UCB 策略的乐观程度。这种控制能力也使得策略能够在探索和利用之间找到平衡，这是任何贝叶斯优化策略都需要面对的核心问题。

5.2.2　平衡探索与利用

在接下来的部分，我们将深入探讨作为贝叶斯优化用户应如何调整 UCB 策略。这种调整为我们提供了一种控制机制，能够在充满不确定性的区域(探索)与预测均值较高的区域(利用)之间找到平衡。在继续了解如何使用 BoTorch 进行实现之前，这一讨论将有助于我们更深入地理解 UCB 策略。

要记住，在正态分布的情况下，从均值(μ)偏离两个标准差(即μ加上或减去 2 倍标准差σ)的范围，定义了 95% 的置信区间。这个区间的上限($\mu + 2\sigma$)就是我们之前看到的 UCB 策略的获取分数。

然而，95% 置信区间并不是正态分布的唯一置信区间。通过在公式$\mu + \beta\sigma$中设定标准差σ的乘数β，我们可以得到其他置信区间。例如，在一维正态分布中，如图 5-7 所示，以下情况成立：

- 从均值(μ)向上偏离一个标准差(即$\mu + \sigma$)，也就是设定$\beta = 1$时，得到的是 68% 置信区间：正态分布中 68% 的概率质量位于$\mu - \sigma$和$\mu + \sigma$之间。
- 同样，从均值偏离三个标准差($\beta = 3$)时，我们得到的是 99.7% 置信区间。

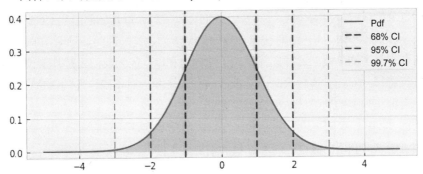

图 5-7　标准正态分布的不同置信区间。从均值向外偏离一个、两个和三个标准差，我们分别得到 68%、95% 和 99.7% 的置信区间。这些区间的上界被 UCB 策略用作决策依据

事实上，任何β值都能为我们确定一个正态分布的特定置信区间。因为 UCB 策略只要求我们基于预测模型的上界来做决策，所以任何形式为$\mu + \beta\sigma$的值都可以作为 UCB 策略中的上界。通过调整参数β的值，我们可以调节 UCB 策略的行为。

图 5-8 展示了三种不同的上界，分别对应于$\beta = 1$、2、3(均值函数实际上对应于β

值 0 的特殊情况)。我们观察到，尽管这些上界的形状大致相似，但它们在上升和下降的速度上有所不同。此外，由于 UCB 策略会选取最大化这些上界的数据点来进行优化，不同的上界，即不同的 β 值，会导致不同的优化策略。

重要 β 值越小，UCB 策略就越倾向于利用已知信息；相反，β 值越大，UCB 策略就
提示 越倾向于探索未知。

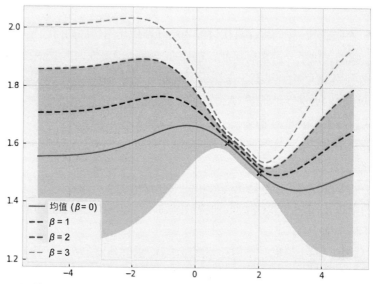

图 5-8 不同的 GP 上界，对应于不同的 CI 和 β 值。β 值越大，UCB 策略的探索性就越强

通过分析获取分数的公式：$\mu + \beta\sigma$，我们可以了解 β 值是如何影响 UCB 策略的行为的。当 β 值较小时，均值 μ 对获取分数的贡献最为显著，因此，预测均值最高的数据点将获得最高的分数。这种选择倾向于纯粹地利用，因为我们只是基于预测值最大的点进行选择。而当 β 值较大时，标准差 σ(代表了我们对不确定性的量化)会在 UCB 分数中占据更重要的地位，从而强调探索的必要性。

在图 5-8 中，我们可以看到这种区别，大约在 0 附近，我们实现了最高的预测均值，这表明这是利用的区域。随着 β 值的增加，不同上界的峰值点逐渐向左移动，那里我们对预测的不确定性更大。

注意 有趣的是，在 β 趋向于无穷大的极限情况下，最大化 UCB 获取分数的点是标准差 σ 最大的地方，也就是说，我们选择的是不确定性最高的地方。这种行为对应于纯粹的探索，因为我们选择了不确定性最大的数据点。

最终，UCB 策略会为那些在探索与利用之间提供更好平衡的数据点赋予更高的分数：

- 如果两个数据点具有相同的预测均值，但预测标准差不同，那么不确定性较高的那个点将获得更高的分数。因此，此策略鼓励探索。
- 如果两个数据点具有相同的预测标准差，但预测均值不同，那么均值较高的那个点将获得更高的分数。因此，此策略鼓励利用。

记得第 4 章讨论的策略之一，EI，也具有这个特性，这是任何贝叶斯优化策略的必要条件。

总的来说，参数 β 决定了 UCB 策略如何在搜索空间中进行探索和利用。通过调整这个参数，我们可以直接影响策略的行为。然而，除了 β 值与探索程度相关，并没有直观的方法和原则来确定这个参数的值，某些值可能适用于某些问题，但对其他问题则不适用。本章的练习题 1 将更深入地探讨一种可能在多种情况下都表现良好的 β 值设定方法。

> **注意**　BoTorch 的文档通常展示的是 β 值为 0.1 的 UCB 策略，而许多研究论文在使用 UCB 进行贝叶斯优化时则倾向于选择 β 值为 3。因此，如果你倾向于利用，0.1 可能是你的首选值；而如果你倾向于探索，那么 3 应该是默认值。

5.2.3　使用 BoTorch 实现

在深入讨论了 UCB 背后的动机和数学原理之后，我们现在学习如何使用 BoTorch 来实现这一策略。我们在这里查看的代码包含在 CH05/01 - BayesOpt loop.ipynb 中。记得在 4.2.2 节，尽管我们可以手动实现 PoI 策略，但声明 BoTorch 策略对象，使用 GP 模型，并利用 BoTorch 的辅助函数 optimize_acqf() 来优化获取分数，这使得实现贝叶斯优化循环变得更加简单。

出于这个原因，我们在这里也采取相同的做法，使用内置的 UCB 策略类(尽管我们完全可以自己计算 $\mu + \beta\sigma$ 这个量)。实现如下：

```
policy = botorch.acquisition.analytic.UpperConfidenceBound(
    model, beta=1
)
```

在这里，BoTorch 中的 UCB 类实现以高斯过程(GP)模型作为其第一个输入，第二个输入是正数 β。正如你可能预期的那样，这第二个输入代表了评分公式 $\mu + \beta\sigma$ 中的 UCB 参数 β，它在探索和利用之间进行权衡。目前，我们将其设置为 1。

注意　难以置信的是，这正是我们需要对上一章的贝叶斯优化代码做出的唯一调整，以便在我们的目标函数上应用 UCB 策略。这体现了 BoTorch 的模块化设计优势，它让我们能够轻松地将任何策略集成到贝叶斯优化的流程中。

在 Forrester 目标函数上，以 $\beta = 1$ 运行 UCB 策略，生成了图 5-9，该图展示了在 10 次函数评估过程中的优化进展。观察结果表明，与 PoI 策略类似，$\beta = 1$ 的 UCB 策略未能充分探索搜索空间，并且在 Forrester 函数的情况下陷入了局部最优。这表明 β 的值设置得过于保守。

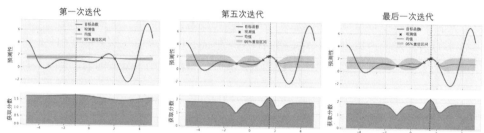

图 5-9　使用权衡参数 $\beta = 1$ 的 UCB 策略所取得的进展。该参数的值不够大，不足以鼓励探索，导致进展停留在局部最优解

注意　在 4.2 节中，我们了解了 PI 策略。让我们再次尝试，这次将这个权衡参数设置为一个更大的值：

```
policy = botorch.acquisition.analytic.UpperConfidenceBound(
    model, beta=2
)
```

这个版本的 UCB 策略的进展情况如图 5-10 所示。这一次，得益于 β 值较大带来的更高探索水平，UCB 成功找到全局最优解。然而，如果 β 值设置得过大，以至于 UCB 只专注于探索搜索空间，那么我们的优化性能也可能受到影响(我们在本章后面的练习题中会看到这样的例子)。

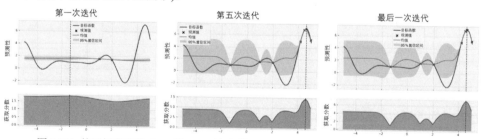

图 5-10　使用权衡参数 $\beta = 2$ 的 UCB 策略所取得的进展。策略成功找到了全局最优解

总的来说，在使用 UCB 策略时，选择一个合适的权衡参数值至关重要。然而，很难说哪个值对给定的目标函数最为有效。本章的练习题 1 探讨了一种随着搜索进程推进而动态调整该参数值的策略。

至此，对 UCB 讨论告一段落。我们已经看到，通过对多臂老虎机问题中的不确定性保持乐观的心态，我们得到了一个贝叶斯优化策略，其探索行为可以通过一个权衡参数直接控制和调整。在下一节中，我们将继续讨论源自 MAB 问题的第二个策略，它有着完全不同的动机和策略。

5.3　使用汤普森采样策略进行智能采样

在本节中，我们将探讨多臂老虎机(MAB)中的另一种启发式策略，它被直接转化为一个在贝叶斯优化中广泛应用的策略，称为汤普森采样(TS)。我们将看到，与 UCB 策略相比，TS 策略的动机完全不同，因此它会导致不同的优化行为。类似于 5.2 节对 UCB 策略的介绍，我们首先了解这个贝叶斯优化策略的基本原理，然后再进一步学习其代码实现。

5.3.1　用一个样本来代表未知量

使用 UCB 策略时，我们基于对未知数量的乐观估计来做出决策。这为我们提供了一种简单的方法来推理我们采取行动的后果以及所获得的奖励，同时在探索和利用之间做出权衡。那么，汤普森采样(TS)策略又是怎样的呢？

定义　汤普森采样的核心思想是，首先对关心的未知量保持一种概率性的信念，然后基于这个信念进行采样，将采样结果视为未知量的代表。接着，利用这个代表值来确定我们应做出的最佳决策。

让我们再次回顾天气预报的例子以理解这一过程。我们感兴趣的问题是，是否需要携带雨伞上班，因为我们得到了一个关于全天晴朗天气概率的估计。记得 UCB 策略是基于这个估计的最高值来做出决策的，那么 TS 策略又会如何处理呢？

TS 首先从我们用于预测未知情况的概率分布中抽取一个样本，比如今天是否会晴天，然后根据这个样本来做出决策。假设我们的手机天气应用现在告诉我们有大约66%的概率预报晴天，而不是像之前那样给出一个范围。这意味着，如果我们遵循 TS 策略，我们就像是抛一枚有三分之二概率落在正面的硬币：

- 如果硬币正面朝上(有66%的概率),我们就当作天气会整天晴朗,因此我们认为不需要带伞。

- 如果硬币反面朝上(有34%的概率),我们就当作会下雨,因此我们认为应该带伞去上班。

TS 的这个过程在图 5-11 中以决策树的形式进行了可视化展示。在开始时,我们抛出一枚有偏差的硬币,从晴朗天气的概率分布中获取一个样本。根据硬币是正面朝上(代表晴朗天气的样本)还是反面朝上(代表雨天的样本),我们决定是否带伞去上班。

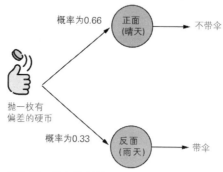

图 5-11　TS 策略的决策树。我们抛一枚有偏差的硬币来从晴朗天气的概率分布中获取样本,并根据这个样本决定是否携带雨伞

虽然这种方法初看起来似乎有些随意,但在 MAB 问题和 BayesOpt 中,TS 策略却特别有效。首先,假设我们有一个概率分布来描述某个感兴趣的量,那么这个分布的一个样本就可以被视为该量的一个可能的具体实现,因此这个样本可以用来代表整个分布。在面对不确定性的优化问题时,TS 策略和 UCB 策略一样,都能从概率分布中轻松抽样。正如 UCB 策略能够高效地生成对回报率的乐观估计,TS 策略同样可以高效地进行抽样。

在 BayesOpt 中,我们看看 TS 策略是如何运作的。我们从一个基于当前观测数据训练的 GP 中抽取一个样本。回想第三章的内容,从 GP 中抽取的样本实际上是一个函数,它根据我们的 GP 模型展示了目标函数在特定情况下的表现。与那些在未观测区域中未知的真实目标函数不同,从 GP 中抽取的样本是完全确定的。这就意味着,我们可以找到这个样本达到最大值的具体位置。

图 5-12 展示了我们针对 Forrester 函数训练的高斯过程模型,以及从该模型中抽取的三条样本,这些样本以虚线形式呈现。在每条样本曲线上,我们用钻石符号标注了样本达到最大值的点。观察这些样本,我们发现一个在大约-3.2 处达到峰值,另一个在大约-1.2 处,第三个则在 5 附近。

在应用汤普森采样策略时，我们从高斯过程中抽取哪一条样本(或者完全不同的样本)完全取决于随机因素。不过，无论我们抽到的样本在哪个位置达到峰值，那个位置就是我们接下来要进一步评估目标函数的点。换句话说，如果我们抽到的样本在-3.2处达到最大值，那么我们就将在-3.2处进行下一步的目标函数评估。如果我们抽到的样本在 5 处达到最大值，那么我们接下来就会在 $x=5$ 的位置进行查询。

> **定义**　TS 计算的获取分数是基于从 GP 中抽取的随机样本的值。最大化这个样本的数据点，就是我们接下来要查询的目标。

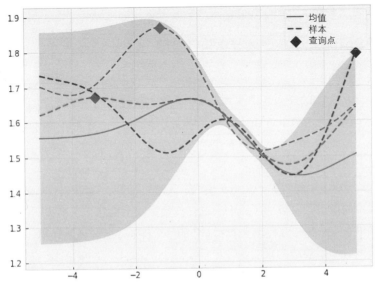

图 5-12　从 GP 中抽取的样本以及最大化对应样本的数据点。无论抽取到哪个样本，
　　　　　TS 都会选择最大化该样本的数据点作为下一个评估目标函数的点

与其他策略相比，TS 策略具有随机性，这意味着在相同的训练数据和高斯过程条件下，策略的决策并不是一成不变的(除非我们在计算时固定了随机数种子)。然而，这种随机性并非策略的缺陷。正如之前所言，从高斯过程中抽取样本是简便的，因此计算 TS 策略的获取分数可以高效地完成。更重要的是，随机样本的最大化很自然地在探索和利用之间实现了平衡，这正是 BayesOpt 中的核心问题：

- 如果某个数据点的预测均值较高，那么在该点抽取的随机样本值也很可能较大，这增加了它成为最大化样本值的可能性。
- 如果一个数据点的预测标准差较大(即不确定性较高)，那么在该点抽取的随机样本会有更大的波动，因此出现高值的概率也更高。这种较大的波动性同样使得该数据点更有可能被选为下一个要评估的点。

TS 策略可能会利用那些在预测均值较高区域达到峰值的随机样本,但同样也可能在相同情况下探索其他样本。正如我们在图 5-12 中观察到的,有一个样本在大约-1.2处达到最大值,这个位置的预测均值相对较高。如果我们抽到这个样本,那么在-1.2处评估目标函数就是在利用已知信息。然而,如果我们抽到另外两个样本中的任意一个,那么我们就是在进行探索,因为这些样本达到最大值的区域具有较高的不确定性。

这是一种巧妙的权衡策略。通过利用样本的随机性,TS 直接利用了 GP 模型的概率特性来探索和开发搜索空间。TS 的随机性意味着,在 BayesOpt 循环的每一步中,策略可能不会做出探索与利用之间最优的权衡,但随着时间的推移,策略的累积决策将能够有效地探索整个空间,并逐渐聚焦到表现优异的区域。

5.3.2   在 BoTorch 中实现汤普森采样策略

接下来,我们将探讨如何在 Python 中实现汤普森采样(TS)策略。代码同样可以在 CH05/01 - BayesOpt loop.ipynb 中找到。对于我们之前讨论的贝叶斯优化策略,实现过程通常涉及创建一个 BoTorch 策略对象并提供必要的信息。然后,为了确定接下来要评估的数据点,我们会优化策略计算出的获取分数。但对于 TS 策略,这个过程会有所不同。

将 TS 实现为一个通用的 PyTorch 模块,其挑战在于,从 GP 中抽取样本时,只能基于有限数量的点进行。以往,我们通过在搜索空间上构建一个密集网格,并从这个网格上的高维 MVN 中抽取样本来表示 GP 的一个样本。这些高斯样本在绘制出来时,看起来像是具有平滑曲线的真实函数,但实际上,它们是在网格上定义的。

这里要表达的是,由于需要处理的信息量极大,从高斯过程中直接抽取一个样本作为函数是不可能的。通常的解决方法是,在输入空间的多个点上绘制相应的多元高斯分布,以确保搜索空间的所有区域都得到充分的考虑。

**重要
提示**   我们实现 TS 的方法正是基于这一思路:在整个搜索空间中生成大量点,然后从与这些点对应的 GP 预测相关的 MVN 中抽取样本。

TS 策略的流程如图 5-13 所示,我们采用 Sobol 序列作为覆盖搜索空间的点集(稍后会解释为什么 Sobol 序列在其他采样策略中更受青睐)。接着,我们在这些点上从 GP 中抽取一个样本,并选择样本中值最大的点。这个样本随后被用来表示 GP 的一个实例,我们会在样本值达到最大值的位置对目标函数进行评估。

定义   Sobol 序列是欧几里得空间一个区域内的无限点序列,旨在均匀覆盖该区域。

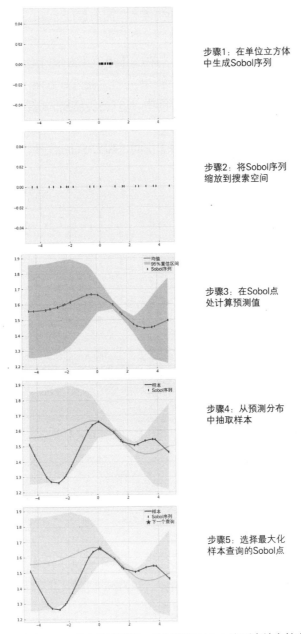

图 5-13　在 BoTorch 中实现 TS 策略的流程图。我们使用 Sobol 序列来填充搜索空间,从序列上的
　　　　 GP 中抽取样本,并选择样本中值最大的点来评估目标函数

　　我们先来探讨一下为什么需要用 Sobol 序列来生成覆盖搜索空间的点。一个更直接的方法是构建一个密集网格,但随着搜索空间维度的增加,这种方法很快就会变得难以处理,因此这个策略并不可行。另一个可能的方法是在空间内进行均匀采样,然

而统计学告诉我们，均匀采样并不是均匀覆盖空间的最佳方法，Sobol 序列在这方面的表现更佳。

图 5-14 展示了 100 个 Sobol 序列点与在二维单位正方形内均匀分布的相同数量的点的对比。我们观察到，Sobol 序列更均匀地覆盖了正方形方面，这正是我们应用 TS 策略希望达到的效果。在更高维度的空间中，这种差异更加显著，这进一步强化了我们选择 Sobol 序列而非均匀分布采样点的理由。在此，我们不深入探讨 Sobol 序列的细节；关键在于，如果目标是均匀地覆盖空间，那么 Sobol 序列是我们生成样本的首选方法。

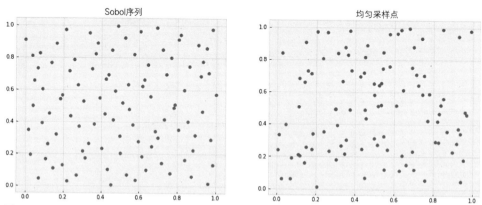

图 5-14　Sobol 序列中的点与二维单位正方形内均匀采样点的对比。Sobol 序列更均匀地覆盖了正方形，因此 TS 策略应该使用它

PyTorch 提供了 Sobol 序列的实现，可以按以下方式使用：

```
dim = 1         ←──── 空间的维度数
num_candidates = 1000    ←──── 生成的点的数量
```

```
sobol = torch.quasirandom.SobolEngine(dim, scramble=True)
candidate_x = sobol.draw(num_candidates)
```

在这段描述中，sobol 是 SobolEngine 类的一个实例，它负责在单位立方体中实现 Sobol 序列的采样逻辑。candidate_x 是一个 PyTorch 张量，其形状为 (num_candidates, dim)，存储了生成的具有正确维度的候选点。

注意　需要牢记的是，SobolEngine 生成覆盖单位立方体的点。为了使 candidate_x 覆盖我们想要的空间，我们需要相应地调整这个张量的大小。

Sobol 序列应该包含多少个点(即 num_candidates 的值)由我们(用户)来决定；前面的例子显示我们使用了 1000 个点。在典型情况下，你会希望这个数值足够大，以便搜索空间能够得到充分地覆盖。然而，数值过大会使从后验 GP 中采样时出现数值不稳定的情况。

在抽取 GP 样本时出现的数值不稳定

在运行 TS 策略时，抽取 GP 样本的数值不稳定性有时会导致以下警告：

```
NumericalWarning: A not p.d., added jitter of 1.0e-06 to the diagonal
warnings.warn(
```

这个警告表明代码在运行时遇到了数值问题，因为 GP 的协方差矩阵在本应是正定(p.d.)的情况下出现了问题。然而，这段代码还包含了一个自动修复机制，即在协方差矩阵中添加一个 1e-6 的"抖动"(jitter)，使矩阵保持正定，因此我们作为用户不需要任何额外的操作。

正如我们在 4.2.3 节所做的那样，我们使用 warnings 模块来禁用这个警告，以使我们的代码输出更加干净，如下所示：

```
with warnings.catch_warnings():
    warnings.filterwarnings('ignore', category=RuntimeWarning)
    ...          ◀────┐
                      │ TS 的代码
```

你可以尝试使用成千上万个点来找到最适合特定用例、目标函数和已训练 GP 的点数。然而，你应该至少使用 1000 个点。

接下来，我们进入 TS 的第二个关键过程，即从我们的后验 GP 中采样一个多元高斯分布并找到使其最大化的点。首先，实现采样的采样器对象可以声明如下：

```
ts = botorch.generation.MaxPosteriorSampling(model, replacement=False)
```

BoTorch 中的 MaxPosteriorSampling 类实现了 TS 的逻辑：从 GP 的后验中采样并最大化该样本。这里的模型指的是基于观测数据训练的 GP。重要的是要将 replacement 设置为 False，确保我们是无放回采样(有放回采样对于 TS 来说是不合适的)。最后，为了获得在 candidate_x 中给出最高采样值的数据点，我们将其传递给采样器对象：

```
next_x = ts(candidate_x, num_samples=1)
```

返回的值确实是最大化样本的点，也就是我们接下来要查询的点。至此，我们的 TS 策略实现就完成了。我们可以将其插入到之前用于 Forrester 函数的 BayesOpt 循环代码中，具体如下：

```
for i in range(num_queries):
    print("iteration", i)
    print("incumbent", train_x[train_y.argmax()], train_y.max())
```

```
sobol = torch.quasirandom.SobolEngine(1, scramble=True)         从 Sobol 引擎生成点
candidate_x = sobol.draw(num_candidates)
candidate_x = 10 * candidate_x - 5          将生成的点调整大小，使其位于-5 到 5 之
                                            间，这是我们的搜索空间
model, likelihood = fit_gp_model(train_x, train_y)

ts = botorch.generation.MaxPosteriorSampling(model,
➥replacement=False)
next_x = ts(candidate_x, num_samples=1)     生成下一个要查询的 TS 候
                                            选点

visualize_gp_belief_and_policy(model, likelihood, next_x=next_x)
                                            在不使用获取函数的情况下，
next_y = forrester_1d(next_x)               可视化我们当前的进展

train_x = torch.cat([train_x, next_x])
train_y = torch.cat([train_y, next_y])
```

请注意，我们的 BayesOpt 循环的整体结构保持不变。不同的是，我们现在有一个
Sobol 序列来生成覆盖搜索空间的点集，这些点随后被输入到一个实现了 TS 策略的
MaxPosteriorSampling 对象中。与之前一样，变量 next_x 包含了我们接下来要查询的
数据点。

注意 当使用 visualize_gp_belief_and_policy()辅助函数来可视化优化进度时，由于我
们没有 BoTorch 策略对象，我们就不再指定 policy 参数。因此，这个函数将只
显示每次迭代训练的 GP，而不显示获取分数。

TS 策略的优化过程如图 5-15 所示，我们可以看到策略在整个过程中成功地定位
到了全局最优解，尽管这一过程中也包含了几次对空间的探索性查询。这体现了 TS
策略在贝叶斯优化中平衡探索与利用的能力。

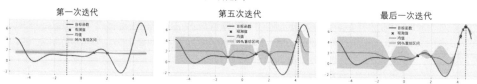

图 5-15 TS 策略的进展情况。策略在搜索空间中进行了若干次探索，随后逐步聚焦于全局最优解

至此，探讨受 MAB 启发的贝叶斯优化策略的讨论告一段落。我们观察到，无论
是 UCB 还是 TS，这两种策略都巧妙地运用了自然的启发式方法来高效地处理未知信
息，并据此作出决策。这两种策略都成功地解决了贝叶斯优化中的一个核心问题——
如何在探索未知和利用已知信息之间找到平衡，从而实现了出色的优化效果。在本书
第 II 部分的最后一章中，我们将转向另一种在贝叶斯优化中广泛应用的启发式决策，

这次是利用信息论。

5.4　练习题

本章包含两个练习题：

1. 第一个练习题探讨了一种可能的方法来设置 UCB 策略的权衡参数，该方法考虑了我们在优化过程中的进展程度。

2. 第二个练习题将我们在本章中学到的两种策略应用于前几章中看到的超参数调优问题。

5.4.1　练习题 1：为 UCB 策略设置探索计划

这个练习题在 CH05/02 - Exercise 1.ipynb 中实现，讨论了一种自适应设置 UCB 策略中权衡参数 β 值的策略。正如在 UCB 部分提到的，策略的性能在很大程度上取决于这个参数，但我们并不明确知道应该如何设定它的值。某个值可能在某些目标函数上表现良好，但在其他目标函数上表现不佳。

贝叶斯优化实践者注意到，随着我们收集的数据越来越多，UCB 可能会变得偏重利用性。这是因为随着我们训练数据集的大小增加，我们对目标函数的了解越来越多，我们对 GP 所做的预测的不确定性减少。这意味着由 GP 产生的 CI 会变得更窄，使得 UCB 使用的获取分数的上界更接近于预测均值。

然而，如果 UCB 的获取分数与预测均值相似，那么该策略就是利用性的，因为它只会查询具有高预测均值的数据点。这一现象表明，我们观察到的数据越多，使用 UCB 时就越应该具有探索性。在这里，逐渐鼓励 UCB 进行更多探索的一种自然方法是慢慢增加权衡参数 β 的值，这就是我们在这个练习题中学到的方法，遵循以下步骤：

(1) 重新创建 CH04/02 - Exercise 1.ipynb 中的贝叶斯优化循环，该循环使用一维的 Forrester 函数作为优化目标。

(2) 我们的目标是在循环的每次迭代中通过乘以一个常数来逐渐增加权衡参数 β 的值。也就是说，在每次迭代结束时，我们需要用 beta *= multiplier 来更新参数。

假设我们希望 β 从 1 开始，到搜索结束时(第十次迭代)达到 10。那么 β 的乘数需要是多少？

(3) 实施这个调度逻辑，并观察优化性能的结果：

  a. 具体来说，尽管这个 UCB 版本的 β 起始值设为 1，它是否会像参数固定在 1 的版本那样陷入局部最优解？

5.4.2　练习题 2：使用贝叶斯优化进行超参数调优

这个练习题在 CH05/03 - Exercise 2.ipynb 中实现，将贝叶斯优化应用于一个目标函数，该函数模拟了支持向量机模型在超参数调优任务中的准确率曲面。x 轴表示惩罚参数 C 的值，y 轴表示 RBF 核参数 γ 的值。更多细节请参见第 3 和第 4 章的练习题。遵循以下步骤：

(1) 重新创建 CH04/03 - Exercise 2.ipynb 中的贝叶斯优化循环，包括实现重复实验的外层循环。

(2) 运行 UCB 策略，将权衡参数 β 的值设为 {1, 3, 10, 30}，并观察这些值的综合性能表现：

  a. 哪个值导致过度利用，哪个值导致过度探索？哪个值效果最好？

(3) 运行 UCB 的自适应版本(参见练习题 1)：

  a. 权衡参数应从 3 开始，最终达到 10。

  b. 观察到将结束值从 10 改为 30 对优化性能的影响不大。因此，我们可以说这种策略对于这个结束值的设定具有鲁棒性，这是我们所期望的。

  c. 比较这个自适应版本与固定 β 值的其他版本的性能。

(4) 执行汤普森采样策略，观察其综合性能。

5.5　本章小结

- 多臂老虎机问题涉及一系列可选动作(类似于可拉动的老虎机臂)，每个动作根据其特定的回报率返回一个奖励。目标是在给定的迭代次数内最大化我们获得的奖励总和(累积奖励)。

- 多臂老虎机策略根据过去的数据来决定下一步采取哪个动作。一个好的策略需要在高风险探索与已知高奖励动作之间找到平衡。

- 与多臂老虎机问题的有限选项(老虎机的臂)不同，在贝叶斯优化中，我们可以采取的行动是无限的。

- 贝叶斯优化的目标是最大化观测到的最大奖励，这通常被称为简单奖励。

- 在贝叶斯优化中，奖励是相关的：相似的行动会产生相似的奖励。而在多臂老虎机问题中，这并不一定成立。

- UCB 策略通过乐观估计目标量来做出决策。这种在不确定性面前的乐观启发式方法可以平衡探索和利用，而这个权衡参数是可由用户自由设定。

- UCB 策略的权衡参数越小，策略就越倾向于利用已知的高奖励区域，变得更具利用性。而权衡参数越大，策略就越倾向于探索，倾向于查询远离已观察数据的区域。
- 汤普森采样策略从目标量的统计模型中抽取一个样本，并利用这个样本来做出决策。
- 汤普森采样的随机性使得策略能够适当地探索和利用搜索空间：高不确定性区域和高预测均值区域都很可能被 TS 选中。
- 出于计算原因，在实现汤普森采样时需要更加小心：我们首先生成一组均匀覆盖搜索空间的点，然后为这些点从高斯过程后验分布中抽取样本。
- 为均匀覆盖空间，我们可以使用 Sobol 序列在单位立方体内生成点，并将它们缩放到目标空间。

第6章

使用基于熵的信息论策略

本章主要内容:
- 熵是一种信息论中衡量不确定性的量
- 信息增益是一种降低熵的方法
- 使用信息论进行搜索的贝叶斯优化策略

在第 4 章中,我们了解了基于最佳值进行改进的贝叶斯优化策略,我们可以设计基于改进的贝叶斯优化策略,如改进概率(PoI)和期望改进(EI)。在第 5 章中,我们使用了多臂老虎机(MAB)策略,包括上置信界(UCB)和汤普森采样(TS),每种策略都运用了独特的启发式方法来平衡探索和利用,以寻找目标函数的全局最优解。

在本章中,我们将学习另一种启发式决策,这次是通过使用信息论来设计我们可以在优化流程中使用的贝叶斯优化策略。与专注于优化任务的启发式(寻求改进、面对不确定性的乐观态度和随机抽样)不同,信息论是数学的一个主要分支,在很多领域都有应用。正如我们在本章讨论的,通过诉诸信息论,更具体地说,通过熵这一衡量信息中不确定性的量,我们可以设计出一种以原则性、数学优雅的方式减少目标函数不确定性的贝叶斯优化策略。

基于熵的搜索理念相当简单:尽可能多地获取关于我们感兴趣数量的信息,搜索信息剧增的地方。正如我们在本章后面所讨论的,这类似于在客厅而非浴室寻找丢失的遥控器。

本章的第一部分概述了信息论、熵的概念,以及如何执行操作来最大化我们所获取的信息量。这是通过重新解释常见的二分搜索示例来完成的。掌握了信息论的基础知识后,我们进一步讨论实现目标函数全局最优解信息最大化的贝叶斯优化策略。这些策略是信息论在贝叶斯优化任务中的具体应用成果。一如既往,我们也会学习如何在 Python 中实现这些策略。

到本章结束时，你将对信息论有一个实际的理解，了解如何将熵量化为不确定性的度量，以及如何将熵的概念融入贝叶斯优化。这一章为我们的贝叶斯优化工具箱增加了另一种策略，并标志着本书关于贝叶斯优化策略第二部分的圆满结束。

6.1 使用信息论衡量知识

信息论是数学的一个分支，致力于以原则性、数学化的方式最佳地表示、量化和推理信息。在本节中，我们将概括性地介绍信息论，并讨论它与不确定性下的决策制定有何关联。为此，我们会从信息论的角度重新审视计算机科学中流行的算法——二分搜索算法背后的思想。随后我们将信息论与贝叶斯优化联系起来，激发出一个用于优化的信息论策略。

6.1.1 使用熵来衡量不确定性

信息论在计算机科学中尤为普遍，数字信息以位(0 和 1)的形式表示。你可能还记得计算表示一个给定的整数需要多少位——例如，一个位足以表示两个数，0 和 1，而五个位则足以表示 32(2 的五次方)个不同的数。这些计算都是信息论在实践中的应用。

| 0/1 | | | | 一个位可以表示2的1次方，即2个数 |

| 0/1 | 0/1 | 0/1 | 0/1 | 0/1 | 两个位可以表示2的5次方，即32个数 |

确定表示一个给定的整数所需的位数是信息论的一个简单例子

在不确定性决策的背景下，信息论中我们感兴趣的概念是熵。熵衡量我们对未知量的不确定性水平。如果这个未知量被建模为一个随机变量，那么熵衡量的是随机变量可能取值的变异性。

> **注意** 熵这种不确定性的度量，与我们之前在高斯过程(GP)预测中所谓的不确定性相似，但并不完全相同，后者通常指的是预测分布的标准差。

在本小节中，我们将更深入地了解熵这一概念，并展示如何为二元事件的简单伯努利分布计算熵。我们将展示熵如何成功量化未知数量的不确定性。

让我们回顾一下概率论入门课程的第一个例子：抛硬币。假设你即将抛掷一枚有偏见的硬币，这枚硬币落在正面的概率是介于 0 和 1 之间的某个概率 p，你想要推理硬币确实落在正面的事件。我们用 X 作为二元随机变量表示该事件发生(即，如果硬币落在正面，$X = 1$；否则，$X = 0$)。然后，我们说 X 服从参数为 p 的伯努利分布，且 $X = 1$ 的概率等于 p。

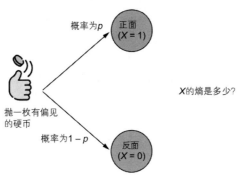

在这里，X 的熵定义为 $-p \log p - (1 - p) \log(1 - p)$，其中 log 是以 2 为底的对数函数。我们可以看到这是一个关于正面概率 p 的函数。图 6-1 展示了 p 在 $(0, 1)$ 区间内的熵函数，从中可以看出：

● 熵总是非负的。

● 当 p 在 0.5 之前时，熵会增加；在 $p = 0.5$ 时熵达到最大值；之后熵开始减少。

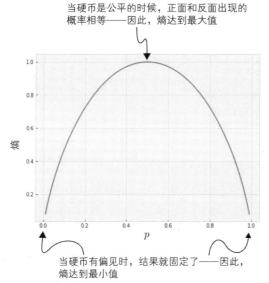

图 6-1　伯努利随机变量的熵是成功概率的函数。当成功概率为 0.5 时，熵达到最大值(不确定性最高)

当研究关于硬币是否会落在正面的不确定性时，这两个见解都很有价值。首先，不确定性不应为负，所以熵不应为负是有道理的。更重要的是，当 $p = 0.5$ 时，熵达到最大值。这是相当合理的：随着 p 越来越远离 0.5，我们对事件的结果——硬币是否会落在正面——越来越确定。

例如，如果 $p = 0.7$，那么我们更确信硬币会落在正面——此时的熵大约是 0.9。如果 $p = 0.1$，那么我们对结果(这次是落在反面)的确定性更高——此时的熵大约是 0.5。虽然熵在端点处没有定义(由于对数函数的性质)，但随着我们接近任一端点，熵趋近于 0，表示不确定性为 0。另一方面，当 $p = 0.5$ 时，我们的不确定性达到最大，因为我们对硬币落在正面或反面的可能性同样不确定。这些计算表明，熵是一个合适的不确定性度量。

定义   对于给定的概率分布，熵被定义为 $-\Sigma_i p_i \log p_i$，其中我们对所有由索引 i 表示的可能事件与其对数值的乘积进行求和。

熵与标准差

在之前的章节中，当我们使用"不确定性"这个词时，我们指的是由高斯过程产生的预测正态分布的标准差。顾名思义，分布的标准差衡量了分布内的值与均值的偏离程度，因此，它是一个有效的不确定性度量。

另一方面，熵是基于信息论的概念，它也是一种有效的不确定性度量。实际上，它是一种更优雅且通用的方法来量化不确定性，能够在许多的边缘情况下更准确地模拟不确定性。

可以看到，我们之前在伯努利分布中使用的公式是这个公式的一个特例。在本章后面，当我们处理均匀分布时，也会使用这个公式。

6.1.2   使用熵寻找遥控器

由于熵衡量了我们对感兴趣数量或事件的信息的不确定性，它可以指导我们的决策，帮助我们最有效地减少对数量或事件的不确定性。我们在本小节中通过一个例子来探讨这一点，即决定在哪里最有效地寻找丢失的遥控器。尽管这个例子很简单，但它展示了我们在后续讨论中使用的信息论推理，其中熵被用于更复杂的决策问题。

想象一下，有一天你试图在客厅打开电视，突然发现你通常放在桌子上的遥控器不见了。因此，你决定进行一次搜索。首先，你推断遥控器应该在客厅的某个地方，但你对遥控器在客厅的具体位置一无所知，所以所有位置的可能性都是相等的。用概率推理语言来说，就是遥控器在客厅的位置分布是均匀的。

图 6-2 展示了你对遥控器位置的信念，由阴影部分的客厅表示，根据你的信念，遥控器就藏在这个区域(客厅)。现在，你可能会问自己：你应该在哪里寻找遥控器？在房子的哪个地方？较为合理的想法是你应该在客厅寻找，而不是比如浴室，因为电视就在客厅。但是，如何进行量化来证明这个选择呢？

信息论，特别是熵理论，提供了一种方法来做到这一点，它允许我们推理在客厅搜索遥控器和在浴室搜索之后剩余的熵。也就是说，它可以让我们确定，在查看客厅和浴室之后，我们对遥控器的位置还有多少不确定性。

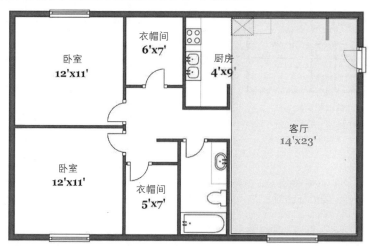

图 6-2　寻找遥控器示例的平面样图。客厅被均匀着色，以表示遥控器在客厅内的位置分布是均匀的

图 6-3 展示了在搜索了客厅的上半部分后，遥控器位置的熵如何减少。我们可以这样推理：

- 如果在搜索区域内找到了遥控器，那么你对它的位置就不再有任何不确定性。换句话说，熵将变为 0。
- 如果遥控器没有找到，那么我们对遥控器位置的后验信念将更新为图 6-3 中右下方的阴影区域。这个分布覆盖的区域比图 6-2 中的区域小，因此不确定性(熵)减少了。

不管结果如何，通过查看指定的客厅区域，熵都会减少。那么，如果你决定在浴室寻找遥控器会发生什么呢？图 6-4 展示了相应的推理：

- 如果遥控器在浴室被找到，那么熵仍然会降到 0。然而，根据你对遥控器位置的信念，这种情况发生的可能性不大。
- 如果浴室没找到，那么你对遥控器位置的后验信念将不会改变，仍然与图 6-2 所示的分布相同，由此得到的熵保持不变。

　　在浴室搜索而没找到遥控器不会减少遥控器位置的熵。换句话说，查看浴室并没有提供关于遥控器位置的额外信息，因此根据信息论，这是一个不理想的决策。

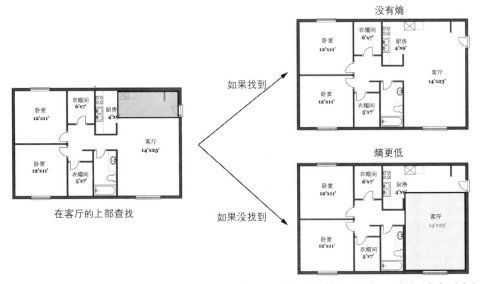

图6-3 在搜索了客厅的一部分后，遥控器位置的熵。如果找到了遥控器(右上)，则不再存在不确定性。否则，熵仍然减少(右下)，因为遥控器位置的分布现在变窄

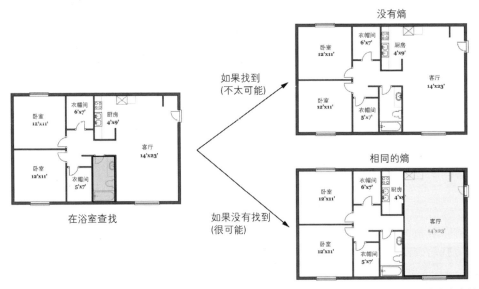

图6-4 在搜索了浴室后，遥控器位置的熵。由于在浴室找不到遥控器，遥控器位置的后验分布中的熵保持不变

　　如果遥控器位置的先验分布(你对它可能在哪里的初始猜测)覆盖了整个房子，而不仅仅是客厅，那么这种比较就不会那么显而易见了。毕竟，遥控器被放在客厅外的

可能性总是存在的。然而，确定搜索地点的程序——即选择哪个区域能提供关于遥控器位置的最大信息——仍然是相同的：

1. 如果遥控器被找到，考虑其位置的后验分布，并计算该分布的熵。
2. 如果遥控器没有被找到，同样计算熵。
3. 计算两种情况下的平均熵。
4. 对你考虑的所有可能的搜索地点重复上述计算，并选择熵最低的地点。

熵为我们提供了一种方法，以信息论的方式使用感兴趣数量的概率分布来量化我们对它的不确定性。这个过程使用熵来确定能够最大程度减少熵的行动。

> **注意**　这是一个在不确定性条件下广泛适用的决策过程。我们可以将这种基于熵的搜索方法视为一种追求真理的探索，旨在通过最大程度地减少不确定性，而使行动更接近真相。

6.1.3　使用熵的二分搜索

为了进一步理解基于熵的搜索，我们现在来看这一过程在计算机科学中的一个经典应用：二分搜索。你可能已经非常熟悉这个算法，所以这里不再详细介绍。对于二分搜索的优秀且适合初学者的介绍，推荐阅读 Aditya Bhargava 的 *Grokking Algorithms*(Manning，2016)第 1 章。简而言之，在有序列表中查找特定目标数字的位置，使得列表中的元素从第一个到最后一个递增时，我们会使用二分搜索。

> **提示**　二分搜索的思想是查看列表的中间元素并与目标值进行比较。如果目标值小于中间元素，那么我们就知道只需要在列表的前半部分寻找；否则，我们查看后半部分。不断重复这个将列表减半的过程，直到找到目标值。

比如一个具体的例子，我们有一个包含 100 个元素的有序列表 $[x_1, x_2, \cdots, x_{100}]$，我们想要找到指定目标值 z 的位置，假设 z 确实在有序列表中。

如图 6-5 所示，二分搜索会将列表分成两半：前 50 个元素和后 50 个元素。由于我们知道列表是有序的，所以我们知道：

- 如果我们的目标值 z 小于第 50 个元素 x_{50}，那么我们只需要考虑前 50 个元素，因为剩下的 50 个元素都大于目标值 z。
- 如果我们的目标值大于 x_{50}，那么我们只需要查看列表的后半部分。

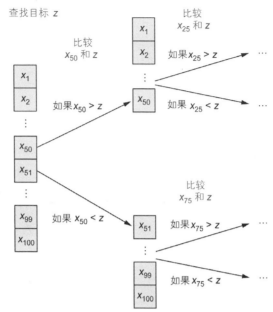

图6-5 在一个包含100个元素的列表上进行二分搜索的示意图。在搜索的每次迭代中，目标值都会与当前列表的中间元素进行比较。根据这次比较的结果，我们将从搜索空间中移除列表的前半部分或后半部分

结束搜索

在图 6-5 中的每次比较中，我们忽略了 z 等于它正在比较的数字的情况，在这种情况下，我们可以简单地结束搜索。

平均而言，这个过程帮助我们比从列表的一端顺序搜索到另一端更快地找到 z 的位置。如果我们从概率角度来解决这个问题，即在有序列表中寻找一个数字的位置，二分搜索是基于信息论实现最优决策目标的具体体现。

注意 平均而言，二分搜索策略是找到 z 的最佳方法，与其他策略相比，它能更快地定位到目标值。

首先，让我们用随机变量 L 来表示目标 z 在排序列表中的位置。在这里，我们希望用一个分布来描述我们对变量的信念。由于从我们的角度来看，列表中的任何位置都有可能包含 z 的值，所以使用均匀分布来建模。

图6-6 展示了这个分布，它再次代表了我们对 z 位置的信念。由于每个位置的可能性与其他位置相同，所以一个给定的位置包含 z 的概率是均匀的，即 1/100，或者说 1%。

z 在特定位置的概率

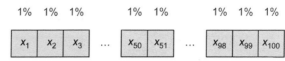

图 6-6　目标 z 在 100 个元素列表中位置的先验分布。由于每个位置的可能性与其他位置相同，给定位置包含 z 的概率是 1%

注意　让我们尝试计算这个均匀分布的熵。请记住，熵的公式为 $-\Sigma_i p_i \log p_i$，其中我们对不同的可能事件 i 进行求和。这等于

$$-\sum_{i=1}^{100} 0.01 \log 0.01 \approx 6.64$$

因此，我们在 L 的先验分布中的不确定性大约为 6.64。

接下来，我们解决同样的问题：如何搜索这个包含 100 个元素的列表，以便尽快找到 z？我们通过遵循 6.1.2 节中描述的熵搜索过程来实现这一点，我们的目标是最小化我们关心的随机变量(在这种情况下，是位置 L)的后验分布的熵。

那么，我们如何计算在检查给定位置 L 后的后验分布的熵？这需要我们推理出在检查给定位置后能对 L 得出什么结论，这相当容易。假设我们决定检查第一个位置 x_1。根据我们对 L 的信念，有 1% 的概率 L 在这个位置，有 99% 的概率 L 在剩余的位置中：

- 如果 L 确实在第一个位置，那么我们对 L 的后验熵降到 0，因为此时对 L 的位置不再有任何不确定性。

- 否则，L 的分布将更新以反映这一观察结果，即 z 不是列表中的第一个数字。

图 6-7 展示了这个过程，我们需要更新 L 的分布，使得 99 个位置中的每一个都有 1/99，或大约 1.01% 的概率包含 z。一次检查之后，每个位置仍然有相同的概率，但由于在这个假设场景中我们已经排除了第一个位置，每个位置的概率都略有上升。

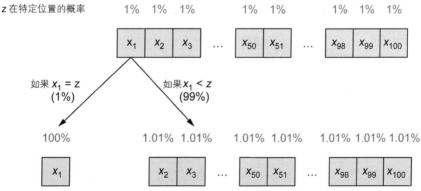

图 6-7　在检查列表中的第一个元素后，目标 z 在 100 元素列表中位置的后验分布。在每种情景中，z 在给定位置的概率相应更新

注意 同样, 我们只考虑z存在于列表中的情况, 所以要么列表中的最小元素 x_1 等于z, 要么前者小于后者(因为列表是有序的)。

遵循相同的计算方法, 我们可以获得这个新分布的熵, 如下所示:

$$-\sum_{i=2}^{100} 0.0101(\log 0.0101) = 6.63$$

同样, 这是在第二种情况下(即z不在第一个位置)L的后验熵。为了计算检查第一个位置后的整体后验熵, 我们需要做的最后一步是取两种情况的平均值:

- 如果z在第一个位置, 这是1%的可能性, 那么后验熵为0。
- 如果z不在第一个位置, 这是99%的可能性, 那么后验熵是6.63。

取平均值, 我们得到0.01(0)+0.99(6.63)=6.56。所以, 平均来看, 我们预计在选择查看数组的第一个元素时, 后验熵为6.56。现在, 为了确定查看第一个元素是否是最优决策, 或者是否有更好的位置可以获得更多关于L的信息, 我们需要为列表中的其他位置重复这个程序。具体来说, 对于给定的位置, 我们需要:

(1) 在检查位置时, 遍历每种可能的情况;

(2) 对于每个情景, 计算L分布的后验熵;

(3) 根据每个情景的可能性, 计算情景的平均后验熵。

让我们再以第10个位置 x_{10} 为例进行练习, 相应的结果如图6-8所示。虽然这个情景与我们刚刚讨论的略有不同, 但基本思想是一样的。首先, 当我们查看 x_{10} 时, 可能会发生以下情景:

1. 第10个元素 x_{10} 可能大于z, 在这种情况下, 我们可以排除列表中的最后91个元素, 将搜索集中在前9个元素上。在这里, 每个位置有11%的概率包含z, 使用相同的公式, 后验熵可以计算出大约为3.17。

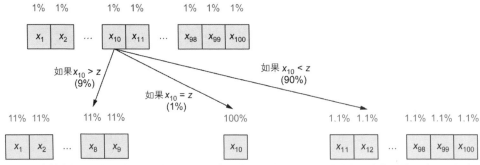

图6-8 在检查第10个元素后, 目标z在100个元素列表中位置的后验分布。在每种情景中, z在给定位置的概率相应更新

2. 第10个元素 x_{10} 可能恰好等于z, 在这种情况下, 我们的后验熵再次为0。

3. 第 10 个元素 x_{10} 可能小于 z，在这种情况下，我们将搜索范围缩小到最后 90 个元素。在这种情况下，后验熵约为 6.49。

注意　确保你自己尝试进行熵的计算，以理解我们是如何得到这些数字的。

最后，我们使用相应的概率计算这些熵的加权平均：$0.09(3.17) + 0.01(0) + 0.9(6.49) =$ 6.13。这个数字代表了预期后验熵——也就是说，在检查第 10 个元素 x_{10} 后，我们对 z 的位置 L 的预期后验不确定性。

与第一个元素 x_1 的相同数字 6.56 相比，我们得出结论：平均来看，检查 x_{10} 比检查 x_1 能给我们更多关于 L 的信息。从信息论的角度来看，检查 x_{10} 是更好的决策。

但从信息论的角度来看，什么才是最优决策(即能给我们关于 L 最多信息的那个决策)？为了确定这一点，我们只需要对列表中的其他位置重复我们在 x_1 和 x_{10} 上进行的计算，并挑选出预期后验熵最低的那个位置。

图 6-9 显示了这个量，即目标位置的预期后验熵，与我们选择检查位置之间的关系。我们首先注意到的是曲线的对称性：查看最后一个位置给我们的预期后验熵(不确定性)与查看第一个位置相同；同样，第 10 个和第 90 个位置给出的信息量相同，以此类推。

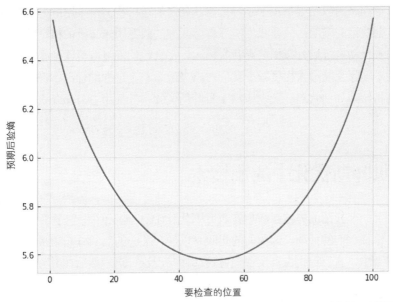

图 6-9　目标位置的预期后验熵作为列表中检查位置的函数。中间位置是最优的，预期熵最小

更重要的是，我们发现检查列表中间的位置，无论是第 50 个还是第 51 个数字，能给我们提供最大的信息量。这是因为一旦我们这样做，无论我们的目标数字是大于

还是小于中间的数字，我们都能确保排除列表的一半。其他位置的情况就不一样了。如我们之前看到的，当我们查看第 10 个数字时，我们可能能够排除列表中的 90 个数字，但这种情况只有 10%的概率发生。当我们查看第一个数字时，有 99%的概率我们只能排除一个数字。

注意   总而言之，检查中间的数字平均来看能最大化我们获得的信息量。

寻找目标的剩余部分遵循相同的步骤：计算每个决策将导致的预期后验熵，然后选择最小化该熵的决策。由于我们每次更新后概率分布始终是均匀分布，因此要检查的最优数字始终是位于尚未排除的数组中间位置。

这正是二分搜索的策略！从信息论的角度来看，二分搜索是解决有序列表中搜索特定数字的最优解决方案。

使用信息论证明二分搜索的有效性

当我第一次了解这个算法时，我曾觉得在数组中间进行搜索的策略虽然合理，但似乎相当少见且出人意料。不过，我们现在从信息论的角度推导出了相同的解决方案，这明确地量化了排除搜索空间一半的概念，以获取尽可能多的信息或尽可能减少熵。

信息论和熵的应用远不止于二分搜索。如前所述，我们所采用的方法是可以普遍应用于其他决策问题的：只要我们能够将感兴趣的问题用未知量的概率分布、可采取的行动以及行动执行后分布如何更新来描述，那么我们就可以再次依据信息论来选择最优行动，即那个能最大程度减少我们对感兴趣量不确定性的行动。在本章的后续部分，我们将学习如何将这一理念应用于贝叶斯优化，并使用 BoTorch 实现相应的熵搜索策略。

6.2   贝叶斯优化中的熵搜索

采用上一节介绍的方法，我们在贝叶斯优化(BayesOpt)中得到了熵搜索策略。核心思想是选择我们的行动，即我们的实验，以便在关心的后验分布中最大程度地减少熵。在本节中，我们首先在高层次上讨论如何实现这一点，然后在 BoTorch 中实现。

6.2.1   使用信息论寻找最优解

在我们的遥控器示例中，我们的目标是在公寓内寻找遥控器，因此，我们希望减少遥控器位置分布的熵。在二分搜索中，过程类似：我们的目标是在列表中搜索特定数字的位置，我们希望减少该数字分布的熵。现在，为了设计一个熵搜索策略，我们必须确定在贝叶斯优化中以什么为目标，以及如何利用信息论来辅助搜索过程，我们将在这里学习如何做到这一点。

回顾我们在贝叶斯优化中的目标：在黑盒函数的域 D 内寻找函数最大化的位置。这意味着我们的目标自然是寻找位置 x^*，使得函数 f 在该位置达到最大值。换句话说，对于域 D 中的任意位置 x，都有 $f^* = f(x^*) \geqslant f(x)$。

定义　最优位置 x^* 通常被称为目标函数 f 的优化器。

给定关于目标函数 f 的高斯过程(GP)信念，就有一个对应的关于优化点 x^* 的概率信念，它被视为一个随机变量。图 6-10 展示了一个训练好的高斯过程以及由该高斯过程诱导出的优化器 x^* 的分布。重要的是要记住这个分布的几个关键特性：

- 分布是复杂的且多峰的(存在多个局部最优解)。

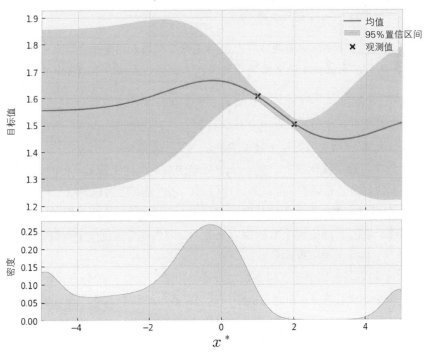

图 6-10　高斯过程信念(顶部)和函数优化器 x^* 的分布(底部)。优化器的分布是非高斯的且相当复杂，这对建模和决策制定提出了挑战

- 优化器 x^* 最有可能位于零点略微偏左的位置。这是高斯过程预测均值达到最大值的地方。
- 优化器 x^* 位于端点-5 或 5 的概率不容忽视。
- x^* 在 2 附近的概率几乎为零，这与我们已经观察到的比 $f(2)$ 更高的目标值对应。

这些特性使得对 x^* 的分布进行建模非常具有挑战性。评估这个量 x^* 分布的最简单方法是从高斯过程中抽取大量样本，并记录每个样本最大化的位置。实际上，图 6-10 就是这样生成的。

然而更加棘手的是，随着目标函数的维度(输入向量 x 的长度或每个 x 的特征数量)的增加，我们需要指数级增长的样本数量来估计 x^* 的分布。

定义　这是维度灾难的一个实例，在机器学习中，它通常用来指代许多过程在面对高维度数据时所需的计算资源呈指数级增长。

在贝叶斯优化中应用熵搜索，我们需要通过概率分布对最优 x^* 位置的信念进行建模。但我们无法精确地建模优化器 x^* 的分布；相反，我们必须依赖从高斯过程(GP)中抽取的样本来近似这个分布。遗憾的是，随着目标函数的维度(x 的长度)增加，这一过程很快就会变得计算代价非常昂贵。

注意　实际上，在贝叶斯优化领域有一些研究论文试图利用熵来寻找优化器 x^* 的位置。然而，由此产生的策略通常计算成本过高，无法在 BoTorch 中实现。

但这并不意味着我们需要完全放弃在贝叶斯优化中使用信息论。这只是意味着我们需要修改我们的搜索过程，使其更适合计算方法。实现这一点的一个简单方法是关注一个与优化器 x^* 相关但更易于处理的量。

在优化中，除了优化器 x^*，另一个感兴趣的量是在优化器上获得的最优值 $f^* = f(x^*)$，根据我们对目标函数 f 的高斯过程信念，它也是一个随机变量。可以想象，了解最优值 f^* 可以提供很多关于优化器 x^* 的信息；也就是说，这两个量在信息论上是相关的。然而，最优值 f^* 比优化器 x^* 更容易处理，因为前者只是一个实数值，而后者是一个长度等于目标函数维度的向量。

图 6-11 的右侧面板展示了由高斯过程诱导出的最优值 f^* 的分布示例。我们可以看到，这个分布大致在 1.6 左右被截断，这正是我们训练数据集中现任的值；这是有道理的，因为最优值 f^* 必须至少等于现任值 1.6。

注意　将我们的努力集中在 f^* 的分布上的主要优势在于，无论目标函数的维度如何，这个分布始终是一维的。

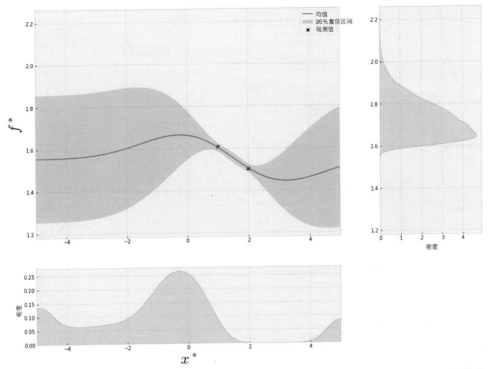

图 6-11 高斯过程的信念(左上)、函数的优化点 x^* 的分布(底部)以及最优值 f^* 的分布(右侧)。最优值的分布始终是一维的，因此比优化器的分布更容易处理

具体来说，我们可以从这个一维分布中抽取样本，以便在查询时逼近预期后验熵。从这一点出发，我们遵循与熵搜索相同的理念：选择能够(近似地)最小化预期后验熵(即最大化预期熵减少量)的查询。

定义 通过使用这个预期熵减少量作为获取分数，我们得到了最大值熵搜索 (Max-value Entropy Search, MES)策略。Max-value 这个词表示我们正在使用信息论来寻找目标函数的最大值，即最优值 f^*。

图 6-12 的底部图展示了我们正在运行的例子中的 MES 获取分数，根据这个基于信息论的标准，大约在-2 附近的点是我们接下来应该查询的位置。MES 策略倾向于选择这个位置，因为它既有相对较高的均值，也有较高的置信区间(CI)，从而平衡了探索和利用。

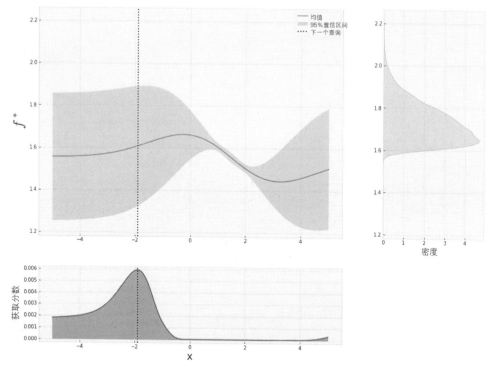

图 6-12 高斯过程信念(左上)、最优值 $f*$ 的分布(右侧)以及近似的预期熵减少量，它被用作获取函数分数(底部)。最优值的分布始终是一维的，因此比优化器的分布更容易处理

有趣的是，这里的获取函数图在某种程度上与优化器 $x*$ 的分布相似，如图 6-11 所示，观察曲线我们可以发现：

1. 曲线在中间的某个位置达到峰值
2. 曲线在端点处取得不可忽视的值
3. 在 2 附近降至 0，这表明我们确信该位置不是最优的

这表明最优值 $f*$ 与优化器 $x*$ 有着密切的联系，虽然改变我们的目标可能会损失一些信息，但寻找 $f*$ 是寻找 $x*$ 的一个良好代替，并且在计算上要容易得多。

6.2.2 使用 BoTorch 实现熵搜索

在讨论了 MES 背后的高级理念之后，我们现在准备使用 BoTorch 来实现它，并将其集成到我们的优化流程中。MES 策略是通过 BoTorch 中的 botorch.acquisition.max_value_entropy_search.qMaxValueEntropy 类实现的，它是一个 PyTorch 模块，类似于我们之前见过的大多数贝叶斯优化策略。在初始化时，这个类接受两个参数：一个 GPyTorch GP 模型和一个点集，这些点将被用作前一节描述的近似过程中的样本。

尽管有许多方法可以生成这些样本点，但我们从 5.3.2 节中学到的一种特定方法是

使用 Sobol 序列，它能更好地覆盖目标空间。总的来说，MES 策略的实现方式如下：

```
num_candidates = 1000
sobol = torch.quasirandom.SobolEngine(1, scramble=True)      使用 Sobol 序列在 0 和 1
candidate_x = sobol.draw(num_candidates)                      之间生成样本


candidate_x = 10 * candidate_x - 5    ◄──────
                                                  将样本重新缩放以适应定义域

policy = botorch.acquisition.max_value_entropy_search
    .qMaxValueEntropy(
    model, candidate_x         声明 MES 策略对象
)


with torch.no_grad():                                        计算获取分数
    acquisition_score = policy(xs.unsqueeze(1))
```

在这里，num_candidates 是一个可调参数，它设置了你在 MES 计算中想要使用的样本数量。较大的值意味着更精确的近似，但这会带来更高的计算成本。

现在，让我们将这段代码应用到我们正在解决的问题上，即优化一维 Forrester 函数，这在 CH06/01 - BayesOpt loop.ipynb 中已实现。我们已经熟悉了大部分代码，所以这里不再赘述。

图 6-13 展示了 MES 在 10 次查询中的进展，其中策略在五次查询后迅速找到了 Forrester 函数的全局最优解。有趣的是，随着优化的进行，我们越来越确定在搜索空间的其他区域查找不会带来熵的显著减少，这有助于我们在最优位置附近进行搜索。

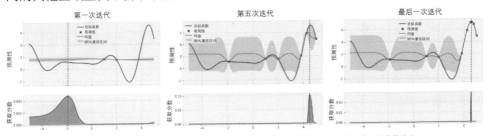

图 6-13　MES 策略的进展。策略在五次查询后迅速找到了全局最优解

我们已经看到，信息论为我们提供了一个原则性强又计算高效的决策制定框架，其核心是尽可能多地了解我们感兴趣的量。这涉及到减少我们所关心的量的分布的预期后验熵。

在贝叶斯优化中，我们发现直接将这一过程应用于目标函数最优值(我们的主要搜索目标)的位置建模会带来计算上的挑战。相反，我们将注意力转向目标函数本身的最优值，从而使计算变得更加可行。幸运的是，BoTorch 为我们提供了一个方便的、模块化的接口，使得这些复杂的数学计算变得简洁。

这也标志着本书关于贝叶斯优化策略的第 II 部分的结束。最后三章涵盖了贝叶斯优化中常用的启发式决策和相应的策略，包括从当前最优解寻求改进、借鉴多臂老虎机方法，以及本章中使用的信息论。

本书的其余部分将我们的讨论提升到一个新的层次，介绍了不同于以往的特殊优化设置，我们在优化的每一步中顺序观察一个数据点。这些章节展示了我们所学的方法如何被转化为现实世界的实际设置，以加速优化。

6.3 练习题

本章包含两个练习题：

1. 第一个练习题涉及二分搜索的一个变体，在这个变体中，在做出决策时可以考虑先验信息。

2. 第二个练习题引导我们通过实现最大值熵搜索(MES)来解决前面章节中看到的超参数调优问题。

6.3.1 练习题 1：将先验知识融入熵搜索

在 6.1.3 节中，我们看到了通过在数组中目标位置上放置一个均匀先验分布，最优的信息论搜索决策是将数组一分为二。如果均匀分布无法准确反映你的先验信念，而你想要使用一个不同的分布，会发生什么？这个练习题在 CH06/02 - Exercise 1.ipynb 中实现，向我们展示了一个例子，以及如何推导出相应的最优决策。完成这个练习题能帮助我们进一步理解熵搜索作为一种在不确定性下通用的决策程序的优雅和灵活性。

想象以下场景：你在一家手机制造公司的质量控制部门工作，你当前的项目是测试公司最新产品的外壳的坚固性。具体来说，你的团队想要找出从 10 层建筑的哪一层将手机扔到地上不会摔坏。有一些规则适用：

- 制造这部手机的工程师们确信，如果从一楼掉落，手机不会损坏。
- 如果手机从某个楼层掉落后损坏，那么从更高的楼层掉落时也会损坏。

你的任务是通过试验来找出可以从哪一层高楼扔下手机而不损坏——我们将这个未知的楼层称为 X——通过从特定楼层扔下实际的手机来确定 X。问题是：你应该如何选择从哪个楼层扔手机来找到 X？由于手机很贵，你需要尽可能少地进行试验，并最好利用信息论来辅助搜索：

(1) 假设工程师们通过考虑物理学原理以及手机的材料和构造，对可能损坏的楼层有一个初步的猜测。

具体来说，X 的先验分布是指数分布，即 X 等于一个数字的概率与该数字的指数成反比：对于 $n = 1, 2, \cdots, 9$，$Pr(X = n) = 1 / 2^n$；最高(第十)层的概率是 $Pr(X = 10) = 1 / 2^9$。所以 $X = 1$ 的概率是 50%，随着数字的增加，这个概率减半。这个概率分布如图 6-14 所示。

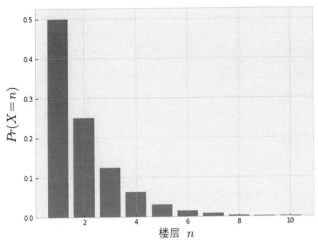

图 6-14　X 等于 1 到 10 之间某个数字的概率(也就是说，某个楼层是手机被扔下时不会损坏的最高楼层的概率)

证明这是一个有效的概率分布，需要证明概率之和等于一。即，证明 $Pr(X = 1) + Pr(X = 2) + \cdots + Pr(X = 10) = 1$。

(2) 使用 6.1.1 节末尾给出的公式计算这个先验分布的熵。

(3) 给定在 1 到 10 之间定义的先验分布，手机从二楼掉落时损坏的概率是多少？五楼的概率是多少？一楼呢？

(4) 假设在观察到任何试验结果后，X 的后验分布仍是指数型的，并定义在可能的最低和最高楼层之间。

例如，如果观察到手机从五楼掉落时不会摔坏，那么我们知道 X 至少为 5，而 X 的后验分布为 $Pr(X = 5) = 1 / 2$，$Pr(X = 6) = 1 / 4$，$\cdots$，$Pr(X = 9) = 1 / 32$，$Pr(X = 10) = 1 / 32$。另一方面，如果手机从五楼掉落时摔坏，那么我们知道 X 至多为 4，后验分布为 $Pr(X = 1) = 1 / 2$，$Pr(X = 2) = 1 / 4$，$Pr(X = 3) = 1 / 8$，$Pr(X = 4) = 1 / 8$。图 6-15 显示了这两种情况。

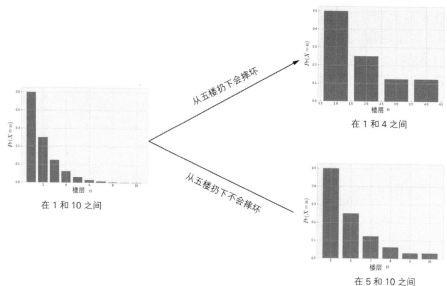

图 6-15 当手机从五楼掉落时, X 的后验概率分布有两种情况。每种后验分布仍然是指数分布

计算这两种情况下虚构的后验分布的熵。

1. 给定先验分布, 计算在五楼进行试验后(即从五楼掉落手机并观察是否损坏)的预期后验熵。

2. 计算其他楼层的预期后验熵。哪一层楼的熵减少量最大? 这个结果仍与二分搜索相同吗? 如果不是, 发生了什么变化?

6.3.2 练习题 2: 用于超参数调优的贝叶斯优化

这个练习题在 CH06/03 - Exercise 2.ipynb 中实现, 将贝叶斯优化应用于一个目标函数, 该函数模拟了超参数调优任务中支持向量机模型的准确度曲面。x 轴表示惩罚参数 C 的值, y 轴表示 RBF 核参数 γ 的值。更多细节请参见第 3 章和第 4 章的练习题。具体步骤如下:

(1) 重新创建 CH05/03 - Exercise 2.ipynb 中的贝叶斯优化循环, 包括实现重复实验的外层循环。

(2) 运行 MES 策略。由于我们的目标函数是二维的, 我们应该增加 MES 使用的 Sobol 序列的大小。例如, 你可以将其设置为 2000。观察其综合性能。

> **在贝叶斯优化中的重复实验**
> 参考第 4 章练习题 2 的第 9 步, 了解如何在贝叶斯优化中进行重复实验。

6.4　本章小结

- 信息论研究的内容包括信息的表示、量化和传递。这个领域的核心概念之一是熵，它通过一个随机变量的概率分布来量化这个随机变量的不确定性。

- 熵搜索过程考虑了通过采取行动来减少感兴趣的量的预期熵(因此减少不确定性)，并选择最大化预期熵减少量的行动。我们可以将这种通用过程应用于许多不确定性决策问题中。

- 二分搜索可以作为熵搜索的结果应用于在排序数组中找到特定数字的位置问题。

- 维度灾难指的是在机器学习中，许多过程的指数级成本与感兴趣对象的维度有关。随着维度的增加，完成过程所需的时间呈指数增长。

- 在贝叶斯优化中，虽然熵搜索可以应用于寻找函数优化器的位置，但由于维度灾难，计算成本很高。

- 为了克服维度灾难，我们修改了寻找函数优化值的目标，将其变为一个一维搜索问题。由此产生的贝叶斯优化策略被称为最大值熵搜索(MES)。

- 由于由高斯过程建模的函数全局最优的复杂行为，计算 MES 的获取分数在封闭形式下是不可行的。然而，我们可以从概率分布中抽取样本来近似获取分数。

- 在 BoTorch 中实现 MES 遵循与其他贝叶斯优化策略相同的程序。为了更有效地进行获取分数的近似采样，我们在初始化策略对象时使用 Sobol 序列。

将贝叶斯优化扩展到特定设置

我们所学的贝叶斯优化循环虽然广泛适用于各种优化问题。然而，现实生活场景往往不遵循这种高度理想化的模型。比如你可以同时运行多个函数评估，这在有多个 GPU 可用的超参数调优应用中很常见，该怎么处理？又或者，你有多个相互竞争的目标需要优化，该怎么应对？这部分将介绍你在现实世界中可能遇到的一些最常见的优化场景，并讨论如何将贝叶斯优化扩展到这些设置。

为了提高吞吐量，许多设置允许实验并行运行。第 7 章介绍了批量贝叶斯优化框架，其中函数评估是批量进行的。我们将学习如何将在第 II 部分学到的决策策略扩展到这种设置中，确保充分利用系统的并行性。

在那些对安全性要求极高的应用场景中，我们不能随意探索搜索空间，因为某些函数评估可能会带来负面后果。这促使了一种特定设置的出现，即在设计优化策略时，需要对目标函数的行为施加约束。第 8 章将探讨这种称为约束优化的设置，并构建必要的框架来应用贝叶斯优化。

第 9 章探讨了在不同成本和精度水平，我们可以使用多种方法来观察函数值的设置，这通常被称为多保真度贝叶斯优化。我们讨论了如何自然地扩展熵的概念，以量化在不同保真度级别评估的价值，并应用算法来平衡信息获取与成本。

成对比较已被证明比数字评分更能准确地反映个人的偏好，因为这种方式更简单，对评估者造成的认知负担也较小。第 10 章将贝叶斯优化应用于这一场景，首先通过采用一种特殊的高斯过程模型，然后对现有策略进行调整，以适应这种成对比较的工作流程。

多目标优化是一个常见的应用场景，它要求我们同时优化多个可能存在冲突的目标。我们将研究这个问题，并开发一个贝叶斯优化方案，以协同优化这些目标。

在这些多样化的特定优化场景中，一个贯穿始终的核心议题是：在考虑问题结构的同时，如何在探索未知与利用已知之间做出权衡。通过观察贝叶斯优化在这些场景中的应用，我们不仅加深了对这一技术的理解，还使该技术在实际应用中更适用。这些章节中开发的代码将帮助你立即解决你在现实生活中遇到的任何实际优化问题。

第7章

使用批量优化最大化吞吐量

本章主要内容
- 批量进行函数评估
- 将贝叶斯优化扩展到批量设置
- 优化难以计算的获取分数

我们之前使用的贝叶斯优化循环是逐个处理查询的，每个查询完成后才会进行下一个。这种设置适用于只能顺序执行函数评估的情况。但在许多实际的黑盒优化场景中，用户可以批量评估目标函数。例如，在调整机器学习模型的超参数时，如果我们有多个处理单元或计算机，就可以并行地测试不同的超参数组合，而不是逐一进行。通过充分利用所有可用的资源，我们可以增加实验的数量，并在贝叶斯优化循环的函数评估阶段提高效率。

我们把这种允许同时进行多个查询的贝叶斯优化称为批量贝叶斯优化。除了超参数调整之外，批量贝叶斯优化的应用还包括药物研发(科学家在实验室中使用多台设备同时合成不同的药物原型)，以及产品推荐(它同时向用户展示多个产品)。总的来说，任何需要同时进行多个实验的黑盒优化问题，都适合采用批量贝叶斯优化方法。

由于计算和物理资源通常可以并行处理，批量贝叶斯优化在现实世界中的应用非常普遍。在本章中，我们将探讨批量贝叶斯优化，并了解如何将前面章节中学到的策略应用到这一场景。我们会讨论为什么将贝叶斯优化策略扩展到批量设置并非易事，以及为什么需要细致考量。接着，我们将学习各种策略，这些策略有助于将贝叶斯优化策略扩展到批量设置，并学习如何使用 BoTorch 在 Python 中实现这些策略。

在本章结束时，你将明白批量贝叶斯优化是什么，何时应该采用批量设置，以及如何在这种设置中实施贝叶斯优化策略。通过了解如何在批量设置中实现贝叶斯优化的并行化，我们可以使其在实际应用中更加高效和广泛适用。

7.1 同时进行多个函数评估

在许多现实情境中，在黑盒问题中同时进行多个函数评估很常见，而批量贝叶斯优化正是在这种并行评估的背景下应用贝叶斯优化的方法。在本节中，我们将详细探讨批量贝叶斯优化的具体设置，以及在利用贝叶斯优化策略进行多轮查询时可能遇到的问题。本节将激发我们探索将贝叶斯优化策略扩展到批量设置的各种策略。这些策略将在 7.2 节及后续章节中详细介绍。

7.1.1 并行利用所有可用资源

昂贵的黑盒优化问题的一个显著特点是，进行函数评估的成本可能非常高昂。在 1.1 节中，我们讨论了在许多应用中，如神经网络超参数调整和新药研发中，进行函数评估所需的时间和计算资源都非常大。这种在黑盒优化中查询目标函数的高成本催生了提高查询效率的需求。我们可以通过并行计算来实现这一目标。

定义 并行性是指同时运行独立进程的行为，以缩短完成这些进程所需的总时间。

图 7-1 展示了并行处理的优势。其中，三个任务(可以是程序执行、计算任务等)可以顺序运行，也可以并行运行。当这些任务并行运行时，它们所需的总时间仅为顺序运行时的三分之一。

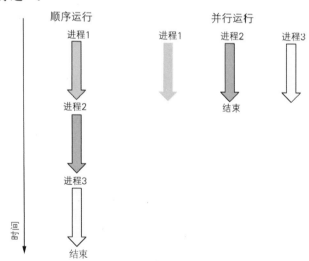

图 7-1　并行运行的优势示意图。三个通用的进程可以顺序运行(左侧)，也可以并行运行(右侧)。当这些进程并行运行时，它们所需的总时间仅为顺序运行时的三分之一

　　并行处理在计算机科学中尤为常见，计算机可能同时使用多个处理单元来并行处理多个程序。如果这些程序彼此独立(即它们不使用对方数据或不写入相同的文件)，它们就可以无冲突地并行运行。

　　对于使用贝叶斯优化的应用场景，这一理念同样适用。例如，机器学习工程师在调整神经网络时，可能会利用他们能够访问的多个 GPU 同时训练多个模型。而试图发现新药物的科学家可以在实验室的设备上同时进行多个配方的合成实验。通过同时进行多个查询，我们可以在相同的时间内获得更多关于目标函数的信息。

什么是 GPU?

GPU(图形处理单元)是专门优化用于执行并行矩阵乘法的硬件。因此，它们通常被用于训练神经网络。

　　以烘焙一批饼干为例。你当然可以一次只烤一个饼干，但这样做会浪费烤箱的电力和时间。更合理的做法是一次性烤制多批饼干。

贝叶斯优化用于烘焙饼干

在烘焙这个话题上，实际上有一篇关于批量贝叶斯优化的研究论文 (https://static.googleusercontent.com/media/research.google.com/en//pubs/archive/46507.pdf)，它通过寻找制作饼干面团时鸡蛋、糖和肉桂的最佳用量，来优化饼干配方。

　　在贝叶斯优化中，批量设置允许同时评估目标函数的多个输入。也就是说，我们可以一次性向黑盒发送多个查询，x_1、x_2、…、x_k，然后一次性计算目标值，并批量接收相应的目标值 $f(x_1)$、$f(x_2)$、…、$f(x_k)$。相比之下，在经典的顺序贝叶斯优化设置中，只有在观察到 $f(x_1)$ 之后，我们才能在另一个位置 x_2 继续查询。

　　在批量贝叶斯优化的每次迭代中，我们会选择多个输入位置来同时评估目标函数，而不是像之前那样只评估一个位置。该批量贝叶斯优化的过程如图 7-2 所示。由于需要同时进行多个查询，我们需要引入新的贝叶斯优化策略来评估这些输入位置的价值。在下一节中，我们将讨论为什么之前学过的贝叶斯优化策略不容易直接应用于批量设置。而贝叶斯优化循环中的另一个关键部分，即高斯过程(GP)，保持不变，因为我们仍然需要一个能够提供概率预测的机器学习模型。换句话说，我们需要对贝叶斯优化的决策部分进行调整，以便适应批量设置。

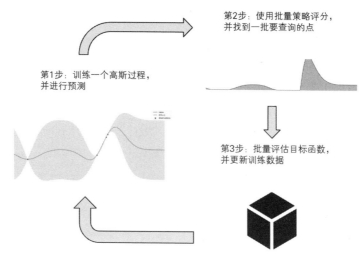

图 7-2　批量贝叶斯优化循环。与顺序贝叶斯优化相比，批量贝叶斯优化在第 2 步时需要确定多个查询点，并在第 3 步时同时评估这些点的目标函数

策略的获取分数

贝叶斯优化策略会为搜索空间中的每个输入位置分配一个分数，称为获取分数，它量化了该输入在寻找目标函数全局最优解过程中的有用性。不同的策略使用不同的启发式方法来计算这个分数，详见第 4~6 章中的描述。

可以同时进行的查询数量——即批量的大小——取决于应用。例如，你能同时烘焙多少饼干取决于你的烤箱和烤盘的大小。同样，你可用的计算资源(CPU 和 GPU 的数量)决定了在调整模型超参数时可以并行训练多少个神经网络。图 7-1 展示了三个例程同时运行的例子，所以批量大小是 3。

7.1.2　为什么不在批量设置中使用常规的贝叶斯优化策略

在上一节中我们提到，顺序设置(即目标函数的查询是依次进行的)下的贝叶斯优化策略不经过修改，不能直接应用于批量设置。本节将更深入地探讨为什么会出现这种情况，以及为什么我们需要为批量设置定制特定的策略。

回想 4.1 节的内容，贝叶斯优化策略会为搜索空间中的每个点打分，这个分数反映了该点在我们寻找目标函数全局最优解过程中的重要性。我们会找到得分最高的点，并将其作为下一次目标函数查询的点。图 7-3 展示了期望改进(EI)策略(4.3 节中已介绍)计算的得分，以底部面板中的曲线表示，其中 1.75(由下曲线上的垂直标记指示)的得分最高，因此被选为下一个查询点。

如果我们基于图 7-3 中的较低曲线(即期望改进分数 EI)选择多个点来评估目标函数，而不是选择单一的一个点，会发生什么呢？我们需要识别出那些 EI 分数最高的多个点。然而，这些 EI 分数高的点往往会聚集在顺序设置下选择的那个点附近。这是因为在较低的曲线上，即使我们从 1.75 点稍微移动一点点，仍然能得到一个很高的 EI 分数。也就是说，那些接近最高获取分数点的点也会给出很高的获取分数。

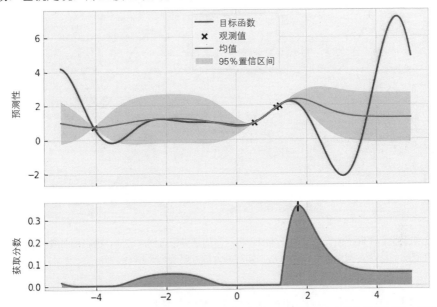

图 7-3　贝叶斯优化的一个实例。顶部面板展示了高斯过程(GP)的预测以及真实目标函数，底部面板展示了由期望改进(EI)策略计算出的获取分数。在底部曲线的 1.75 处的垂直标记指示了下一个查询点

如果我们只是简单地挑选那些获取分数最高的点，我们的查询就会集中在搜索空间的某个特定区域，这就像是把所有的希望都寄托在一个点上。如图 7-4 所示，得分最高的期望改进(EI)点都聚集在 1.75 附近。这种聚集效应是不利的，因为我们实际上是在用有限的资源在一个单一的输入位置进行目标函数评估。这些聚集的点相比那些分布更广的点，其价值要小得多。

选择所有查询点都集中在一个位置，会阻碍我们从批量设置的并行性中获益。截至目前的讨论表明，设计一批查询点并非简单地选取贝叶斯优化策略给出的最高获取分数的前几个点那样简单。在本章的剩余部分，我们将讨论专门为批量设置设计的贝叶斯优化策略。值得庆幸的是，这些策略是我们在第 4~6 章中学到的贝叶斯优化策略的扩展，所以我们只需要学习如何将我们所学的优化启发式方法扩展到批量设置的情境中。

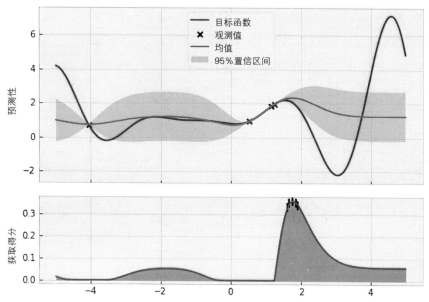

图 7-4　如果我们在批量设置中仅选择获取分数最高的点进行查询，这些点由底部曲线上的垂直标记表示。这些查询点彼此很接近，不如它们分散开时那么有用

7.2　计算一批点的改进和上置信界

我们首先扩展到批量设置的策略是第 4 章讨论的基于改进的策略，以及在 5.2 节讨论的 UCB 策略。这些策略使用的启发式方法允许修改策略以在批量设置中工作，我们很快就会看到这一点。

在下一节中，我们将介绍这些启发式方法的数学修正，并讨论由此产生的批量策略是如何工作的。之后，我们将学习如何使用 BoTorch 声明和运行这些批量策略。

7.2.1　将优化启发式方法扩展到批量设置

7.1.2 节的讨论表明，选择一批点来评估目标函数并不像找到使顺序策略获取分数最大化的那几个点那样简单。相反，我们需要重新定义这些顺序策略的数学公式，以便将它们重新应用于批量设置。

我们所学习的三种贝叶斯优化策略——PoI、EI 和 UCB——都采用了类似的策略，它们将获取分数定义为正态分布上的期望值。具体来说，在顺序设置中，这三种策略为给定点分配的分数可以表示为正态分布上某个性能指标的期望。对于 PoI，这个性能指标是我们预期的改进；对于 EI，性能指标是预期改进的程度。

如图 7-5 的上半部分所示，顺序贝叶斯优化(BayesOpt)策略使用关于目标函数 $f(x)$ 值的信念的正态分布的平均值 $G(f(x))$ 来评分候选查询点 x。这个量 G 依赖于贝叶斯优化策略用来平衡探索和利用的启发式方法。而在批量设置中，对于一组查询点 $x_1, x_2, \cdots, x_k$，我们则计算这组点中 G 量的最大值的平均值，如图 7-5 的下半部分所示。这个平均值是通过对应于目标值 $f(x_1), f(x_2), \cdots, f(x_k)$ 的多元高斯分布计算得出的。

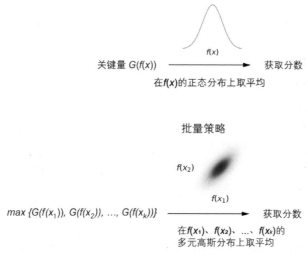

图 7-5 将 BayesOpt 策略的数学表达式扩展至批量环境。在两种情况下，我们都计算关键量的平均值。在批量环境中，我们首先在每个查询点上计算关键量的最大值，然后再求平均，以此表示整个批量的效用

探索与利用之间的平衡

所有的贝叶斯优化策略都需要做出权衡，选择是在搜索空间中精确定位高性能区域(利用)，还是探索未知区域(探索)。有关这种权衡的详细讨论，详见 4.1.2 节。

在优化问题中，我们采用一种策略，即通过目标函数 G 的最大值来衡量整个批量查询的效用，这在逻辑上是合理的。目标函数 G 的最大值越高，这批查询的整体价值就越大。有了评估任何一批查询价值的方法，我们就可以着手寻找能最大化这一效用的批量。我们采用的策略类似于体育赛事中的选拔机制：各国可能会全年培养众多运动员，但到了比赛时，只有最顶尖的选手会被选派参赛。图 7-6 展示了这一过程。

奥运会团队选拔

速度: 20 速度: 10 速度: 17 速度: 22   速度: 22

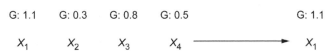

批量贝叶斯优化

G: 1.1   G: 0.3   G: 0.8   G: 0.5   G: 1.1

X_1 X_2 X_3 X_4 ⟶ X_1

图 7-6 批量贝叶斯优化策略会挑选出 G 值最高的元素作为整个批量的代表(底部)。这类似于奥运会的选手选拔，只有表现最出色的运动员才有资格代表国家出战

这三种策略是如何具体实施的呢？首先，我们来看前两种基于改进的策略。回顾第 4 章的内容，PoI 策略是根据下一个查询点比当前最优点(即责任者)改进的概率来计算获取分数。如果某个点比现任者更有可能带来更好的结果，那么 PoI 策略就会给这个点赋予更高的分数。而 EI 策略不仅考虑了改进的可能性，还考虑了改进的幅度，它会为那些既有可能超越现任者，又有可能带来显著改进的点赋予较高的分数。

这两个策略之间的差异在图 7-7 中可视化，其中 x 轴展示不同结果，y 轴显示要优化的目标值。在 PoI 策略中，所有在 x 轴上产生更高值(高于现任者)的点都被同等对待；而在 EI 策略中，每个点的贡献则根据其提升幅度来衡量。

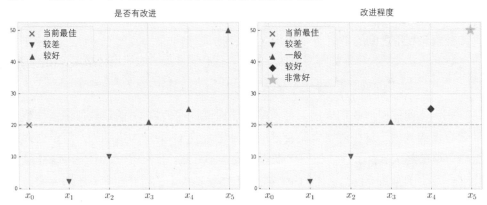

图 7-7 PoI(图左)与 EI(图右)的区别在于，前者只关心我们是否从当前最优点(在位者)那里取得了改进，而后者则关注改进的程度有多少

在批量设置中，我们可以类似地推理出贝叶斯优化循环当前迭代后观察到的改进情况。我们不需要针对批量查询中的多个点进行推理，而是可以单独找出这些点的函数评估中的最大值。也就是说，如果我们对目标函数进行批量查询，查询点位于 x_1、

x_2、...、x_k，那么我们不需要使用所有函数评估 $f(x_1)$、$f(x_2)$、...、$f(x_k)$ 来推理我们观察到的改进。我们只需要最大值 $\max\{f(x_1), f(x_2), \cdots, f(x_k)\}$，因为这个最大值定义了我们观察到的改进。

以图 7-7 中的例子为参照，假设我们的当前最优目标值为 20，考虑图 7-8 右侧图表中展示的以下情景：

- 如果我们的批量查询(批量大小为 3)返回的值都低于 20(对应于图 7-8 右侧图表中的 X_1)，那么我们将观察到没有改进。X_1 中最高的函数评估值是 3，这意味着这个批量中的任何函数评估都没有超过当前最优值。
- 如果所有返回的值都超过了当前最优值(对应于图 7-8 右侧图表中的 X_2)，那么我们将观察到当前最优值的改进。具体来说，这个批量 X_2 的最大值是 30，这意味着改进了 10。
- 更重要的是，如果只有部分而不是全部返回的函数评估值优于当前最优值(以 X_3 为例)，我们仍然会观察到改进。X_3 的最大值是 22，这确实比当前最优值 20 有所提高。

通过关注从一批查询中返回的最大评估值，我们可以立即确定这批查询是否导致了对当前最优值的改进。图 7-8 展示了基于改进概率的 PoI 推理，其中批量 X_2 和 X_3 被平等对待，因为它们(或者更具体地说，它们的最大值)都导致了改进。我们现在有了一种方法，可以将计算改进概率的概念从顺序设置扩展到批量设置。

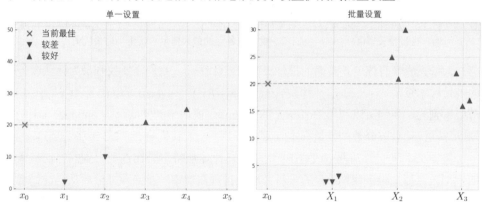

图 7-8　无论是单一查询(左侧)还是批量查询(右侧)是否导致了对当前最优值的改进。在右侧的批量设置中，我们只考虑每个批量内的最大值来确定是否有改进

定义　PoI 为给定的一批候选查询分配的获取分数等于返回的函数评估中最大值超过当前最优值的概率。

在数学上，我们从顺序设置中计算函数评估 $f(x)$ 超过当前最优值 f^* 的概率，记作

$Pr(f(x) > f^*)$，进而计算最大函数评估超过当前最优值的概率，即 $Pr(\max \{f(x_1), f(x_2), \cdots, f(x_k)\} > f^*)$。然后，这个概率 $Pr(\max \{f(x_1), f(x_2), \cdots, f(x_k)\} > f^*)$ 被用作批量查询 $x_1, x_2, \cdots, x_k$ 的 PoI 获取分数。

如前所述，这些概率 $Pr(f(x) > f^*)$ 和 $Pr(\max \{f(x1), f(x2), \cdots, f(xk)\} > f^*)$ 可被视为对我们的高斯分布优化过程很重要的量的平均值。具体来说，这些概率分别是表示 $f(x) > f^*$ 和 $\max \{f(x1), f(x2), \cdots, f(xk)\} > f^*$ 是否为真的二元随机变量的平均值。这种比较在图 7-9 中进行了可视化。

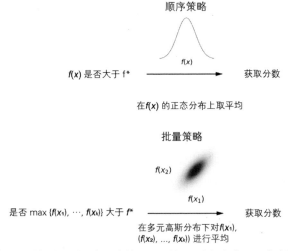

图 7-9　将 PoI 策略扩展到批量设置。在顺序情况下(顶部)，我们考虑下一个查询是否优于当前最优值。在批量设置(底部)中，我们考虑批量中各点的最大值是否优于当前最优值

为了完成带有该 PoI 策略的批量贝叶斯优化循环，我们需要找到最大化获取分数的批量样本点 x_1、x_2、...、x_k，使得 $Pr(\max \{f(x_1), f(x_2), \cdots, f(x_k)\} > f^*)$。正如我们在 4.1.1 节中学到的，我们可以利用 BoTorch 的 optimize 模块中的辅助函数 optimize_acqf() 来帮助寻找优化获取分数的批量样本点 x_1、x_2、...、x_k，我们将在 7.2.2 节中看到这一点。

接下来，我们转向期望改进(EI)策略，它计算从特定查询点观察到的当前最优值的预期改进值。由于我们已经有一种方法来推理在观察一批函数评估后从当前最优值得到的改进，因此 EI 的批量扩展就自然而然地出现了。也就是说，我们只计算批量中的最大函数评估结果，即 $\max \{f(x_1), f(x_2), \cdots, f(x_k)\}$，得到的当前最优值的改进的期望值。与 PoI 计算最大值超过当前最优值的概率不同，EI 考量的是这个最大值超过当前最优值的程度。EI 与其批量变体之间的差异如图 7-10 所示。

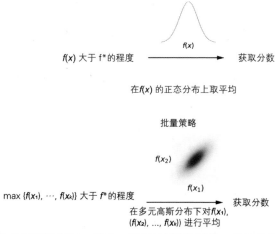

图 7-10　在批量设置中扩展期望改进(EI)策略。在顺序情况下(顶部)，我们使用下一个查询相对于当前最优值的改进量的平均值。在批量设置(底部)中，我们取一批点中最大值相对于当前最优值的改进量的均值

为了说明这一推理，图 7-11 展示了期望改进(EI)在顺序(左侧图表)和批量设置(右侧图表)中对不同结果的评分差异。在右侧图表中，以下情况值得注意:

- 在批量设置中，如果一批数据中没有任何点能够比当前最优值(以 X_1 为例)有所改进，那么这一批数据将构成零改进。

- 批量 X_2 中的最大值是 22，因此我们观察到有 2 的改进，尽管这一批中有些值低于当前最优值。

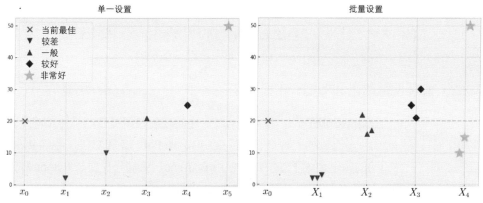

图 7-11　无论是单一查询(左)还是批量查询(右)，如何判断其是否带来了相对于当前最优值的改进。在右侧的批量设置中，我们仅考虑每个批次内的最大值来确定是否存在改进

- 尽管批量 X_3 中的所有值都高于当前最优值，我们观察到的改进仍然完全由最大值 30 决定。

- 最后，即使批量 X_4 中的大部分值都低于当前最优值 20，X_4 的最大值是 50，使得这一批成为一个非常好的结果。

为了继续进行批量期望改进(EI)，我们计算一批中最大值比当前最优值高出多少的期望值。这种改进的期望值，即期望改进，是 EI 用来评估给定批次 $x_1, x_2, \cdots, x_k$ 价值的获取分数批次。辅助函数 optimize_acqf()可被再次用来找到带来最高期望改进的批次。

至此，我们已将两种基于改进的策略，PoI(改进概率)和 EI(期望改进)，扩展到批量设置。我们现在转向 UCB(上置信界)策略。幸运的是，从一批查询中挑选最大值来计算改进的策略也适用于 UCB。为了将从一批查询中挑选最大值(针对感兴趣的函数 G)的策略应用于 UCB，我们需要将 UCB 的获取分数重新定义为一个正态分布的平均值。

关于 UCB 策略的数学细节

在 5.2.2 节中，我们讨论了 UCB 获取分数是 $\mu + \beta\sigma$。在这里，μ 和 σ 是 $f(x)$ 的预测均值和标准差，β 是一个可调参数，用于在探索和利用之间进行权衡。我们现在需要将 $\mu + \beta\sigma$ 重写为正态分布 $N(\mu, \sigma^2)$ 上某个量的平均值，以将 UCB 扩展到批量设置。虽然此处的数学推导可以完成，但我们在这里不深入数学细节。感兴趣的读者可以参考本书的附录 A(https://arxiv.org/pdf/1712.00424.pdf)，其中详述了相关的数学细节。

将 UCB 扩展到批量设置的其余部分遵循相同的程序：

(1) 我们取整个批量中重写后的量 $\mu + \beta\sigma$ 的最大值的平均值，将其作为批量 UCB 获取分数。

(2) 使用辅助函数 optimize_acqf()找到得分最高的批量。

这就是我们需要了解的关于将这三种贝叶斯优化策略扩展到批量设置的全部内容。在下一节中，我们将学习如何在 BoTorch 中实现这些策略。

7.2.2　实现批量改进和 UCB 策略

与第 4~6 章所述相似，BoTorch 使得在 Python 中实现和使用贝叶斯优化策略变得简单，而且我们在前一节讨论的三种策略的批量变体，即 PoI、EI 和 UCB，也不例外。虽然了解这三种策略的数学公式很重要，但使用 BoTorch，我们只需要在 Python 程序中替换一行代码就能运行这些策略。本节中使用的代码位于 CH07/01 - Batch BayesOpt loop.ipynb。

你可能认为，我们现在是在一个新的设置下工作，即对目标函数的查询是批量完成的，我们需要修改实现贝叶斯优化循环的代码(同时获取多个函数评估，向训练集添加多个点，训练 GP 模型)。然而，令人惊讶的是，必要的修改非常少，这得益于 BoTorch 对批量模式的无缝支持。特别是，当我们使用辅助函数 optimize_acqf()来寻找最大化获取分数的下一个查询时，我们只需要指定参数 $q = k$ 来设定批量大小(即可以并行运行的函数评估数量)。

图 7-12 概括了整个批量贝叶斯优化循环，它与图 4-4 非常相似。图中标注了少数需要调整的地方:

- 在调用辅助函数 optimize_acqf()时，我们将参数 q 设置为 k，代表我们想要进行的批量查询的大小。
- 这个辅助函数返回 next_x，它包含 k 个点。变量 next_x 是一个 k 乘以 d 的 PyTorch 张量，其中 d 表示我们搜索空间的维数(也就是我们数据集中特征的数量)。
- 然后我们在 next_x 指定的位置查询目标函数，得到 next_y，它包含了函数评估的结果。与顺序设置不同，next_y 是一个包含 k 个元素的张量，每个元素对应于 next_x 中每个点的函数评估值。

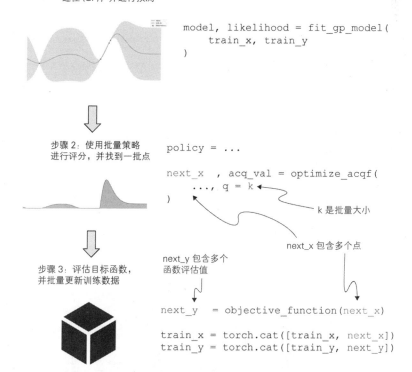

图 7-12　批量贝叶斯优化循环的步骤及相应的代码。与顺序设置相比，当我们转向批量设置时，需要修改的代码非常少

注意 在图 7-12 的步骤 1 中,我们仍然需要一个 GP 模型的类实现以及辅助函数 fit_gp_model(),该函数用于在训练数据上训练 GP。幸运的是,我们在顺序设置中使用的相同代码无需修改即可直接复用。有关这段代码的完整讨论,请参考 4.1.1 节。

为了简化代码演示,我们采用了一个二维的合成目标函数,它模拟了一个超参数调优应用中的模型准确率。这个函数在第 3 章的练习题中首次亮相,其定义域(即搜索空间)在两个维度上都被设定在 0 到 2 之间:

```
def f(x):
  return (
    torch.sin(5 * x[..., 0] / 2 - 2.5) * torch
    ➥.cos(2.5 - 5 * x[..., 1])
    + (5 * x[..., 1] / 2 + 0.5) ** 2 / 10
  ) / 5 + 0.2
```
函数定义

```
lb = 0
ub = 2
bounds = torch.tensor([[lb, lb], [ub, ub]], dtype=torch.float)
```
函数定义域,在每个维度上都介于 0 和 2 之间

这个目标函数在图 7-13 中可视化,我们可以看到全局最优解位于空间的右上角,准确率达到了 90%。

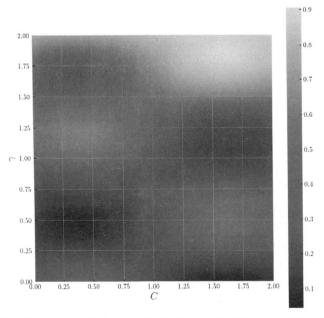

图 7-13   在测试数据集上,支持向量机(SVM)模型的准确率作为惩罚参数 C 和径向基函数(RBF)核参数 γ 的函数。这是本章要优化的目标函数

为演示我们的批量优化问题，假设我们可以同时在四个不同的进程中训练模型。换句话说，我们的批量大小是 4。此外，我们只能重新训练模型五次，所以我们的批量贝叶斯优化循环的迭代次数是 5，我们可以进行的查询总数是 4×5=20。

```
num_queries = 20
batch_size = 4
num_iters = num_queries // batch_size
```

这个变量等于 5

现在，剩下要做的就是运行一个批量贝叶斯优化策略了。我们通过以下代码实现这一点，首先在搜索空间中随机选择一个点作为训练集：

```
torch.manual_seed(0)
train_x = bounds[0] + (bounds[1] - bounds[0]) * torch.rand(1, 2)
train_y = f(train_x)
```

随机选择搜索空间中的一个点

在随机选择的点上评估目标函数

随后在每次迭代中执行以下操作：

(1) 跟踪到目前为止的最高准确率。

(2) 使用当前训练集重新训练 GP 模型。

(3) 初始化一个批量贝叶斯优化策略。

(4) 使用辅助函数 optimize_acqf() 找到最佳的查询批次。

(5) 在查询批次指定的位置评估目标函数。

(6) 将新的观察结果添加到训练集并重复上述过程。

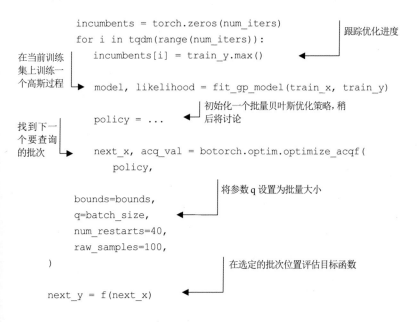

```
incumbents = torch.zeros(num_iters)
for i in tqdm(range(num_iters)):
    incumbents[i] = train_y.max()

    model, likelihood = fit_gp_model(train_x, train_y)

    policy = ...

    next_x, acq_val = botorch.optim.optimize_acqf(
        policy,

    bounds=bounds,
    q=batch_size,
    num_restarts=40,
    raw_samples=100,
)

next_y = f(next_x)
```

跟踪优化进度

在当前训练集上训练一个高斯过程

初始化一个批量贝叶斯优化策略，稍后将讨论

找到下一个要查询的批次

将参数 q 设置为批量大小

在选定的批次位置评估目标函数

```
train_x = torch.cat([train_x, next_x])       更新训练数据
train_y = torch.cat([train_y, next_y])
```

这段代码与我们在第 4 章 4.1.1 节中用于实现贝叶斯优化顺序设置的代码非常相似。唯一不同在于需要在辅助函数 optimize_acqf() 中正确设置批量大小参数 q。

为了运行一个批量贝叶斯优化策略，我们首先使用 BoTorch 的类实现来初始化策略。对于 PoI 策略，我们使用

```
policy = botorch.acquisition.monte_carlo.qProbabilityOfImprovement(
    model, best_f=train_y.max()
)
```

类似地，对于 EI 策略，我们使用

```
policy = botorch.acquisition.monte_carlo.qExpectedImprovement(
    model, best_f=train_y.max()
)
```

注意类名前的 q，这表示这些类实现了批量贝叶斯优化策略。类似于顺序 PoI 和 EI 策略中的 best_f 参数，这里的 best_f 参数指定了当前的最优值，我们将其设置为 train_y.max()。

对于上置信界(UCB)，我们使用了一个等效的 API，其中参数 beta 用于设置获取分数 $\mu + \beta\sigma$ 中的权衡参数 β，其中 μ 和 σ 分别代表在给定点的预测均值和标准差：

```
policy = botorch.acquisition.monte_carlo.qUpperConfidenceBound(
    model, beta=2
)
```

贝叶斯优化策略接受的参数

我们在 4.2.2 节、4.3 节和 5.2.3 节分别讨论了顺序 PoI(改进概率)、EI(期望改进)和 UCB(上置信界)的实现。这些策略所接受的参数与它们的批量对应策略完全相同，这使得在 BoTorch 中过渡到批量设置变得简单直接。

既然我们现在可以运行 PoI、EI 和 UCB 的批量版本，让我们花点时间来检查这些策略的行为。特别是，假设我们当前的贝叶斯优化进度与图 7-3 中的一维目标函数相同。该图也在底部面板显示了 EI 为单个点计算的获取分数。我们感兴趣的是，对于两个点的批量查询，EI 的获取分数是如何分布的——也就是说，对于给定的查询对的当前最优值的期望改进。

我们在图 7-14 中用热图展示了这些获取分数，其中正方形上每个位置的亮度表示给定查询对的期望改进，获取分数最高的位置用星星标记(顶部和右侧图表分别展示了观测数据以及当前高斯过程对目标函数的信念)。我们观察到几个有趣的趋势：

- 在热图上有两条直线带表示高获取分数。它们靠近数据点 $x = 2$，这意味着任何包含接近 $x = 2$ 的成员的查询批次(大小为 2)都会得到高分。这是有道理的，因为大约在 $x = 2$ 的位置，高斯过程的后验均值达到最大。

- 热图的对角线较暗，这意味着查询一个批量的 x_1 和 x_2，当 x_1 大致等于 x_2 时，可能会产生较低的改进。这一观察结果验证了我们在 7.1.2 节中的观点：在批量中选择相近的查询点是一个糟糕的策略，这本质上是把所有鸡蛋放在一个篮子里。

- 最后，由星星标记的两个最优查询批次实际上是同一个批次，因为这些位置是对称的。这个批次包含了 1.68 和 2.12，它们仍然位于 $x = 2$ 的附近，高斯过程告诉我们在这个区域目标函数的值很高。此外，选定的两个查询点 1.68 和 2.12 彼此相距较远，因此帮助我们避免了查询点过于集中的问题。

图 7-14 显示，EI 的批量版本以一种合理的方式评估给定的查询批次，优先考虑那些既有可能产生高目标值又足够分散的批次。

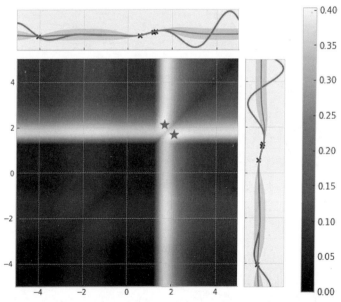

图 7-14　热图展示了对于一维目标函数，批量大小为 2 的批量 EI 策略的获取分数。热图的顶部和右侧图表分别展示了沿轴方向的观测数据和高斯过程对目标函数的当前估计。两颗星标记的两个最优查询对包含了 1.68 和 2.12 这两个值，它们在空间上相对分散

批量 EI 与顺序 EI 的对比

有趣的是，批量 EI 选择的两个点(1.68 和 2.12)与顺序 EI 中获取分数最高的点(1.75)并不同。顺序 EI 与批量 EI 之间的这种差异表明，顺序设置中的最优决策并不一定是批量设置中的最优决策。

在我们的超参数调优示例中，我们已经准备好利用这些初始化来执行批量策略。通过记录并对比每个策略实现的当前最优值，我们可以绘制出图 7-15，该图展示了示例中每个策略的优化进展。我们首先注意到，优化进展是以 4 为一批来绘制的，这很合理，因为我们设定的批量大小就是 4。在性能方面，我们发现 EI 和 UCB 在初期比 PoI 进步更快，但最终三种策略都达到了相近的准确度。

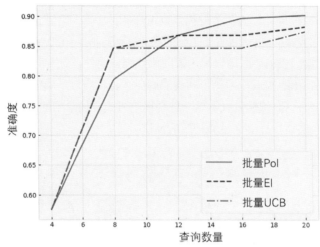

图 7-15   在超参数调优示例中，各种批量贝叶斯优化策略的进展情况。进展以每批四个为单位进行，这是所使用的批量大小

贝叶斯优化中的重复实验

为了在这个超参数调优应用中准确评估这些策略的性能，我们需要使用随机生成的不同初始训练集重复进行实验。请参考第 4 章练习题 2 的第 9 步，了解如何在贝叶斯优化中运行重复实验。

我们现在了解了如何在 BoTorch 中实现 PoI、EI 和 UCB 的批量版本，并且看到了从顺序设置过渡到批量设置只需要对我们的代码进行最小的修改。现在，让我们继续探索剩余的贝叶斯优化策略，即 TS 和 MES，它们需要不同的方法来扩展到批量设置。

7.3　练习题 1：通过重采样将 TS 扩展到批量设置

与其他贝叶斯优化策略不同，由于其采样策略，汤普森采样(TS)可以轻松扩展到批量设置。我们将在本练习题中探讨这种扩展是如何实现的。记得顺序设置中的 TS(我们在 5.3 节中学到的)，会从关于目标函数的当前高斯过程(GP)信念中抽取一个样本，然后查询最大化该样本的数据点。

在批量设置中，我们只需重复从 GP 采样并最大化样本的过程，以构建所需大小的查询批次。例如，如果我们的批量贝叶斯优化问题的批量大小设定为 3，那么我们将从 GP 中抽取三个样本，并将这三个样本中各自的最大值作为查询点，组成我们的查询批次。这个流程如图 7-16 所示，我们不断地从 GP 中抽取样本，并将每个样本中的最大值点添加到当前的批量中，直到达到预定的批量大小。

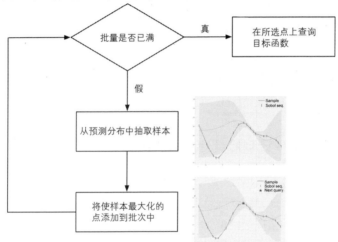

图 7-16　批量 TS 实现的流程示意图。我们不断地从 GP 中抽取样本，
　　　　　并将最大化最新样本的点加入当前的批次中，直到批次达到预定的大小

每次从 GP 抽取样本时，我们都会得到一个不同的目标函数的实现。通过优化从 GP 抽取的多个样本，我们可以轻松地选择多个点，这些点可以引导我们找到目标函数的全局最优解。为了在超参数调优示例中实现并运行这个策略，我们按照 CH07/02 - Exercise 1.ipynb 中的实现步骤操作：

(1) 在 CH07/01 - Batch BayesOpt loop.ipynb 中重建批量贝叶斯优化循环。

(2) 按照 5.3 节的描述，使用 Sobol 采样器实现 TS 策略。

　　a. 使用 2000 个候选点作为 Sobol 采样器的输入。

　　b. 在调用 TS 对象时，指定样本数量等于批量大小：

```
ts = botorch.generation.MaxPosteriorSampling(model, replacement=False)
next_x = ts(candidate_x, num_samples=batch_size)
```

(3) 在超参数调优的目标函数上运行这个 TS 策略，并观察其性能。

> **Sobol 序列**
>
> Sobol 采样器生成 Sobol 序列，这种序列能够比均匀采样序列更好地覆盖空间。关于 Sobol 序列的更多讨论详见 5.3.2 节。

7.4　使用信息论计算一批点的值

现在学习如何将我们工具箱中的最终贝叶斯优化策略——最大熵搜索(MES)扩展到批量设置。与基于改进和基于强化学习的策略不同，MES 在批量设置中运行时需要更加谨慎地考虑。我们将在下一节讨论 MES 的批量版本以及在扩展到批量设置时遇到的问题，最后，我们将讨论如何在 BoTorch 中实现这一策略。

注意　MES 是第 6 章的主题，在该章我们学习了信息论的基础知识以及如何使用 BoTorch 实现 MES 策略。

7.4.1　通过循环求精找到最具信息量的批量点集

在顺序设置中，MES 根据查询候选点后我们将获得关于目标函数最大值 $f*$ 的信息量来为每个候选查询打分。候选点提供的关于最大值的信息越多，它就越有可能引导我们接近目标函数的全局最优解 $x*$。

我们希望在批量设置中采用相同的策略。也就是说，我们想要计算在查询一批候选点之后，能获得关于最大目标值 $f*$ 的多少信息。一批点的信息价值是一个明确定义的数学量，理论上我们可以计算它并将其作为批量设置中的获取分数。然而，在实践中计算这个信息量是非常昂贵的。

主要的挑战在于，为了了解我们能从批量函数评估中获得多少关于 $f*$ 的信息，我们必须考虑所有可能的评估结果。尽管这些评估结果服从多元高斯分布，这在数学上提供了便利，但 $f*$ 的信息增益计算并不会因高斯分布而简化。这种计算上的开销意味着，尽管我们可以为一组点计算获取分数，但这样的计算成本很高且不适合优化。换句话说，寻找最大化 $f*$ 信息量的点集是非常困难的。

注意　通过 L-BFGS(一种准牛顿优化方法，通常比梯度下降法效果更好)在辅助函数 optimize_acqf()中进行搜索，可最大化获取分数。然而，由于批量版本的信息论获取分数的计算方式较为复杂，L-BFGS 和梯度下降法都不能有效地优化这个分数。

贝叶斯优化中的获取分数

记住，获取分数量化了查询或查询批次在帮助我们定位目标函数全局最优解方面的价值，因此在贝叶斯优化循环的每一次迭代中，我们需要识别最大化获取分数的查询或查询批次。有关最大化获取分数的讨论，请参见 4.1 节。

如果我们用信息论中的 L-BFGS 找到下一个最优查询的方法仅适用于顺序设置中的一个候选点，我们如何在批量设置中使用它？我们的策略是循环地逐个使用该方法找到批量中的单个成员，直至收敛。具体来说，我们执行以下操作：

(1) 我们从一个起始批量 $x_1, x_2, \cdots, x_k$ 开始。这个批量可以从搜索空间中随机选取。

(2) 由于 L-BFGS 不能同时对 $x_1, x_2, \cdots, x_k$ 的所有成员运行，我们只对 x_1 运行它，同时保持批量的其他成员 $x_2, x_3, \cdots, x_k$ 固定。L-BFGS 确实可以单独优化 x_1，因为这项任务类似于在顺序设置中最大化获取分数。

(3) 一旦 L-BFGS 为 $x1$ 返回一个值，我们就在保持 x_1 和其他成员 $x_3, x_4, \cdots, x_k$ 固定的情况下对 x_2 运行 L-BFGS。

(4) 我们重复此步骤，直到我们处理完批量的最后一个成员 x_k，此时我们回到 x_1 并重复整个流程。

(5) 我们运行这些优化循环直至收敛——也就是说，直到我们获得的获取分数不再增加。这些步骤如图 7-17 所示。

定义 整个过程被称为循环优化,因为我们按顺序逐个优化批量中的每个成员,直到我们得到一个良好的获取分数为止。

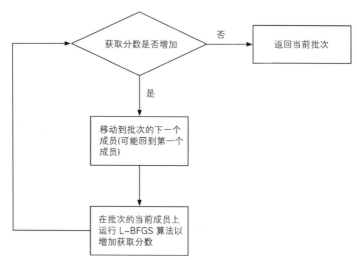

图7-17 循环优化流程图,在批量 MES 中寻找最大化关于最大目标值信息的批次。这个过程是循环的,我们依次优化批量中的每个成员,直至收敛到一个好的获取分数

循环优化策略允许我们绕过在多个点批量运行 L-BFGS 的挑战,因为我们只对单个点运行 L-BFGS,对获取分数进行单独的优化。通过这种优化策略,我们可以在批量设置中实现 MES 策略。

注意 我们可以将循环优化的过程比作艺术家创作一幅画作。艺术家在创作时,可能会专注于画作的某一部分,随着作品的进展,他们会在不同部分之间切换。比如,他们可能先精心描绘前景,然后转向背景,之后再回到前景,每次都会细致地对所处理的部分进行调整。通过这种分阶段、逐步完善的方法,艺术家最终能够完成一幅和谐统一的画作。同样,循环优化策略让我们能够逐一处理优化问题中的各个点,逐步提升整体的性能,直至达到最佳效果。

7.4.2 使用 BoTorch 实现批量熵搜索

我们现在学习如何在 BoTorch 中实现批量 MES 策略,并将其集成到我们的批量贝叶斯优化循环中。幸运的是,上一节讨论的循环优化细节被 BoTorch 抽象化了,我们可以以直接的方式初始化批量 MES。以下代码包含在 CH07/03 -Max-value Entropy Search.ipynb 中。

我们仍然使用超参数调优的例子。首先,要对我们的 GP 模型进行一个小的修改。

具体来说，为了能够对后验 GP 的熵进行推理(也就是对未来观测进行"幻想")，我们的 GP 模型的类实现需要从 botorch.models.model 模块中的 FantasizeMixin 类继承：

```
class GPModel(
    gpytorch.models.ExactGP,
    botorch.models.gpytorch.GPyTorchModel,
    botorch.models.model.FantasizeMixin    ◄──   继承 FantasizeMixin 类使我们能够更
                                                 有效地推理后验高斯过程(GP)
):
    _num_outputs = 1
                        其余的代码保持不变
    ...    ◄──
```

这个类实现的其余代码保持不变。现在，在实现贝叶斯优化迭代的 for 循环内部，我们以与顺序设置相同的方式声明 MES：

1. 从 Sobol 序列中抽取样本，并将它们作为 MES 策略的候选点。这些样本最初在单位立方体内抽取，然后调整大小以覆盖我们的搜索空间。

2. MES 策略使用 GP 模型和之前生成的候选集进行初始化：

```
num_candidates = 2000                                       我们的搜索空间
                                                            是二维的
sobol = torch.quasirandom.SobolEngine(2, scramble=True)  ◄──
candidate_x = sobol.draw(num_candidates)
candidate_x = (bounds[1] - bounds[0]) * candidate_x +
➥bounds[0]    ◄──
                    将候选项重新调整大小以覆盖搜索空间

policy = botorch.acquisition.max_value_entropy_search.qMaxValueEntropy(
    model, candidate_x
)
```

> **Sobol 序列**
> Sobol 序列的首次提及是在 5.3.2 节，针对 TS 策略的讨论。MES 策略的实现同样需要 Sobol 序列，6.2.2 节也介绍了这方面的知识。

虽然批量 MES 策略的初始化与顺序设置中的完全相同，但我们需要一个不同于 optimize_acqf() 的辅助函数，用于实现前一节中描述循环优化过程，以识别最大化关于 f^* 后验信息的批次。

具体来说，我们使用辅助函数 optimize_acqf_cyclic()，这个函数可以从 BoTorch 的优化模块 botorch.optim 中获取。在这里，我们只需要将 optimize_acqf() 替换为 optimize_acqf_cyclic()，其他参数(如界限和批量大小)保持不变：

```
next_x, acq_val = botorch.optim.optimize_acqf_cyclic(
    policy,
    bounds=bounds,
    q=batch_size,
    num_restarts=40,
    raw_samples=100,
)
```

> **BoTorch 维度警告**
>
> 在运行批量 MES 的代码时，你可能会遇到一个警告：
>
> `BotorchTensorDimensionWarning:`
>
> `Non-strict enforcement of botorch tensor conventions. Ensure that target tensors Y has an explicit output dimension.`
>
> 这个警告表明我们没有按照 BoTorch 的惯例来格式化包含观测值 train_y 的张量。然而，这不是一个代码错误，因此为了能够继续使用与其他策略相同的 GP 实现，我们只需要使用 warnings 模块来忽略这个警告。

注意　由于其算法复杂性，批量 MES 策略可能需要相当长的时间来运行。你可以自由跳过运行优化循环的代码部分，直接阅读本章的后续内容。

现在，我们已经准备好在我们的超参数调优示例上运行批量 MES。使用相同的初始训练数据，批量 MES 的进度如图 7-18 所示，这表明该策略与在本次运行中的其他策略表现相当。

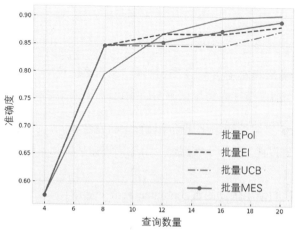

图 7-18　在超参数调优示例中，各种批量贝叶斯优化策略的进展，包括 MES

现在我们了解了将贝叶斯优化策略适配到批量设置的技巧，即能够同时进行多个查询。根据策略的不同，这种适配需要不同层次的考虑。对于基于改进的策略和 UCB，我们采用了一个简单的启发式方法：假定表现最佳的单个查询点能够代表整个批量。在练习题 1 中，我们发现通过重复采样过程，可以轻松地将 TS 策略扩展到批量设置，以构建所需大小的查询集。而对于 MES 策略，我们需要一个经过修改的流程，它使用循环优化来寻找能够最大化获取分数的批量。在接下来的章节中，我们将探讨另一个专门的贝叶斯优化场景，涉及优化目标函数时需要考虑的约束条件。

7.5 练习题 2：优化飞机设计

在这个练习题中，我们将应用本章介绍的批量贝叶斯优化策略于一个模拟的物理优化问题。这个问题是我们迄今为止遇到的维度最高的挑战，它将让我们有机会观察贝叶斯优化如何解决高维的通用黑盒优化问题。具体到本章内容，我们将评估这些批量贝叶斯优化策略在实际优化问题上的表现。

我们关注的是飞机工程师经常面临的航空结构优化问题。在这类问题中，存在众多可调节的参数(每个参数代表搜索空间的一个维度)，它们决定了飞机的运行方式。这些参数可以是飞机的尺寸、机翼的形状和与机身的相对角度，以及涡轮叶片的角度和旋转速度。优化工程师的职责是调整这些参数，以确保飞机的性能达到最佳，或者优化诸如速度和能效等性能指标。

工程师们可能对飞机性能受某些变量影响的方式有所了解，但要验证一个实验飞机设计的有效性，最好的方法是通过计算机模拟来观察飞机的表现。在这些模拟中，我们会根据飞机在不同性能指标上的表现来评估设计方案。有了这些模拟工具，我们可以将调优过程视作一个黑盒优化问题。也就是说，我们可能不清楚每个可调整参数如何具体影响模拟飞机的性能，但我们的目标是优化这些参数，以达到最佳效果。

本练习题提供了一个目标函数，模拟了评估飞机设计性能的基准测试过程。代码可以在 CH07/04-Exercise 2.ipynb 中找到。本练习题分为几个步骤：

(1) 实现一个模拟性能基准测试的目标函数。这个函数包含四个参数，通过以下代码计算出飞机效用得分。由于我们将此函数视为一个黑盒，我们假设对其内部工作机制和输出生成过程一无所知：

```
def flight_utility(X):
    X_copy = X.detach().clone()
    X_copy[:, [2, 3]] = 1 - X_copy[:, [2, 3]]
    X_copy = X_copy * 10 - 5
```

```
return -0.005 * (X_copy**4 - 16 * X_copy**2 + 5 * X_copy).sum(dim=-1) + 3
```

这四个参数代表了飞机的不同设置，并且被缩放到 0 到 1 之间。也就是说，我们的搜索空间是一个四维的单位超立方体。虽然这些参数的名称对于我们的黑盒优化方法来说并非必需，但它们分别如下：

```
labels = [
    "scaled body length",
    "scaled wing span",
    "scaled ?",
    "scaled ?"
]
```

尽管直接想象一个四维函数的全貌相当困难，但我们可以展示函数在二维空间中的行为。图 7-19 展示了在我们可以调整的不同参数对下，目标函数的表现，揭示了这些二维空间中的复杂非线性模式。

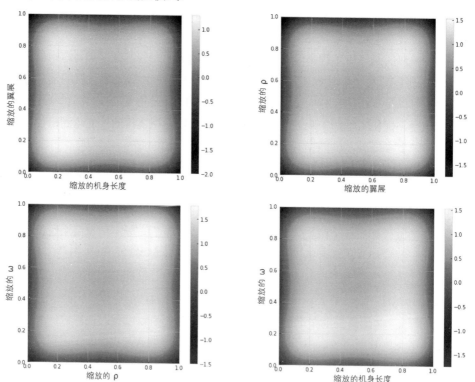

图 7-19   在各种二维子空间中模拟的飞机设计优化问题的目标函数，其中，轴标签对应于可调参数对。亮点表示高目标值，这是我们的优化目标；暗点表示低目标值

再次，我们的目标是使用贝叶斯优化来找到这个函数的最大值。

(2) 实现一个具有常数均值函数和 Matérn 2.5 核的 GP 模型，输出尺度通过 gpytorch.kernels.ScaleKernel 对象实现：

    a. 在初始化核函数时，我们需要指定 ard_num_dims = 4 参数，以反映我们的目标函数是四维的这一事实。

注意　我们在 3.4.2 节以及第 3 章的练习题中学习了如何使用 Matérn 核。

(3) 实现一个辅助函数，用于在给定的训练数据集上训练 GP。这个函数应该接收一个训练集，使用梯度下降法训练 GP 以最小化负对数似然，然后返回该 GP 及其似然函数。有关如何实现这个辅助函数的内容，请参见 4.1.1 节。

(4) 定义我们优化问题的设置：

    a. 搜索空间是一个四维的单位超立方体，所以我们应该有一个名为 bounds 的变量来存储以下张量：

```
tensor([[0., 0., 0., 0.],
        [1., 1., 1., 1.]])
```

我们将这些边界传递给稍后在练习题中运行的贝叶斯优化策略。

    b. 在每次实验运行中，贝叶斯优化策略总共可以对目标函数进行 100 次查询(即 100 次函数评估)，每一批查询五次。我们还对每种策略重复实验五次。

(5) 在之前实现的目标函数上运行我们在本章学到的每种批量贝叶斯优化策略：

    a. 每个实验都应以随机选择的函数评估作为训练集开始。

    b. 记录在整个搜索过程中找到的最佳值。

    c. 对于 TS 和 MES，使用一个包含 5000 个点的 Sobol 序列。

    d. 在高维问题中运行 MES 是计算成本非常高的。减轻这个负担的常见策略是限制循环优化的次数。例如，为了在五个周期后终止 MES 获取分数的优化，我们可以通过将 cyclic_options={"maxiter": 5} 传递给辅助函数 optimize_acqf_cyclic()来运行这个更轻量级的 MES 版本。可在实验中运行这个更轻量级的版本。

(6) 绘制我们已经运行的贝叶斯优化策略的优化进度，并观察它们的性能表现。每种策略都应绘制一条曲线，显示平均最佳观测点(作为查询次数和标准误差的函数)。有关如何将结果可视化的更多细节，请参见第 4 章练习题 2 的最后一步。

7.6 本章小结

- 在现实世界中的许多黑盒优化问题中，我们可以同时并行执行多个实验(函数评估)。利用这种并行性，我们可以在贝叶斯优化中进行更多实验，并有可能获得更好的性能。

- 在批量贝叶斯优化的每次迭代中，我们会选出一批查询点，并在这些点上评估目标函数。这种设置要求贝叶斯优化策略能够根据这些查询的有用性对一批查询进行评分，以帮助我们找到全局最优解。

- 将贝叶斯优化策略扩展到批量设置并不像在顺序设置中那样简单，即直接选择得分最高的数据点。这样做会导致选中的查询点彼此非常接近，从而失去了并行的优势。

- PoI(改进概率)、EI(期望改进)和UCB(上置信界)这三种贝叶斯优化策略可以使用相同的策略扩展到批量设置。这种策略通过查询批次中的最大值来衡量整个批次的价值。在数学上，这意味着我们需要将获取分数重构为某种感兴趣量的平均值。

- 由于其随机性，TS策略可以轻松地扩展到批量设置。与顺序设置中从高斯过程中采样并最大化一次样本不同，批量TS策略会重复采样和最大化操作，直到达到预定的批量大小。

- 计算多个点的信息量值在计算上是一个难题。这个难题使得L-BFGS算法——优化函数optimize_acqf()中使用的算法——无法在批量MES策略中寻找最大化特定策略获取分数的点或点集。为了克服在批量MES中使用L-BFGS的计算难题，我们采用了循环优化策略。这种策略通过循环方式逐个优化当前查询批量中的成员，直到获取分数收敛。在BoTorch中，循环优化可以通过辅助函数optimize_acqf_cyclic()实现。

- 为了提高优化效率，在使用optimize_acqf()和optimize_acqf_cyclic()等辅助函数寻找最大化特定策略获取分数的批量时，正确指定批量大小至关重要。我们通过设置参数q为期望的批量大小来实现这一点。

- BoTorch中的大多数贝叶斯优化策略实现都遵循与顺序设置相同的接口。这种一致性使得程序员能够轻松地将代码迁移到批量设置，而无需大量的修改工作。

第8章

通过约束优化满足额外的约束条件

本章主要内容
- 带约束的黑盒优化问题
- 在贝叶斯优化(BayesOpt)中做决策时考虑约束条件
- 实现具有约束感知的贝叶斯优化策略

在之前的章节中，我们处理了一类黑盒优化问题，这些问题的目标仅是最大化目标函数，而没有其他额外的考虑。这类问题被称为无约束优化问题，因为我们可以在搜索空间内自由地寻找目标函数的全局最优解。然而，现实世界中的许多情况并非如此简单，目标函数的最优解可能伴随着一些实际无法承受的代价，使得这个最优解在实际操作中不可行。

例如，在优化神经网络架构的过程中，你可能会发现增加网络的层数通常能提升准确率，而且拥有数百万甚至数十亿层的网络可能会表现最佳。然而，除非我们能够使用昂贵且高性能的计算资源，否则运行如此庞大的神经网络是不现实的。换句话说，运行大型神经网络会产生高昂成本，而这在超参数调优任务中对应于目标函数的全局最优解。因此，在调整神经网络时，我们必须将考虑到这种计算成本，并且只寻找实际中可行的网络架构。

再比如，在科学探索领域，尤其是化学和材料科学中，我们经常遇到需要考虑额外约束条件的黑盒优化问题。例如，研究人员致力于开发具有理想特性的化学品和材料，如能高效治疗疾病的药物、能承受巨大压力的玻璃，或是易于加工的金属。然而，往往效果最佳的药品可能伴随严重的副作用，使用风险较高；而最坚固的玻璃可能成本过高，难以实现大规模生产。

这些都是约束优化问题的例子，我们的目标是在满足一定约束条件的前提下优化目标函数。如果我们只关注目标函数的最大化，可能会得到违反关键约束的解决方案，这样的结果在实际应用中是没有价值的。因此，我们需要在搜索空间内寻找那些既能实现高目标函数值又能满足重要约束的区域。

在这一章，我们将探讨带有约束条件的优化问题，并看到这些约束条件如何可能彻底改变优化问题的解。为应对这些约束，贝叶斯优化领域发展出了约束感知的优化策略。我们会接触到一种能够感知约束的期望改进(EI)策略的变体，并学习如何在BoTorch 中实现它。通过本章的学习，你将理解约束优化问题的本质，掌握如何利用贝叶斯优化来解决这类问题，并认识到我们采用的约束感知策略相较于不考虑约束的策略有着显著的优势。这些知识将帮助我们在实际生活中更有效地应对贝叶斯优化问题，做出更加明智的决策。

8.1　在约束优化问题中考虑约束条件

如引言所述，现实世界中存在许多约束优化问题：研发高效且副作用最小的药物，寻找既具有理想特性又成本低廉的材料，或者在保持计算成本低廉的同时进行超参数调优。

注意 我们专注于不等式约束，要求结果 y 位于一个预定的数值范围 $a \leqslant y \leqslant b$ 内。

在下一节，我们首先更详细地研究约束优化问题，并了解它与前几章讨论的无约束问题在数学层面有何不同。然后，我们将重新定义我们迄今为止一直使用的贝叶斯优化框架，以考虑额外的约束条件。

8.1.1　约束条件对优化问题解的影响

约束条件如何使黑盒函数的优化变得复杂？在许多情况下，搜索空间内给出高目标值的区域可能会违反伴随优化问题而来的约束条件。

注意 在优化问题中，我们的目标是找到能产生高目标值的区域，因为我们希望最大化目标函数的值。

如果高目标值的区域违反了既定的约束条件，我们必须排除这些区域，仅在满足约束条件的其他区域进行搜索。

定义　在约束的优化问题中，如果某个数据点违反了既定的约束条件，我们称其为不可行点，因为将其作为问题的解决方案是不现实的。相反，满足所有约束条件的数据点则被称为可行点。我们的目标是寻找那个能够最大化目标函数值的可行点。

约束条件可能会对无约束优化问题的最优解产生显著影响，甚至完全改变最优解。以图 8-1 为例，我们的目标函数(实线)是之前章节中使用的 Forrester 函数。此外，我们还有一个成本函数(虚线)。假设在这个约束优化问题中，约束条件是成本必须控制在零以下，即成本 $c \leqslant 0$。这意味着只有图 8-1 右侧阴影区域内的点才是可行的，可以作为优化的结果。

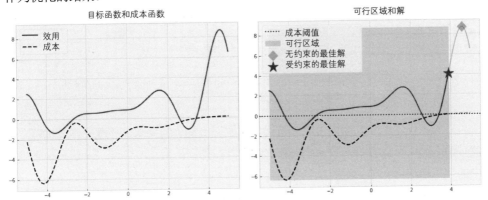

图 8-1　一维约束优化问题的例子。实线是目标函数，虚线是约束优化问题的成本函数。只有产生负成本的阴影区域(右)是可行的。这里，非正成本的约束导致最高目标值从 8 下降到 4

注意　在 2.4.1 节中，我们首先将 Forrester 函数作为贝叶斯优化(BayesOpt)的示例目标函数。

因此，包含真实全局最优值的区域(在右侧图表中用钻石标记表示的 $x > 4$ 的区域)被排除在外。也就是说，产生超过 8 的目标值的全局最优解变得不可行，而受约束的最优解(用星号表示)只能达到大约 4 的目标值。这种"截断"情况的一个例子是，当一种有效药物的副作用过于严重时，制药公司可能会选择使用该药物的一个药效较差但安全性更高的变体。

图 8-2 展示了一个目标函数的例子，以及一个略有差异的成本函数，这个额外的成本约束改变了我们优化问题的最优解。在没有约束的情况下，目标函数的全局最优点位于 $x = 4.6$。然而，这个点是不可行的，因为它导致了一个正的成本值，从而违反了我们的约束条件。约束问题的最优解位于 $x = 1.6$。这可能是由于存在某些高效药物的整个系列对患者有害，无法生产的情况，这时我们就需要寻找化学成分与这些有害药物不同的其他解决方案。

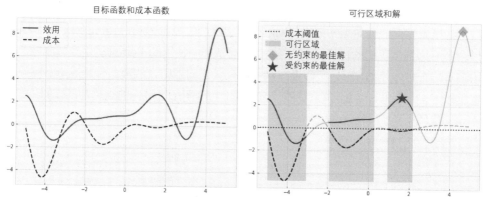

图 8-2 一个一维约束优化问题的例子。在这里，由于非正成本约束排除了 $x > 3$ 的区域，最优解变成了另一个局部最优

总的来说，不等式约束可能会对优化问题提出复杂的要求，并改变其最优解。也就是说，约束可能会将函数的全局最优解排除在外，认为它不可行——这是现实世界中的常见情况：

- 那些规模庞大到令人望而却步的神经网络虽然在预测性能上表现出色，但在实际应用中却难以实现。
- 最有效的药物往往过于激进，生产起来风险太大。
- 最佳材料的成本过高，无法采用。

我们不能使用违反约束条件的无约束最优点，而需要调整我们的优化策略，以考虑约束条件并找到最优可行解。也就是说，我们需要同时追求两个目标：优化目标函数和满足给定的约束条件。仅优化目标函数而不顾及约束条件将导致不可行的解决方案，这些方案在实践中无法使用。相反，我们需要找到既产生高目标值又满足约束条件的点。

8.1.2　约束感知的贝叶斯优化框架

如何从贝叶斯优化的角度解决这个带约束的优化问题？在本节中，我们将学习如何修改贝叶斯优化框架，以考虑带约束优化问题中的约束条件。

在贝叶斯优化(BayesOpt)中，我们使用高斯过程(GP)来训练我们从目标函数观测到的数据点，并据此对未观测的数据进行预测。在带约束的优化中，我们还有一个或多个定义我们需要满足的约束条件的函数。例如，在 8.1.1 节中，图 8-1 和 8-2 中的虚线表示的成本函数定义了解决方案需要满足非正成本的约束条件。

注意　可以参阅 1.2.3 节和 4.1.1 节来回顾 BayesOpt 框架。

我们假设，就像目标函数一样，我们不知道真实的成本函数是什么样。换句话说，成本函数是一个黑盒。我们只能观察到我们查询目标函数时得到的数据点的成本值，然后从这些值来判断这些数据点是否满足约束条件。

注意　如果我们确切知道定义约束的函数是什么样，我们可以简单地确定可行区域，并将我们的搜索空间限制在这些可行区域内。但在我们的约束优化问题中，我们假设约束也是黑盒。

由于我们只能以黑盒的方式访问定义约束的函数，我们也可以对每个函数使用 GP 进行建模。也就是说，除了用于建模我们目标函数的 GP 之外，我们还需要为每个定义约束的函数使用更多的 GP，以指导我们关于接下来在哪里查询目标函数的决策。我们遵循相同的程序来训练这些 GP——只是需要为每个 GP 使用适当的训练集：

- 用于建模目标函数的 GP 基于观测到的目标值进行训练。
- 用于建模约束定义函数的 GP 基于观测到的成本值进行训练。

我们的约束贝叶斯优化框架，即图 1-6 的修改版本，如图 8-3 所示，其中：

- 第一步，我们在目标函数的数据上训练一个 GP，同时在定义约束的每个函数的数据上训练另一个 GP。
- 第三步，我们使用贝叶斯优化策略确定的点来查询目标函数和定义约束的函数。

图 8-3 中的第一步和第三步实施起来相对简单：我们只需要同时维护多个 GP 模型，记录相应的数据集，并确保这些数据集保持最新。更引人入胜的问题出现在第二步：决策制定。也就是说，我们应该如何构建一个贝叶斯优化策略，以便引导我们朝着既可行又具有高目标值的区域前进？这是我们在下一节讨论的重点。

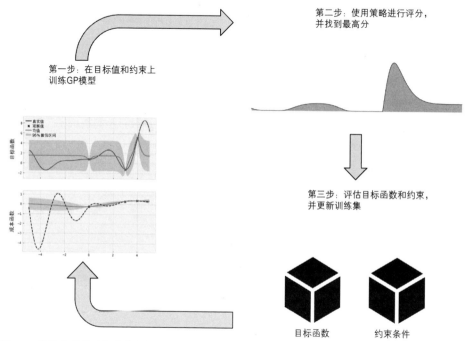

图 8-3　带约束的贝叶斯优化循环。分别为目标函数或定义约束的函数建立独立的 GP 模型。贝叶斯优化策略会推荐下一个点，以便我们同时查询目标函数和定义约束的函数

8.2　贝叶斯优化中的约束感知决策

一个有效的约束贝叶斯优化策略需要同时满足优化和约束的目标。设计这种策略的一个直接方法是将约束整合到无约束贝叶斯优化策略的决策过程中。也就是说，我们希望调整已知的策略，使其在约束优化问题中考虑约束，并推导出一个约束感知的决策制定过程。

在这个问题中,我们选择采用 EI 策略进行优化,这一策略在 4.3 节已介绍过(稍后,我们还会讨论其他贝叶斯优化策略)。EI 策略的核心在于,它为每个尚未观测的数据点赋予一个分数,这个分数反映了如果我们在该点评估目标函数,相较于当前最佳解(现任),预期能实现的改进程度。

定义　"现任"(incumbent)这个术语指的是在我们训练集中具有最高目标值的点,我们需要"超越"这个点才能在优化过程中取得进展。

EI 使用获取分数,它计算的是每个潜在查询的平均改进值,但在带约束的优化问题中,它忽略了不等式约束,所以我们不能直接使用 EI 来优化带约束的目标函数。幸运的是,有一个简单的方法来考虑这些约束:我们可以将每个未观测点的 EI 获取分数乘以该数据点满足约束的概率,也就是数据点是可行点的概率。

- 如果数据点很可能满足约束条件,那么它的 EI 分数将乘以一个大的数(高可行性概率),从而保持 EI 分数较高。
- 如果数据点不太可能满足约束条件,它的 EI 分数将乘以一个小的数(低可行性概率),从而降低该数据点的优先级。

提示　约束版本的 EI 分数是常规 EI 分数与数据点满足约束条件的概率的乘积。

这个考虑约束的 EI 变体分数公式如图 8-4 所示。这个分数是两项的乘积:EI 分数鼓励优化目标函数,而可行性概率鼓励保持在可行区域内。正如 8.1.1 节所指出的,这种在优化目标函数和满足约束条件之间的平衡正是我们所追求的。

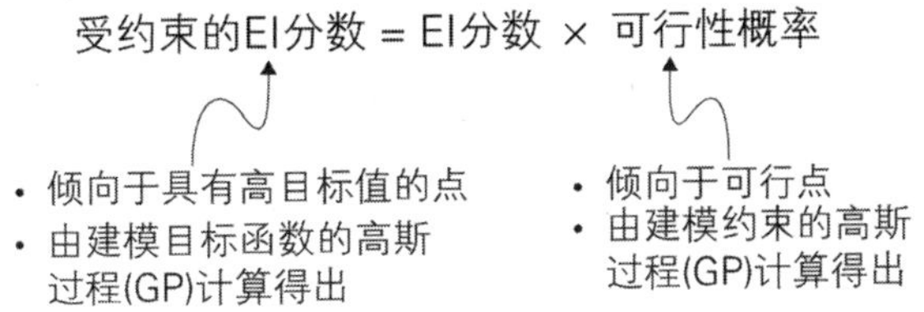

受约束的EI分数 = EI分数 × 可行性概率

- 倾向于具有高目标值的点
- 由建模目标函数的高斯过程(GP)计算得出

- 倾向于可行点
- 由建模约束的高斯过程(GP)计算得出

图 8-4　受约束 EI 的获取分数公式是常规 EI 分数与可行性概率的乘积。这一策略旨在同时优化目标值并满足约束条件

我们已经知道如何计算 EI 分数,但是如何计算第二个项——即给定数据点是可行点的概率呢?正如图 8-4 所示,我们可以通过建模约束的 GP 来实现这一点。具体来说,每个高斯过程提供了关于约束函数形状的概率信念。基于这种概率信念,我们可以计算一个未观测数据点满足相应不等式约束的概率。

以图 8-2 中的约束优化问题为例，假设我们在 $x=0, x=3$，和 $x=4$ 处观测到了目标函数和成本函数的数据。基于这个训练集，我们训练了两个 GP，一个用于目标函数，另一个用于成本函数，并得到了图 8-5 所示的预测结果。

现在，假设我们想要计算 $x=1$ 的约束 EI 分数。计算常规 EI 分数的方法已知，所以我们现在只需要计算 $x=1$ 是一个可行数据点的概率。为此，我们需要查看图 8-6 所示的正态分布，它代表了我们对 $x=1$ 处成本值的预测。

图 8-6 的左侧部分展示了与图 8-5 底部相同的 GP，但它在约束阈值 0 处被截断，并在 $x=1$ 处展示了正态分布预测的置信区间(CI)。在 $x=1$ 处对 GP 进行垂直切片，我们得到了图 8-6 的右侧部分，其中两个部分的置信区间保持一致。换句话说，从图 8-6 的左侧部分过渡到右侧部分，我们放大了垂直比例尺，不再显示成本函数，而是仅保留了成本约束(虚线)和在 $x=1$ 处的 GP 预测，即一个正态分布。可以看到，右侧部分中正态分布的高亮区域代表了 $x=1$ 满足成本约束的概率，这是我们关注的重点。

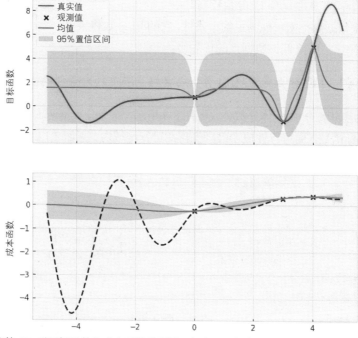

图 8-5　相应的 GP 对目标函数和成本函数的预测。每个 GP 都允许我们以概率方式推断出相应函数的形状

如果图 8-6 让你想起了图 4-9 和图 4-10 中关于 PoI 策略的内容，那是因为这两种情况下的思考过程是相同的：

- 使用 PoI 策略时，我们计算给定数据点产生的目标值高于当前最优值的概率。因此，我们使用当前最优值作为下限，只关注目标值高于当前最优值的情况。

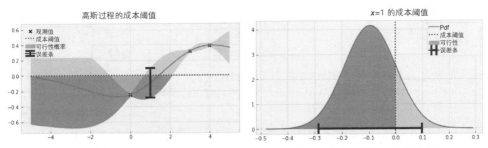

图 8-6　$x=1$ 处是可行点的概率，以更深的阴影突出显示。左侧部分显示了整个高斯过程(GP)，而右侧部分仅显示了在 $x=1$ 处预测的正态分布(两个部分的误差条相同)。在这里，可行性服从截断的正态分布

- 在计算可行性概率时，我们计算给定数据点产生的成本值低于成本阈值的概率。我们将 0 作为上限，目标是成本值低于阈值(以满足成本约束)。

处理不同的不等式约束

在当前的例子中，约束条件要求成本小于 0。如果我们有一个约束条件要求函数值高于某个阈值，那么可行性的概率将是给定点产生高于某个阈值的函数值的概率，即图 8-6 中的阴影区域将位于截断线的右侧。

如果存在一个约束条件要求值落在某个范围内($a \leqslant y \leqslant b$)，那么可行性的概率将是数据点给出的值位于该范围上下界之间的概率。

在我们的示例中，我们想要计算 $x=1$ 处的成本值低于 0 的概率，这对应于图 8-6 右侧部分曲线下方阴影区域的面积。正如我们在第 4 章 4.2.2 节中看到的，正态分布允许我们使用累积分布函数(CDF)来计算曲线下的面积。在图 8-6 中，$x=1$ 可行的概率大约是 84%——这是我们在图 8-4 中用来计算约束 EI 获取分数的第二项。

此外，我们可以在搜索空间内的任何点计算这个可行性概率。例如，图 8-7 展示了 $x=-1$(中心部分)和 $x=2$(右侧部分)处的截断正态分布。正如我们所看到的，给定点的可行性概率取决于该点的预测正态分布：

- 在 $x=-1$ 处，几乎所有的预测正态分布都位于成本阈值 0 的下方，因此这里的可行性概率很高，接近 98%。
- 在 $x=2$ 处，只有一小部分正态分布在成本阈值下方，导致可行性的概率要低得多，大约只有 6%。

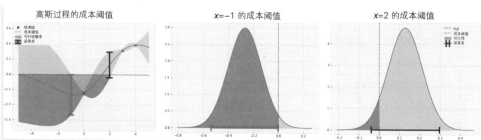

图 8-7 在 $x=-1$ 和 $x=2$ 处的可行性概率，以较深的阴影突出显示。左侧面板显示整个高斯过程(GP)，中间面板显示 $x=-1$ 处的预测，右侧面板显示 $x=2$ 处的预测。突出显示的部分显示了可行性概率，这取决于给定点处的正态分布

有了计算任何给定点可行性概率的能力，我们现在可以计算图 8-4 中描述的约束 EI 获取分数。同样，这个分数在可能的高目标值(由常规 EI 分数量化)和满足不等式约束(由可行性概率量化)之间取得了平衡。

图 8-8 在右下角的部分展示了这个分数，同时还有常规的 EI 分数和当前的 GP 模型。我们注意到，受约束的 EI 策略考虑到了我们需要满足的成本约束，并在空间右侧 $(x>2)$ 的区域给出了接近零的分数。这是因为成本 GP(右上角部分)认为这是一个不可行的区域，应该避开。最终，常规的 EI 策略建议将不可行点 $x=4$ 作为下一个查询点。相比之下，受约束的 EI 策略则推荐 $x=-0.8$，这个点确实符合我们的成本约束。

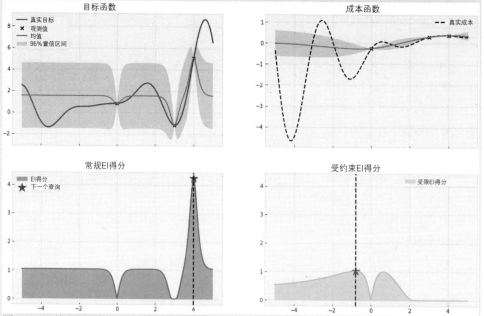

图 8-8 EI 的获取分数(左下)以及约束期望改进(右下)的获取分数，与我们对目标函数(左上)和成本函数(右上)的当前信念。通过感知到成本约束，约束 EI 可以避免不可行区域，并推荐一个与常规 EI 完全不同的查询点

我们找到了一个将常规策略转化为考虑约束的 BayesOpt 策略的有效方法：将策略的获取分数与可行性概率相乘，以考虑不等式约束。有趣的是，将可行性概率因子添加到 EI 中并不仅仅是一种启发式方法——图 8-4 中的公式可以通过一个无启发式、更严格的数学过程来推导。感兴趣的读者可以参考一篇定义了约束 EI 策略的研究论文以获取更多细节(http://proceedings.mlr.press/v32/ gardner14.pdf)。

虽然我们可以将相同的启发式方法用于其他我们已经学过的贝叶斯优化策略，如 UCB、TS 和熵搜索，但数学上严格的程序将不再适用。此外，在撰写本文时，BoTorch 仅支持有约束的 EI，而约束 EI 在实践中也被广泛用于解决有约束的优化问题。因此，我们仅关注有约束的期望改进及其优化结果，这将是我们本章其余部分的重点。

8.3　练习题 1：手动计算约束 EI

我们在图 8-4 中看到，约束 EI 策略的获取分数是 EI 分数和可行性概率的乘积。虽然 BoTorch 提供的 ConstrainedExpectedImprovement 类实现了约束 EI 分数，但实际上我们可以手动进行计算。在这个练习题中，我们将探索这种手动计算，并验证我们的结果与 ConstrainedExpectedImprovement 类的结果是否一致。这个练习题的解决方案在 CH08/02 - Exercise 1.ipynb 中：

(1) 重新创建 Constrained optimization.ipynb 中使用的约束贝叶斯优化问题，包括目标函数、成本函数、GP 实现，以及训练 GP 模型的辅助函数 fit_gp_model()。

(2) 创建一个 PyTorch 张量，该张量表示-5 到 5 之间的密集网格，例如，使用 torch.linspace()方法来生成这个张量。这个张量将作为我们的测试集。

(3) 通过在我们的搜索空间(在-5 和 5 之间)随机采样 3 个数据点来创建一个简单训练数据集，并在这些点上评估目标和成本函数。

(4) 使用辅助函数 fit_gp_model()，在目标函数的数据上训练一个 GP，在成本函数的数据上也训练一个 GP。

(5) 使用在成本函数数据上训练的 GP 来计算测试集中每个点的可行性概率。你可以使用 torch.distributions.Normal 类来初始化一个正态分布对象，并在 0 上调用这个对象的 cdf()方法(实现为 torch.zeros(1))，以计算每个数据点产生低于 0 的成本的概率。

(6) 初始化一个常规的 EI 策略，模型参数为在目标函数数据上训练的 GP，best_f 参数为当前可行的最优解：

　　a. 计算测试集中每个点的期望改进分数。

　　b. 有关实现期望改进策略的更多细节，请参见 4.3 节。

(7) 初始化一个约束 EI 策略，并计算测试集中每个点的约束 EI 分数。

(8) 计算 EI 分数与可行性概率的乘积，并验证这个手动计算的结果与 BoTorch 实现的结果是否相同。你可以使用 torch.isclose(a, b, atol=1e-3)对两个张量 a 和 b 进行逐元素比较，指定 atol=1e-3 以考虑数值不稳定性，以验证所有对应的分数是否匹配。

(9) 在图表中绘制 EI 分数和约束 EI 分数，并直观地验证前者总是大于或等于后者。使用图 8-4 展示这一点。

8.4 使用 BoTorch 实现约束 EI

虽然我们可以手动将两个量相乘，即 EI 分数乘以可行性概率，以创建一个新的获取分数，但 BoTorch 已经处理了底层细节。这意味着我们可以从 BoTorch 导入约束 EI 策略，并像使用其他任何 BayesOpt 策略一样使用它，而不需要太多额外的工作。我们将在这一部分学习如何做到这一点，相关代码包含在 CH08/01-Constrained optimization.ipynb 中。

首先，我们需要定义图 8-2 中约束的目标函数和成本函数。在以下代码中，目标函数实现为 objective()，成本函数实现为 cost()。我们的搜索空间在-5 到 5 之间，我们可以创建包含这些边界的变量 bounds，稍后将它们传递给贝叶斯优化策略：

```
def objective(x):
    y = -((x + 1) ** 2) * torch.sin(2 * x + 2)       要最大化的目标函数
    ➥/ 5 + 1 + x / 3
    return y

def cost(x):
    return -(0.1 * objective(x) + objective(x - 4))    成本函数
    ➥/ 3 + x / 3 - 0.5

lb = -5
ub = 5                                                 搜索空间的边界
bounds = torch.tensor([[lb], [ub]], dtype=torch.float)
```

我们还需要一个 GP 模型的类实现，以及一个辅助函数 fit_gp_model()，用于在给定训练数据集的情况下训练 GP。由于约束优化不需要对 GP 及其训练方式进行任何更改，我们可以重用前几章中使用的类实现和辅助函数。有关此实现的更深入讨论，请参见 4.1.1 节。

为了对我们使用的策略的优化性能进行基准测试，我们规定每次贝叶斯优化运行包含 10 次查询，总共运行 10 次：

```
num_queries = 10
num_repeats = 10
```

注意　我们多次运行每个 BayesOpt 策略是为了全面了解策略的性能。有关重复实验的讨论，请参见第 4 章的练习题 2。

最后，我们需要修改我们的 BayesOpt 循环，以考虑图 8-3 中所示的变化。在图 8-3 的第一步——也就是贝叶斯优化循环中每个步骤的开始——我们需要重新训练多个 GP：一个用于目标函数，另一个(或多个)用于约束。

由于我们已经有一个辅助函数 fit_gp_model()用于训练 GP，这一步只需要向这个辅助函数传递合适的数据集。在我们当前的例子中，我们只有一个定义约束的成本函数，因此我们总共有两个 GP 模型需要重新训练，可以使用以下代码：

```
utility_model, utility_likelihood = fit_gp_model(          在目标函数的数据上
    train_x, train_utility.squeeze(-1)                     训练一个 GP
)

cost_model, cost_likelihood = fit_gp_model(                在成本函数的数据上
    train_x, train_cost.squeeze(-1)                        训练一个 GP
)
```

在这里，变量 train_x 包含我们已经评估目标函数和成本函数的位置；train_utility 是相应的目标值，而 train_cost 是成本值。

图 8-3 的第二步是运行一个 BayesOpt 策略，我们稍后会学习如何操作。对于图 8-3 的第三步，我们在由选定的贝叶斯优化策略推荐的数据点(存储在变量 next_x 中)上评估目标函数和成本函数。我们通过在 next_x 处评估目标函数和成本函数来完成这一步：

```
next_utility = objective(next_x)      在推荐的点评估目标函数和
next_cost = cost(next_x)              成本函数

train_x = torch.cat([train_x, next_x])
train_utility = torch.cat([train_utility, next_utility])   更新各种数据集
train_cost = torch.cat([train_cost, next_cost])
```

我们需要执行一个额外的记录步骤是追踪优化过程。与无约束优化问题不同，在无约束优化问题中，我们只需在每一步记录当前最优值(迄今为止观察到的最高目标函

数值)，在这里我们需要在选取最大值之前先排除那些不可行的数据点。为此，我们首先创建一个张量，它有 num_repeats 行(代表每次重复运行)和 num_queries 列(代表每个查询步骤)。这个张量默认只包含一个值，表示如果在贝叶斯优化过程中未能找到任何满足条件的点，那么这个值就是我们的默认评估结果。

查看图 8-2 可知，我们的目标函数在搜索空间内(在-5 和 5 之间)的任何地方都大于-2，因此我们使用-2 作为这个默认值：

```
default_value = -2                    ← 检查是否找到了可行点
feasible_incumbents = torch.ones((num_repeats, num_queries)) * default_value
```

然后，在 BayesOpt 循环的每一步中，我们只记录可行的当前最优值，方法是取过滤后的观测值的最大值：

```
feasible_flag = (train_cost <= 0).any()    ← 检查是否找到了可行点

if feasible_flag:
    feasible_incumbents[trial, i] = train_utility[train_cost <= 0].max()
```

上面的代码已经构建了我们的约束 BayesOpt 循环。现在我们所剩的任务就是选择具体的贝叶斯优化策略来解决约束优化问题。我们选择使用 8.2 节中讨论的约束 EI 策略，通过引入 BoTorch 库中的 ConstrainedExpected- Improvement 类来实现。这个类需要我们提供一些关键参数。

- model：一个包含目标函数(本例中为 utility_model)的 GP 模型列表，以及定义约束的函数(本例中为 cost_model)。我们使用 BoTorch 的 models 模块中的 model_list_gp_regression.ModelListGP 类来创建这个列表，即 ModelListGP (utility_model, cost_model)。
- objective_index：在 models 列表中用于建模目标函数的 GP 的索引。由于在我们的例子中，utility_model 是我们传递给 ModelListGP 的第一个高斯过程，所以这个索引是 0。
- constraints：一个字典，它将定义约束的每个函数的索引映射到一个包含两个元素的列表，该列表存储约束的下限和上限。如果某个约束没有下限或上限，我们使用 None 来代替实际的数值。在我们的示例中，与 cost_model(索引为1)对应的成本最大为 0，因此我们设置 constraints={1: [None, 0]}。
- best_f：当前可行的最优解，如果我们至少找到了一个可行点，则为 train_utility[train_cost <= 0].max()；否则，使用默认值-2。

总的来说，我们按照以下方式初始化有约束的 EI 策略：

```
policy = botorch.acquisition.analytic.ConstrainedExpectedImprovement(
    model=botorch.models.model_list_gp_regression.ModelListGP(
        utility_model, cost_model
    ),
    best_f=train_utility[train_cost <= 0].max(),
    objective_index=0,
    constraints={1: [None, 0]}
)
```

GP 模型
列表

当前可行的最优解

目标函数在模型列表
中的索引

一个字典,将每个约束的索引映
射到其下界和上界

有了约束 EI 策略的实现,现在就让我们将其应用于一维约束优化问题,来看看它的表现如何。为了有一个参照,我们还可以运行常规的 EI 版本,这个版本不考虑约束条件。

图 8-9 展示了这两种策略找到的平均可行最优解值以及随时间变化的误差条。我们可以看到,与常规的 EI 相比,约束版本的策略平均能找到更好的可行解,并且几乎总是能收敛到最佳可能的解。图 8-9 充分展示了我们的约束感知优化策略相比于无视约束的方法的优势。

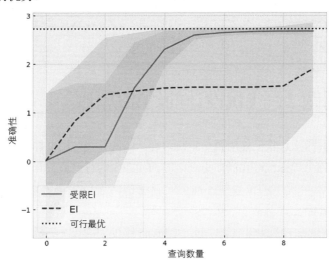

图 8-9　在一维约束优化问题上的约束 EI 的优化进展。与常规的期望改进(EI)相比,约束版本的策略平均能找到更好的可行解

常规的 EI 策略对优化问题上施加的约束视而不见,倾向于选择不可行的最优解。检查这个策略找到的当前最优值,我们注意到在许多次运行中,该策略未能从初始值取得进展:

```
torch.set_printoptions(precision=1)
print(ei_incumbents)

Output:
tensor([[ 0.8,  0.8,  0.8,  0.8,  0.8,  0.8,  0.8,  0.8,  0.8,  0.8],
        [-2.0, -2.0, -2.0, -2.0, -2.0, -2.0, -2.0, -2.0, -2.0, -2.0],
        [ 2.2,  2.2,  2.7,  2.7,  2.7,  2.7,  2.7,  2.7,  2.7,  2.7],
        [ 2.5,  2.5,  2.5,  2.5,  2.5,  2.5,  2.5,  2.5,  2.5,  2.5],
        [-2.0,  0.2,  1.9,  2.3,  2.6,  2.7,  2.7,  2.7,  2.7,  2.7],
        [-2.0,  0.5,  2.1,  2.4,  2.5,  2.5,  2.5,  2.5,  2.7,  2.7],
        [-2.0,  1.5,  2.5,  2.5,  2.5,  2.5,  2.5,  2.5,  2.5,  2.5],
        [-2.0, -2.0, -2.0, -2.0, -2.0, -2.0, -2.0, -2.0, -2.0, -2.0],
        [ 1.9,  1.9,  2.5,  2.5,  2.7,  2.7,  2.7,  2.7,  2.7,  2.7],
        [ 2.7,  2.7,  2.7,  2.7,  2.7,  2.7,  2.7,  2.7,  2.7,  2.7]])
```

在本章中，我们学习了黑盒约束优化问题以及它与前几章讨论的经典黑盒优化问题的不同之处。我们了解到，一个有效的优化策略需要同时追求优化目标函数和满足约束条件。然后，我们设计了这样一种策略，即 EI 的一个变体，在获取分数中添加了一个等于可行性概率的因子。这个新的获取分数使我们的搜索策略偏向于可行区域，从而更好地引导我们找到可行最优解。

在下一章中，我们将讨论一个新的贝叶斯优化场景——多保真度优化。在这个场景中，查询目标函数的成本各不相同。这要求我们在寻找高目标值的同时，还要兼顾我们的查询预算。

8.5 练习题 2：飞机设计的约束优化

在这个练习题中，我们使用第 7 章练习题 2 中的飞机效用目标函数来解决一个约束优化问题。这个过程允许我们在更高维度的问题上运行约束贝叶斯优化，而在这个问题中，可行性最优解的位置并不明显。这个练习题的解决方案包含在 CH08/03-Exercise 2.ipynb 中：

(1) 重新创建在 CH07/04 - Exercise 2.ipynb 中使用的贝叶斯优化问题，包括名为 flight_utility() 的飞机效用目标函数、搜索空间的边界(四维的单位超立方体)、GP 的实现，以及训练 GP 的辅助函数 fit_gp_model()。

(2) 实现以下成本函数，它模拟了根据四维输入指定的飞机设计的成本：

```
def flight_cost(X):
    X = X * 20 - 10

    part1 = (X[..., 0] - 1) ** 2
```

```
i = X.new(range(2, 5))
part2 = torch.sum(i * (2.0 * X[..., 1:] ** 2 - X[..., :-1]) ** 2, dim=-1)

return -(part1 + part2) / 100_000 + 2
```

图 8-10 展示了我们可以调整的各种参数对的成本函数，展示了这些二维空间中复杂的非线性趋势。

(3) 我们的目标是在满足成本函数 flight_cost()计算出的成本小于或等于 0 的约束条件下，最大化目标函数 flight_utility()：

    a. 为此，我们设定每个实验中贝叶斯优化策略可以进行的查询次数为 50，并指定每个策略需要进行 10 次重复实验。

    b. 如果没有找到可行的解决方案，量化优化进度的默认值应设为-2。

(4) 在这个问题上运行受约束的 EI 策略以及常规的 EI 策略，然后可视化并比较它们的平均进度(包括误差条)。这个图表看起来应该类似图 8-9。

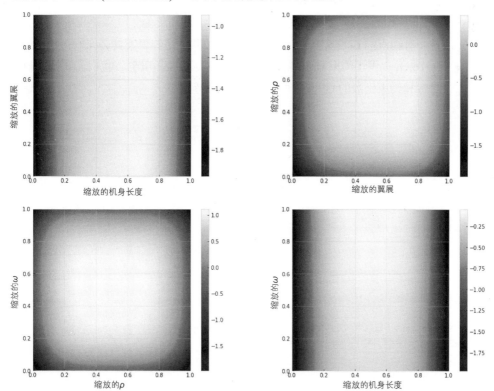

图 8-10　在各种二维子空间中，模拟飞机设计优化问题的成本函数，对应于可调参数对，以轴标签显示

8.6 本章小结

- 约束优化是一种优化问题，在这种问题中，除了优化目标函数外，还需要满足其他约束条件，以获得优化问题的实用解决方案。约束优化在材料和药物发现以及超参数调整中很常见，因为在这些情况下，目标函数的最优值要么难以实现，要么在实际应用中存在风险。

- 在约束优化问题中，满足约束条件的数据点称为可行点，而违反约束条件的数据点称为不可行点。我们的目标是在可行点中找到最大化目标函数的点。

- 约束条件可以极大地改变优化问题的解决方案，可能会切断甚至排除具有高目标值的区域。因此，在优化目标函数时，我们必须充分考虑约束条件。

- 在约束贝叶斯优化框架中，我们对定义约束的每个函数训练一个 GP。这些 GP 允许我们以概率方式推理数据点是否满足约束。具体来说，由于 GP 的预测分布是正态分布，计算给定数据点的可行性概率是相对容易的。

- 我们可以通过将可行性概率添加到获取分数中，来修改 EI 策略以考虑约束条件。有约束的 EI 策略可以在优化目标函数和满足约束条件之间取得平衡。

- BoTorch 提供了约束 EI 策略的类实现。在实现约束 EI 时，我们需要传入模拟目标和约束函数的 GP，并声明约束的上下界。

第 *9* 章

通过多保真度优化平衡效用和成本

本章主要内容
- 具有可变成本的多保真度优化问题
- 在多个来源的数据上训练高斯过程(GP)
- 实现一个考虑成本的多保真度贝叶斯优化(BayesOpt)策略

考虑以下问题:
- 你是否应该相信网上的评论,说你最喜爱的电视剧最新一季不如前几季,你应该停止观看,还是应该花几个周末自己观看,以确定你是否会喜欢新的一季电视剧?
- 在看到他们的神经网络模型经过几个训练周期后表现不佳时,机器学习工程师应该及时止损并转向不同的模型,还是应该继续训练更多个周期,以期获得更好的性能?
- 当物理学家想要理解一个物理现象时,他们是使用计算机模拟来洞察,还是必须进行真实的物理实验来研究这个现象?

这些问题本质上要求决策者在两个可能的选项中做出选择,以便解答他们关心的问题。一方面,他们可以选择一个成本较低的选项,但得到的答案可能因为噪声的干扰而不完全可靠。另一方面,他们可以选择一个成本较高的选项,这样虽然花费更多,但能够获得一个更加确切的结论:

- 阅读关于你最新一季电视节目的在线评论可能只需要几分钟，但有可能评论者与你的品位不同，而你仍然可能会喜欢这个节目。唯一确定的方法是自己观看，但这需要投入大量时间。
- 神经网络在经过若干轮训练之后的表现可能有所提高，但这并不必然预示着其真正的性能水平。然而，更多的训练意味着在可能最终表现不佳的模型上花费更多的时间和资源。
- 计算机模拟可以告诉物理学家许多关于现象的事，但无法捕捉现实世界中的所有细节，因此模拟可能无法提供正确的洞察。另一方面，进行物理实验肯定能解答物理学家的问题，但这将需要花费大量的金钱和精力。

这些情境属于一类被称为多保真度(multifidelity)决策的问题，在这类问题中，我们可以选择在不同的粒度和成本水平上观察某些现象。在较低的层次上观察现象可能成本低廉且易于实施，但它并不能提供尽可能多的信息。另一方面，深入细致地检查现象可能需要更多的努力。这里的"保真度"(fidelity)一词指的是观察结果对所讨论现象真实性的反映程度。成本低廉、保真度低的观察结果是带有噪声的，因此可能导致我们得出错误的结论，而高质量(或高保真度)的观察结果则成本高昂，因此不能频繁进行。黑盒优化也有其多保真度的变体。

定义 多保真度优化是一种特殊的优化挑战，除了要最大化真正的目标函数，我们还可以观察到一些近似值。这些近似值虽然与真实目标函数不完全相同，但它们能够提供有关目标函数的有用信息。与真实目标函数相比，这些低保真度的近似值在计算时成本更低。

在多保真度优化的过程中，我们需要综合利用多个数据源，以便最大限度地了解我们所关心的目标——即目标函数的最优解。本章将深入讨论多保真度优化问题，并从贝叶斯优化的角度介绍如何应对这一挑战。我们将学习一种策略，它能够在了解目标函数的特性和成本之间找到平衡点，从而形成一种在多保真度环境下感知成本的贝叶斯优化策略。接着，我们会探讨如何在 Python 中实现这一优化问题和感知成本的策略。通过学习本章，你将掌握如何执行多保真度贝叶斯优化，并认识到，与仅依赖真实函数的算法相比，我们的成本感知策略在优化过程中更为高效。

9.1 使用低保真度近似来研究成本高昂的现象

我们首先讨论多保真度贝叶斯优化问题的动机、其设置以及该问题在现实世界中的例子。这一讨论将有助于阐明在这种情境下，我们在决策策略中寻求的是什么。

在贝叶斯优化的基本情境中，我们在每一次搜索迭代中都会对目标函数进行评估，并且每次都要慎重地考虑在哪个点进行评估，以便实现最显著的优化效果。这种细致的推理是由于函数评估的成本通常很高，这在昂贵的黑盒优化问题中是一个普遍现象。这里的成本可以指我们在寻找最优网络架构时，不得不等待大型神经网络完成训练所耗费的时间，或者是在药物研发过程中，合成实验性药物并进行实验以验证其疗效所需的资金和精力。

但如果有方法可以在不实际评估目标函数 $f(x)$ 的情况下，衡量函数评估的结果，那将如何呢？也就是说，除了目标函数之外，我们还可以查询一个成本较低的替代函数 $\bar{f}(x)$。这个替代函数 $\bar{f}(x)$ 是目标函数的一个近似，所以评估它并不能告诉我们关于真实目标函数 $f(x)$ 的所有信息。然而，由于 $\bar{f}(x)$ 是 $f(x)$ 的近似，对前者的了解仍然能为我们提供对后者的洞见。我们需要思考的是：如何在使用真实目标函数 $f(x)$（查询成本高但提供精确信息）和使用替代函数 $\bar{f}(x)$（不精确但查询成本低）之间取得平衡呢？这种平衡在图 9-1 中得到了展示，其中真实值 $f(x)$ 是高保真数据源，而替代函数 $\bar{f}(x)$ 是低保真近似。

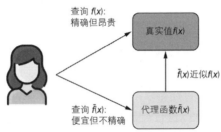

图 9-1　多保真度决策问题的模型，其中智能体需要在查询真实目标函数 $f(x)$ 以获取准确信息，与查询成本较低的代理函数 $\bar{f}(x)$ 之间取得平衡

如引言所述，使用低保真度近似在现实世界中很常见，例如：

- 仅训练少量轮次的神经网络以评估其在某个数据集上的表现。例如，神经网络在 5 轮训练后的表现，可视为其在经过 50 轮优化训练后可能达到的高性能的一个低保真度近似。
- 运行计算机模拟来代替真实实验以研究某些科学现象。这种计算机模拟模仿了现实世界中发生的物理过程，并近似物理学家想要研究的现象。然而，这种近似是低保真的，因为计算机无法准确地反映现实世界。

在一个旨在优化目标函数 $f(x)$ 的多保真度优化问题中，我们可以选择查询高保真度的 $f(x)$ 或低保真度的 $\bar{f}(x)$，以便最好地学习和优化 $f(x)$。当然，查询 $f(x)$ 会提供更多关于 $f(x)$ 本身的信息，但是查询成本阻止了我们多次进行这样的查询。相反，我们可以选择利用低保真度近似 $\bar{f}(x)$，在最小化查询成本的同时，尽可能多地了解我们的目标 $f(x)$。

拥有多个低保真度近似

为简单起见，本章的示例中我们只使用一个低保真度近似 $\bar{f}(x)$。然而，在许多现实世界的情境中，目标函数有多个低保真度近似 $\bar{f}_1(x), \bar{f}_2(x), \ldots, \bar{f}_k(x)$，每个近似都有自身的查询成本和准确性。

我们在下一节学习的贝叶斯方法并不限制我们能够使用的低保真度近似的数量，而且在本章的练习 2 中，我们将解决一个包含两个低保真度近似 $\bar{f}_1(x)$ 和 $\bar{f}_2(x)$ 的多保真度优化问题。

当存在多个低保真度近似(如计算机模拟实验)时，可以通过设置可以控制近似的质量。如果将模拟质量设置为低，计算机程序将运行一个粗糙的现实世界模拟，并更快地返回结果。另一方面，如果将模拟质量设置为高，程序可能需要运行更长时间，以更好地近似现实的实验。目前，我们只使用一个目标函数和一个低保真度近似。

请参考图 9-2，在贝叶斯优化中，除了将 Forrester 作为示例目标函数(用实线表示)之外，我们还有一个目标函数的低保真度近似(用虚线表示)。尽管低保真度近似并不完全符合真实情况，但它捕捉到了后者的大致形状，因此，在寻找目标函数最优解的过程中可能会有所帮助。

例如，由于低保真度近似能够提供关于真实目标函数的信息，我们可以多次查询这个近似，以研究其在搜索空间中的行为，仅在我们想要"精确定位"目标函数最优解时才查询真实值。本章的目标是设计一个 BayesOpt 策略，它能引导我们进行这个搜索过程，并决定在哪里查询以及查询哪个函数，以尽可能快速且经济地优化我们的目标函数。

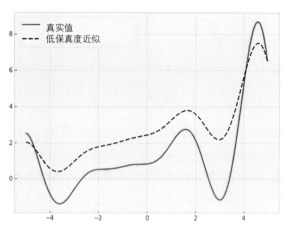

图 9-2 Forrester 函数(实线)及其低保真度近似(虚线)。尽管低保真度近似并不完全符合真实情况，但由于这两个函数的大致形状相同，前者仍能提供有关后者的信息

多保真度贝叶斯优化循环在图 9-3 中进行了总结,与传统的贝叶斯优化循环(如图 1-6 所示)相比,有以下几个显著的变化:

- 在步骤 1 中,GP 训练的数据来自两个来源:高保真度(真实值)函数,以及低保真度近似。也就是说,我们的数据被分为两组:一组是在真实值 $f(x)$ 上评估的数据点集,另一组是在近似 $\bar{f}(x)$ 上评估的点集。在两个数据集上进行训练确保了预测模型能够在只有低保真度数据而没有高保真度数据的区域对目标函数进行推理。

- 在步骤 2 中,贝叶斯优化策略为搜索空间中的每个数据点生成一个获取分数,以量化该数据点在帮助我们识别目标函数最优解方面的价值。然而,不仅是对数据点进行评分,而是对"数据点-保真度"对进行评分;也就是说,策略量化了在特定函数(高保真度或低保真度函数)上查询给定数据点的价值。这个分数需要平衡优化目标和查询成本。

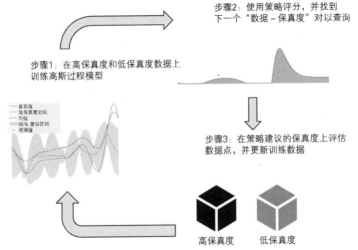

图 9-3　多保真度贝叶斯优化循环。GP 在来自高保真度和低保真度函数的数据上进行训练,而贝叶斯优化策略在循环的每次迭代中决定查询哪里以及哪个函数

- 在步骤 3 中,我们在最大化贝叶斯优化策略的获取分数对应的保真度上查询数据点。然后,我们用新的观测结果更新我们的训练数据集,并返回到第一步,继续我们的贝叶斯优化过程。

在本章的剩余部分,我们将学习多保真度贝叶斯优化循环的组成部分,以及如何在 Python 中实现它们,首先从训练一个 GP 开始,该数据集包括高保真度和低保真度的观测数据。

9.2 高斯过程的多保真度建模

如图 9-3 所示，我们的 GP 模型是在包含多个保真度观测值的综合数据集上进行训练的。这种综合训练使得 GP 能够对目标函数进行预测，即使在只有低保真度观测值的区域也是如此，这为制定优化决策的贝叶斯优化策略提供了信息。在下一节中，我们将学习如何表示一个多保真度数据集，并在该数据集上训练 GP 的一个特殊变体。相关代码包含在 CH09/01 - Multifidelity modeling.ipynb 中。

9.2.1 格式化多保真度数据集

为了构建多保真度优化问题，我们使用以下代码来处理我们一维 Forrester 目标函数及其低保真度近似，如图 9-2 所示。搜索空间在-5 到 5 之间：

```python
def objective(x):
    y = -((x + 1) ** 2) * torch.sin(2 * x + 2) / 5 + 1 + x / 3      真实目标函数
    return y


def approx_objective(x):
    return 0.5 * objective(x) + x / 4 + 2      目标函数的低保真度近似


lb = -5
ub = 5                                                                搜索空间的边界，稍后将由
bounds = torch.tensor([[lb], [ub]], dtype=torch.float)               优化策略使用
```

特别重要的是一个 PyTorch 张量，它存储了我们能够访问的每个保真度函数与我们旨在最大化的真实目标函数之间的相关性信息。假设我们知道这些相关性的值，并声明这个张量 fidelities 如下：

```python
fidelities = torch.tensor([0.5, 1.0])
```

这个张量有两个元素，对应于我们可以访问的两个保真度：一个是 0.5，表示 Forrester 函数 $f(x)$ 与其低保真度近似 $\bar{f}(x)$ (图 9-2 中的实线和虚线)之间的相关性；一个是确切的 1，表示 Forrester 函数与其自身的相关性。

这些相关性值非常重要，因为它们将指导我们稍后训练的高斯过程(GP)应该在多大程度上依赖特定保真度的数据：

- 如果一个低保真度近似与真实目标函数的相关性很高，那么这个近似就能提供大量关于目标的信息。一个极端的例子就是目标函数本身，它提供了关于我们所关注内容的完美信息，因此相关性值为 1。

- 在我们的例子中，一个具有 0.5 相关性值的低保真度近似，虽然提供的关于目标的信息不完全精确，但仍然具有价值。
- 在另一个极端，一个相关性值为 0 的近似并不能告诉我们任何关于目标的信息；一个完全水平的线就是一个例子，因为这个"近似"在整个定义域内是恒定的。

图 9-4 说明了这种相关性的尺度：相关性越高，低保真度近似提供的关于真实情况的信息就越多。

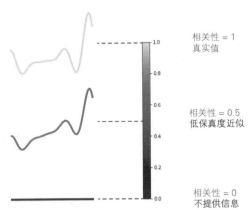

图 9-4 相关性尺度从 0 到 1，表示低保真度近似与真实值之间的相关性。相关性越高，低保真度近似提供的关于真实值的信息就越多

设置保真度变量

一般来说，保真度是一个包含 k 个元素的张量，其中 k 是我们能够查询的函数数量，包括目标函数。这些元素是介于 0 和 1 之间的数字，表示函数与目标之间的相关性。对于后续的学习和决策任务，将 1(即真实目标与其自身的相关性)放在张量的末尾更为方便。

不幸的是，关于如何设定这些保真度值并没有具体的规则；这个决定留给了贝叶斯优化工程师。如果在你自己的用例中不知道这些值，可以根据图 9-4 进行粗略估计，通过估计你的低保真度函数位于高保真度函数(真实值)和一个不提供信息的数据源之间的哪个位置来确定。

有了函数和相关性值，现在让我们创建一个示例训练数据集。我们首先在搜索空间内随机抽取 10 个位置，并将它们存储为张量 train_x：

张量 train_x 有 10 行 1 列，因为我们在一个一维空间内有 10 个数据点。这些数据点中的每一个都与一个保真度相关联(也就是说，每个数据点要么是高保真度的观察结果，要么是低保真度的观察结果)。我们通过在 train_x 中添加一个额外的列来编码这些信息，以指示每个数据点的保真度，如图 9-5 所示。

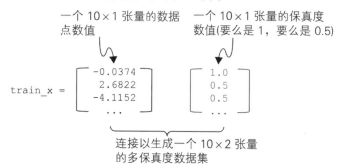

图9-5 格式化多保真度数据集中的特征。每个数据点都与一个保真度相关联；这些保真度值存储在训练集的一个额外列中

注意 我们的目标是在来自两个来源的数据上训练一个 GP：真实值和低保真度函数。为此，我们将随机地将 10 个数据点分配给不同的保真度。

我们使用 torch.randint(2)来随机选择一个介于 0(包含)和 2(不包含)之间的整数，有效地在 0 和 1 之间做出选择。这个数字决定了每个数据点来自哪个函数：0 表示该数据点是在低保真度近似 $\bar{f}(x)$ 上评估的；1 表示该数据点是在目标函数 $f(x)$ 上评估的。然后，我们提取每个数据点对应的相关性值在 fidelities 中，并把这个相关性值数组与我们的训练数据连接起来：

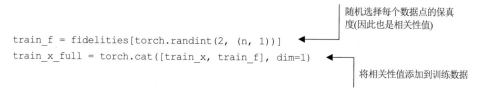

检查完整的训练数据 train_x_full，我们发现前两个数据点是：

```
tensor([[-0.0374, 1.0000],
        [ 2.6822, 0.5000],
        ...
```

第一个数据点是在 $f(x)$ 上评估的

第二个数据点是在 $\bar{f}(x)$ 上评估的

train_x_full 的第一列包含了数据点的位置，介于-5 到 5 之间，而第二列包含了相关性值。这个输出意味着我们的第一个训练点位于-0.0374 处，它是在 $f(x)$ 上评估的。

另一方面，第二个训练点位于 2.6822 处，这次是在 $\bar{f}(x)$ 上评估的。

现在，我们需要适当生成观测值 train_y，以便使用正确的函数进行计算：train_y 的第一个元素等于 $f(-0.0374)$，第二个元素等于 $\bar{f}(x)(2.6822)$，以此类推。为此，我们编写一个辅助函数，接收完整的训练集，其中最后一列包含相关性值，并调用适当的函数来生成 train_y。也就是说，如果相关性值为 1，我们调用 objective()，这是之前定义的 $f(x)$；如果相关性值为 0.5，我们调用 approx_objective() 来获取 $\bar{f}(x)$：

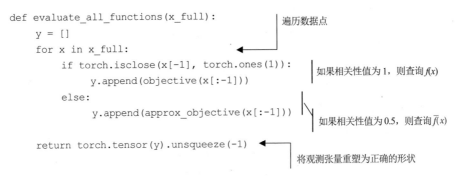

```python
def evaluate_all_functions(x_full):
    y = []
    for x in x_full:                                      ← 遍历数据点
        if torch.isclose(x[-1], torch.ones(1)):           如果相关性值为 1，则查询 f(x)
            y.append(objective(x[:-1]))
        else:                                              如果相关性值为 0.5，则查询 f̄(x)
            y.append(approx_objective(x[:-1]))
    return torch.tensor(y).unsqueeze(-1)                  ← 将观测张量重塑为正确的形状
```

在 train_x_full 上调用 evaluate_all_functions()函数，我们得到了在适当函数上评估的观测值 train_y。我们的训练集在图 9-6 中可视化，其中有三次高保真度观测和七次低保真度观测。

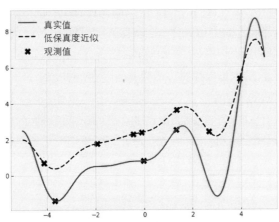

图 9-6　从 Forrester 函数及其低保真度近似中随机抽取的多保真度训练数据集。这个训练集包含三次高保真度观测和七次低保真度观测

这就是我们在多保真度贝叶斯优化中生成和格式化训练集的方式。我们的下一个任务是在该数据集上训练一个 GP，以一种既利用真实情况又使用低保真度近似的方法。

9.2.2　训练一个多保真度高斯过程

在本节中，我们的目标是构建一个 GP 模型，该模型能够处理一系列多保真度的观测数据，并针对目标函数——也就是我们想要最大化的 $f(x)$——给出概率性的预测结果。

请回顾 2.2 节的内容，高斯过程(GP)是一个无穷多变量的多元高斯分布(MVN)。GP 通过协方差函数来建模任意两个变量之间的协方差(因此也是相关性)。正是通过这两个变量之间的相关性，GP 能够在观察到另一个变量的值时，对一个变量进行预测。

> **关于相关性和对变量更新信念的回顾**
>
> 假设有三个变量 A、B 和 C，它们共同由一个三元高斯分布建模，其中 A 和 B 之间的相关性很高，但 A 和 C 之间以及 B 和 C 之间的相关性都很低。
>
> 现在，当我们观察到 A 值时，我们对 B 的更新信念(以 B 值的后验分布表示)的不确定性显著降低。这是因为 A 和 B 之间的相关性很高，所以观察到 A 值为我们提供了关于 B 值的大量信息。然而，对于 C 来说情况并非如此，因为 A 和 C 之间的相关性很低，所以对 C 的更新信念仍然有很大的不确定性。类似内容可参见 2.2.2 节有关住房价格的详细的讨论。

正如我们在 2.2.2 节中学到的，只要我们有办法建模任意两个变量之间的相关性(也就是说，任意两个给定位置的函数值)，我们就可以相应地更新 GP，以反映我们对函数在定义域内任何地方的更新信念。在多保真度设置中，这同样成立：只要我们有办法建模两个观测值之间的相关性，即使其中一个来自高保真度的 $f(x)$，另一个来自低保真度的 $\bar{f}(x)$，我们也可以在目标函数 $f(x)$ 上更新 GP。

我们接下来要做的是使用一个协方差函数，它可以计算两个给定观测值之间的协方差，这两个观测值可能来自相同的保真度，也可能来自不同的保真度。幸运的是，BoTorch 提供了一个修改版的 Matérn 核，它计算了我们训练集中每个数据点相关的保真度相关性值：

- 如果一个数据点的相关性值很高，那么核函数将在该观测数据点与任何附近的点之间产生高协方差，从而允许我们通过一个有信息量的观测值来减少 GP 的不确定性。
- 如果相关性值较低，核函数将输出低协方差，而后验不确定性较高。

注意　我们在 3.4.2 节首次了解了 Matérn 核。虽然这里不再详细介绍多保真度 Matérn 核的细节，但感兴趣的读者可以在 BoTorch 的文档(可访问链接 http://mng.bz/81ZB)中找到更多信息。

由于具有多保真度核的高斯过程被实现为一个特殊的高斯过程类，我们可以从 BoTorch 中导入它，而不必编写自己的类实现。具体来说，这个高斯过程是 SingleTaskMultiFidelityGP 类的实例，它接收多保真度训练集 train_x_full 和 train_y。初始化时还有一个 data_fidelity 参数，应该设置为 train_x_full 中包含相关性值的列的索引。在我们的例子中，这个索引是 1：

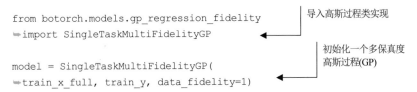

```
from botorch.models.gp_regression_fidelity       ← 导入高斯过程类实现
⮑import SingleTaskMultiFidelityGP


model = SingleTaskMultiFidelityGP(               ← 初始化一个多保真度
⮑train_x_full, train_y, data_fidelity=1)            高斯过程(GP)
```

初始化模型后，我们现在需要通过最大化观测数据的似然度来训练它(关于为什么我们选择最大化似然度来训练 GP 的更多信息，请参考 3.3.2 节)。由于我们所拥有的 GP 是 BoTorch 中一个特殊类的实例，我们可以利用 BoTorch 的辅助函数 fit_gpytorch_mll()，它在幕后促进了训练过程。我们所要做的就是初始化一个(对数)似然对象作为我们的训练目标，并将其传递给辅助函数：

```
from gpytorch.mlls.exact_marginal_log_likelihood import
⮑ExactMarginalLogLikelihood                         ← 导入对数似然目标和
from botorch.fit import fit_gpytorch_mll               训练辅助函数


mll = ExactMarginalLogLikelihood(model.likelihood,  ← 初始化对数似然目标
⮑model)
fit_gpytorch_mll(mll);   ← 训练高斯过程以最大
                            化对数似然
```

令人惊讶的是，仅仅这几行代码就足以在一组观测值上训练一个多保真度高斯过程模型。

BoTorch 关于数据类型和缩放的警告

在运行之前的代码时，GPyTorch 和 BoTorch 的新版本可能会显示两个警告，第一个是：

```
UserWarning: The model inputs are of type torch.float32. It is strongly
recommended to use double precision in BoTorch, as this improves both
precision and stability and can help avoid numerical errors. See
https:/ /github.com/pytorch/botorch/discussions/1444
  warnings.warn(
```

这个警告表明，我们应该使用与默认的 torch.float32 不同的数据类型来提高 train_x 和 train_y 的数值精度和稳定性。为此，我们可以在代码中(在脚本的开头)添加以下

内容:

```
torch.set_default_dtype(torch.double)
```

第二个警告是关于输入特征 train_x 的缩放问题,建议将其缩放到单位立方体内(即每个特征值应在 0 到 1 之间),同时对响应值 train_y 进行标准化处理,使其均值为 0 且方差为 1。

```
InputDataWarning: Input data is not
  contained to the unit cube. Please consider min-max scaling the input data.
    warnings.warn(msg, InputDataWarning)
InputDataWarning: Input data is not standardized. Please consider scaling
the input to zero mean and unit variance.
    warnings.warn(msg, InputDataWarning)
```

以这种方式对 train_x 和 train_y 进行缩放有助于我们更轻松、更稳定地拟合高斯过程。为了保持代码的简洁,这里不会实现这样的缩放,而是使用 warnings 模块来过滤掉这些警告。感兴趣的读者可以参考第 2 章的练习题以获取更多详细信息。

现在,为了验证这个训练好的 GP 是否能够学习训练集,我们可视化了 GP 对 $f(x)$ 在-5 到 5 之间的预测,包括均值和 95%置信区间(CI)。

我们的测试集 xs 是一个密集的网格(包含超过 200 个元素),覆盖-5 到 5 的范围:

```
xs = torch.linspace(-5, 5, 201)
```

与我们在前几章看到的不同,我们需要在这个测试集上增加一个额外的列,表示我们想要预测的保真度。换句话说,测试集 xs 需要与训练集 train_x_full 保持相同的格式。由于我们对 GP 关于 $f(x)$ 的预测感兴趣,我们添加了一个值均为 1 的额外列(1 是 $f(x)$ 的相关性值):

```
with torch.no_grad():
    pred_dist = model(torch.vstack([xs, torch.ones_like(xs)]).T)
    pred_mean = pred_dist.mean
    pred_lower, pred_upper = pred_dist.confidence_region()
```
在测试集上增加保真度列,然后将其传递给模型

禁用梯度跟踪   计算均值预测

这些预测在图 9-7 中可视化,说明了我们多保真度 GP 的几个关键特性:

1. 关于 $f(x)$ 的平均预测值在高保真度观测点附近穿过,这些观测点大致位于-3.6、0 和 1.3。这种插值是合理的,因为这些数据点确实是基于 $f(x)$ 计算得出的。

2. 在那些只有低保真度观测而没有高保真度观测的区域(例如,在-2 和大约 2.7

的位置)，我们对 $f(x)$ 的不确定性仍然有所降低。这是因为即使这些低保真度观测并非直接基于 $f(x)$，它们仍然为我们提供了有关 $f(x)$ 的信息。

3. 在这些低保真度观测中，我们发现位于 4 的数据点可能为优化策略提供重要信息，因为它捕捉到了该区域目标函数的上升趋势。通过利用这一信息，优化策略可以在附近 4.5 的位置找到全局最优解。

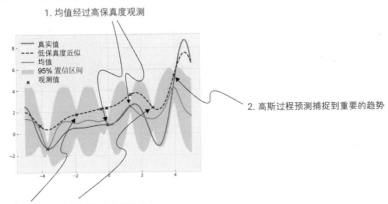

图 9-7　多保真度高斯过程对于目标函数(真实值)的预测。均值预测适当地经过高保真度观测，但在低保真度观测周围，不确定性仍然降低了

图 9-7 表明，GP 已经成功地从多保真度数据集中学习。为了最大限度地提升我们从低保真度观测中学习并预测 $f(x)$ 的能力，我们可以调整生成训练集的方式，使其仅包含低保真度观测。可通过将 train_x_full 中新增列的相关性值设定为 0.5 来实现这一目标：

```
train_f = torch.ones_like(train_x) * fidelities[0]    所有相关性值都是 0.5
train_x_full = torch.cat([train_x, train_f], dim=1)
                                    将相关性值添加到训练集中
```

重新运行到目前为止的最后一段代码，将生成图 9-8 的左侧图，在那里我们可以看到所有数据点确实都来自低保真度近似 $\bar{f}(x)$。与图 9-7 相比，我们对这里的预测更加不确定，这是合理的，因为只观察到低保真度的观测值，GP 对目标函数 $f(x)$ 的了解没有那么深入。

为进一步展示我们的多保真度高斯过程的灵活性，我们可以调整存储在 fidelities 中的相关性值(假设我们知道如何适当地设置这些值)。正如我们在 9.2.1 节中学到的，这个张量中的第一个元素表示 $f(x)$ 和 $\bar{f}(x)$ 之间的相关性，大致意味着高斯过程应该在多大程度上"信任"低保真度观测。通过将第一个元素设置为 0.9(而不是当前的 0.5)，我们可以让低保真度观测显得更重要。也就是说，我们告诉高斯过程从低保真度数据中学习更多，因为它提供了大量关于 $f(x)$ 的信息。图 9-8 中的右图显示了最终的高斯过程，其中我们的不确定性确实比左图的低。

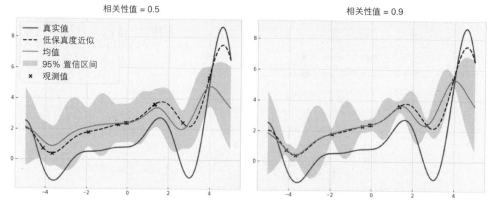

图 9-8 GP 在仅使用低保真度观测数据进行训练后，对目标函数(真实情况)的预测。左图展示了相关性值为 0.5 时的结果；右图展示了相关性值为 0.9 时的结果，后者显示出较低的不确定性

除了多保真度高斯过程模型的灵活性之外，图 9-8 还展示了在保真度张量中拥有正确的相关性值很重要。通过比较图 9-8 中的两个图表，我们可以看到 0.5 是两个保真度之间相关性值的一个更好的选择，而不是 0.9：

- 在右图中，由于我们过分依赖并信任低保真度观测，我们的预测在大部分空间中都未能准确捕捉到真实的目标函数 $f(x)$。
- 在左图中，95% 置信区间适当地更宽，以反映我们对 $f(x)$ 的不确定性

换句话说，我们不希望过高地估计低保真度近似 $f(x)$ 关于目标函数 $f(x)$ 的信息量。

到目前为止，我们已经学会了如何使用多保真度 GP 来建模一个函数。在本章的剩余部分，我们将讨论多保真度优化问题的第二部分：决策制定。更具体地说，我们将学习如何设计一个多保真度优化策略，该策略在贝叶斯优化循环的每一步选择在哪个位置查询以及查询哪个函数。

9.3 在多保真度优化中平衡信息和成本

为了能够在查询的信息量(低保真度或高保真度)与运行该查询的成本之间做出权衡，我们需要有一种方法来建模和推理查询成本。在下一节中，我们将学习如何使用线性模型来表示给定保真度的查询成本。利用这个成本模型，我们随后实现了一个多保真度贝叶斯优化策略，该策略在成本和优化进展之间进行权衡。相关代码存储在 CH09/02 - Multi-fidelity optimization.ipynb 中。

9.3.1　建模不同保真度查询的成本

在多保真度优化问题中，假设我们知道查询每个我们可以访问的函数的成本，无论是目标函数 $f(x)$ 本身还是低保真度近似 $\bar{f}(x)$。为了促进模块化地优化工作流程，我们需要将关于查询每个函数成本的信息表示为成本模型。该模型接收一个给定的数据点(包含一个额外的特征，其中包含相关性值，正如我们在第 9.2.1 节中看到的)，并返回在指定保真度下查询该数据点的已知成本。

由于查询保真度的成本是已知的，所以在这个成本模型中并不涉及预测。我们只需要这个模型公式，以备下一节的优化过程使用。

BoTorch 在 botorch.models.cost 模块中提供了一个名为 AffineFidelityCostModel 的线性成本模型的类实现。这个模型假定不同保真度下的查询成本遵循图 9-9 所示的关系，即在某一保真度上查询数据点的成本与"该保真度与真实函数 $f(x)$ 的相关性"呈线性关系。在图 9-9 中，这一线性趋势的斜率代表了权重参数，同时，任何查询还有一个固定的成本。

低保真度查询的成本 = 固定成本 + 权重 × 低保真度相关性值

高保真度查询的成本 = 固定成本 + 权重 × 高保真度相关性值

可设置的参数

图 9-9　多保真度优化的线性成本模型。查询某个保真度上数据点的成本与"该保真度与真实值 $f(x)$ 之间的相关性"呈线性关系

我们使用以下代码初始化这个线性成本模型，其中我们将固定成本设置为 0，权重设置为 1。这意味着查询一个低保真度数据点将正好花费我们低保真度近似的相关性值，即 0.5(成本单位)。同样，查询一个高保真度数据点将花费 1(成本单位)。在这里，fidelity_weights 参数接受一个字典，该字典将包含 train_x_full 中相关性值的列的索引(在我们的例子中是 1)映射到权重：

```
from botorch.models.cost import AffineFidelityCostModel

cost_model = AffineFidelityCostModel(          查询的固定成本
    fixed_cost=0.0,
    fidelity_weights={1: 1.0},      与相关性值相乘的线性权重
)
```

> **注意**　成本单位取决于具体的应用。这个成本体现了查询目标函数和查询低保真度近似之间的"便利性"差异，可以是时间(单位可以是分钟、小时或日)、资金(以美元计)或某种资源的度量，并且应由用户设置。

线性趋势反映了相关性值与成本之间的关系：具有高相关性的高保真度函数应该有较高的查询成本，而低保真度函数的查询成本则应该较低。两个可调整的参数——固定成本和权重——使我们能够灵活地模拟多种类型的查询成本进行建模(在下一节中，我们将看到不同类型的查询成本如何导致不同的决策)。掌握了这个成本模型，我们现在可以学习如何在多保真度优化问题中平衡成本和优化进展。

构建非线性查询成本模型

本章中，我们只使用线性成本模型。如果你的用例需要查询成本按照非线性趋势(例如，二次方或指数趋势)来建模，你可以实现你自己的成本模型。

这可以通过扩展我们正在使用的AffineFidelityCostModel类并重写其forward()方法来实现。AffineFidelityCostModel类的实现详见BoTorch的官方文档(可访问链接https://botorch.org/ api/_modules/botorch/models/cost.html)，在该文档中我们可以看到forward()方法实现了查询成本与相关性值之间的线性关系，如图9-9所示：

```
def forward(self, X: Tensor) -> Tensor:
    lin_cost = torch.einsum(                        将相关性值与权重相乘
        "...f,f", X[..., self.fidelity_dims], self.weights.to(X)
    )
    return self.fixed_cost + lin_cost.unsqueeze(-1)

                                                    加上固定成本
```

在自定义成本模型的新类中，你可以重写这个 forward() 方法来实现你所需的查询成本与相关性值之间的关系。即使使用自定义成本模型，我们在本章中使用的其余代码也不需要修改，这展示了 BoTorch 模块化设计的便利之处。

9.3.2 优化每一美元信息量以指导优化

我们再次回到本章开头提出的问题：如何在查询的信息量与运行该查询的成本之间找到平衡？在多保真度优化中，高保真度函数(即真实值)能够提供关于目标函数 $f(x)$ 的精确信息，但其查询成本较高。而另一方面，低保真度的近似虽然成本低廉，但只能提供关于 $f(x)$ 的近似信息。多保真度贝叶斯优化策略的核心任务正是决定如何实现这两方面的平衡。

我们已经有了一个来自 9.3.1 节的模型，可以计算查询任何给定数据点的成本。至于另一方面的衡量标准，我们需要一种方法来量化我们将从给定查询中获取的关于目标函数的信息量，这个查询可以是来自目标函数 $f(x)$ 本身，也可以是来自低保真度近似 $\bar{f}(x)$。

> **注意** 我们将从查询中获得有关 $f(x)$ 或更具体地说，有关 $f(x)$ 的最优解的信息量，正是我们在第 6 章学到的最大值熵搜索(MES)策略用来对其查询进行排名的准则。MES 会选择那些能够针对单一保真度设置下的函数 $f(x)$ 的最高值提供最多信息的查询，即我们只能查询目标函数本身。

由于这个信息增益度量是一个一般的信息论概念，它同样可以应用于多保真度设置。换句话说，我们可以使用 MES 作为基础策略来计算在优化过程中，每次查询关于 $f(x)$ 最优解的信息增益。现在我们有了成本和信息增益这两个组成部分，我们需要设计一种方法来平衡这两者，这将给我们提供一个考虑成本的查询效用度量。

> **投资回报率**
>
> 为了量化查询的成本，我们使用经济学中的一个常见指标,称为投资回报率(ROI),它是通过将投资收益除以投资成本来计算的。在多保真度优化中使用 MES 的背景下,收益是从查询一个数据点获得的信息量,而成本则是查询成本。

我们知道，贝叶斯优化策略的获取分数是策略为搜索空间内的每个数据点分配的分数，用以量化该点在帮助我们优化目标函数方面的价值。在这里，我们使用 ROI 获取分数，每个数据点的得分是根据它为每个成本单位提供的目标最优解信息量来计算的。这个计算在图 9-10 中得到了可视化展示。

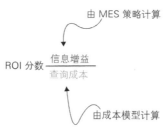

图 9-10 计算多保真度优化的投资回报率(ROI)获取分数的公式。这个分数量化了每次查询为每个成本单位提供的目标最优解信息量

可以看出，这个 ROI 分数是一个合适的度量，它根据进行该查询的成本低廉程度来权衡所获得的信息量：

- 如果两个查询的成本相同，但获得的信息量不同，我们应该选择提供更多信息的那个。

- 如果两个查询关于目标最优解的信息量相同，我们应该选择成本较低的那个。

这种权衡允许我们在低保真度近似确实具有信息量的情况下，通过成本低廉的低保真度近似来获取关于目标函数 $f(x)$ 的信息。另一方面，如果低保真度查询停止提供关于 $f(x)$ 的信息，我们将转向高保真度数据点。本质上，我们总是选择最优的能感知成本的决策，即"物有所值"。

为了实现这种考虑成本的 MES 变体，我们可以利用 BoTorch 的 qMultiFidelityMax-ValueEntropy 类实现。这个实现需要多个组件，它将这些组件作为参数包括：

- 一个成本效用对象，用于执行图 9-10 中的投资回报率(ROI)计算。这个对象是通过 InverseCostWeightedUtility 类实现的，该类通过查询成本的倒数来衡量查询的效用。初始化时需要我们之前创建的成本模型：

```
from botorch.acquisition.cost_aware import InverseCostWeightedUtility

cost_aware_utility = InverseCostWeightedUtility(cost_model=cost_model)
```

- 一个作为 MES 熵计算候选集的 Sobol 序列。我们在 6.2.2 节中首次见到与 MES 一起使用 Sobol 序列，这里的步骤相同，我们从单位立方体(在我们的一维情况下，它只是从 0 到 1 的一段)中抽取一个包含 1000 个元素的 Sobol 序列，并将其缩放到我们的搜索空间。在多保真度设置中，我们还需要做的一件事是在候选集上增加一个额外的列，用于存放相关性值 1(对应于目标函数 $f(x)$)，以表示我们想要测量目标 $f(x)$ 中的熵：

```
torch.manual_seed(0)
```
← 为了可重复性，使用固定随机种子

```
sobol = SobolEngine(1, scramble=True)
candidate_x = sobol.draw(1000)
```
在单位立方体内从 Sobol 序列中抽取 1000 个点

```
candidate_x = bounds[0] + (bounds[1] - bounds[0]) *
➥candidate_x
```
← 将样本缩放到我们的搜索空间

```
candidate_x = torch.cat([candidate_x, torch.ones_like(
➥candidate_x)], dim=1)
```
← 用真实值的索引增广样本

- 最后，一个辅助函数，它将给任意保真度的定数据点投影到真实值。这种投影在我们的策略用于计算获取分数的熵计算中是必要的。在这里，BoTorch 提供了一个辅助函数 project_to_target_fidelity，如果在我们训练集的最后一列包含相关性值，并且真实值的相关性值为1，那么这个函数就不需要任何进一步的参数化，这两个值在我们的代码中都为真实值。

使用上述组件，实现我们考虑成本的多保真度 MES 策略如下：

```
from botorch.acquisition.utils import project_to_target_fidelity

policy = qMultiFidelityMaxValueEntropy(
    model,
    candidate_x,
    num_fantasies=128,
    cost_aware_utility=cost_aware_utility,
    project=project_to_target_fidelity,
)
```
投影辅助函数

用成本倒数衡量效用的成本效用对象

来自 Sobol 序列的样本

现在，我们可以利用这个策略对象，通过其成本调整后的价值，为任何保真度的数据点打分，以帮助我们找到目标函数的最优解。这个挑战的最后一部分是我们用来优化这个策略的获取分数的辅助函数，以便在搜索的每次迭代中找到具有 ROI 得分的点。在之前的章节中，我们使用了 botorch.optim.optimize 模块中的 optimize_acqf 来优化单保真度设置中的获取分数，但这仅适用于我们的搜索空间是连续的情况。

注意 在我们目前的多保真度环境中，查询位置的搜索空间仍然是一个连续的范围，但选择哪个函数来进行查询则是一个离散的选择。换句话说，我们的搜索空间是混合型的。幸运的是，BoTorch 提供了一个适用于混合搜索空间的类似辅助函数：optimize_acqf_mixed。

除了通常传递给 optimize_acqf 的参数外，新的辅助函数 optimize_acqf_mixed 还有一个 fixed_features_list 参数，它应该是一个字典列表，每个字典将 train_x_full 中离散列的索引映射到该列包含的值。在我们的例子中，我们只有一个离散列，即包含相关性值的最后一列，因此我们使用 [{1: cost.item()} for cost in fidelities] 作为 fixed_features_list 参数。此外，我们通常传递给辅助函数的 bounds 变量现在也需要包含相关性值的范围。总的来说，我们使用以下代码优化我们的多保真度 MES 获取分数：

```
from botorch.optim.optimize import optimize_acqf_mixed

next_x, acq_val = optimize_acqf_mixed(
    policy,
                                            搜索空间的边界，包括相关性值的边界
    bounds=torch.cat(
        [bounds, torch.tensor([0.5, 1.0]).unsqueeze(-1)], dim=1
    ),
    fixed_features_list=[{1: cost.item()} for cost in fidelities],
    q=1,                                    相关性列可能包含的离散值
    num_restarts=20,
    raw_samples=50,
)
```

这个辅助函数完成了我们使用多保真度 MES 策略所需的代码。图 9-11 的底部面板可视化了这个策略与我们在 9.2.2 节训练的多保真度 GP 计算的获取分数。在这个底部面板中，阴影区域的边界(表示低保真度查询的分数)超过了斜线图案区域的边界(表示高保真度查询的分数)，这意味着根据我们目前的知识，低保真度查询比高保真度查询更具成本效益。最终，我们做出的最佳查询，用星号表示，大约在低保真度近似 $\bar{f}(x)$ 的 3.5 附近。

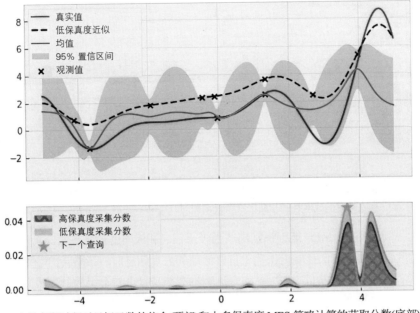

图 9-11　当前高斯过程对目标函数的信念(顶部)和由多保真度 MES 策略计算的获取分数(底部)。在这个例子中，由于成本低，更倾向于使用低保真度查询而不是高保真度查询

在图 9-11 中，进行一次低保真度查询是最佳选择，因为它在其成本范围内提供了比高保真度查询更多的信息。然而，情况并非总是如此。通过调整 9.2.2 节中的数据生成过程，创建一个完全由低保真度观测构成的训练集，并重新执行我们的代码，我们得到了图 9-12 的左侧面板。这一次，最优的选择是查询高保真度函数 $f(x)$。这是因为根据我们的 GP 信念，我们已经从低保真度数据中获得了足够的信息，现在是时候去检验真实值 $f(x)$ 了。

作为对策略行为的最终分析，我们可以研究查询成本对决策的影响。为此，我们改变我们的查询成本，使得低保真度查询的成本与高保真度查询相比不再有很大的优势，具体来说是通过将 9.3.1 节中描述的固定查询成本从 0 增加到 10。这一变化意味着低保真度查询现在的成本为 10.5 个成本单位，高保真度查询为 11 个成本单位。与之前的 0.5 和 1 的成本相比，10.5 和 11 更接近，使图 9-10 中两种保真度的分母几乎相等。这意味着低保真度近似 $\overline{f}(x)$ 的查询成本几乎与目标函数 $f(x)$ 本身一样昂贵。在这些查询成本的基础上，图 9-12 的右侧面板显示了 MES 策略对潜在查询的评分。这一次，因为高保真度查询与低保真度查询的成本相差不大，所以前者更受欢迎，因为它们能给我们更多关于 $f(x)$ 的信息。

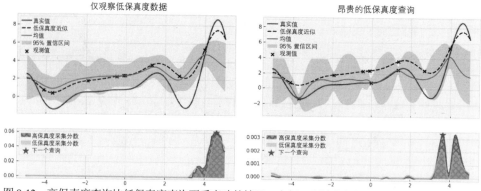

图 9-12 高保真度查询比低保真度查询更受青睐的情况。左侧，训练集仅包含低保真度观测。右侧，低保真度查询的成本几乎与高保真度查询相同

这些例子表明，MES 能够识别出适当平衡信息和成本的最优决策。也就是说，当低保真度查询成本较低且能提供关于目标函数的大量信息时，策略会给予低保真度查询更高的分数。另一方面，如果高保真度查询在信息量上有显著提升，或者成本增加不多，那么高保真度查询将被策略优先选择。

9.4 在多保真度优化中衡量性能

我们之前的讨论表明，多保真度 MES 策略在两种保真度之间进行选择时能够做出适当的决策。但是，这种策略是否比只查询真实情况 $f(x)$ 的常规贝叶斯优化策略更好，如果是的话，它好多少呢？在本节中，我们将学习如何在多保真度设置中对贝叶斯优化策略的性能进行基准测试，这需要额外的考虑。相关代码位于 CH09/03 - Measuring performance.ipynb 中。

> **注意** 为了衡量前几章中的优化进展，我们记录了在搜索过程中收集到的训练集中的最高目标值(也称为当前最优解)。如果策略 A 收集的当前最优解值超过了策略 B 收集的值，我们说策略 A 在优化方面比策略 B 更有效。

在多保真度设置中记录当前最优值并不适用。首先，如果我们要在训练集中记录当前最优值，那么只选择具有最高值标签的高保真度数据点才有意义。然而，这种策略忽略了低保真度查询对学习目标函数 $f(x)$ 的贡献。以图 9-13 中展示的两种可能情景为例：

- 在第一个情景(左图)中，我们进行了三次高保真度观测，观测到的最高值大约是 0.8。客观地说，在这种情况下我们并没有取得优化进展；我们甚至还没有探索 x 大于 0 的区域。

- 在第二个情景(右图)中，我们只进行了低保真度观测，因此记录高保真度的当前最优值甚至都不适用。

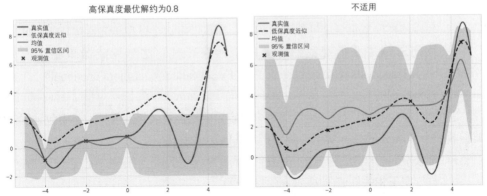

图 9-13　在多保真度优化中，用高保真度当前最优值来衡量性能是不恰当的。左图，高保真度的当前最优值大约是 0.8，而我们还没有发现目标的最优解。右图，尽管我们接近于定位目标的最优解，但并没有高保真度查询来记录当前最优值

然而，我们可以看到，由于我们的查询已经发现了函数在 4.5 附近的峰值，我们非常接近于找到目标函数的最优解。

换句话说，我们更倾向于选择第二种情况而不是第一种，因为第二种情况接近于优化的成功，第一种情况则显示出优化进展有限。然而，使用高保真度的当前最优解作为衡量进展的标准，并不足以区分这两种情况。因此，我们需要寻找另一种衡量优化进展的方法。

注意　在贝叶斯优化领域，一个常用的进展评估标准是目标函数在当前具有最高后验均值位置的值。这个标准对应于这个问题：如果我们现在停止贝叶斯优化并推荐一个点作为优化问题的解决方案，我们应该选择哪个点？根据我们的 GP 信念，我们应该选择那个在最有可能的情况下能够给出最高值的点，也就是后验均值的最大值点。

我们注意到后验均值最大化器有助于我们在图 9-13 中进行比较。左图，后验均值最大化器的值是 0，这仍然给出了 0.8 的目标函数值(在单一保真度情况下，均值最大化器通常与当前最优解对应)，而右图，均值最大化器的值大约为 4.5。换句话说，后验均值最大化器这一度量标准有效地帮助我们区分了这两种情况，并表明左图的情况比右图的要差。

为了实现这个指标，我们创建了一个辅助策略，它使用后验均值作为其获取分数。然后，就像我们在贝叶斯优化中优化常规策略的获取分数一样，我们使用这个辅助策略来优化后验均值。这个策略需要两个组成部分：

- 使用后验均值作为其获取分数的贝叶斯优化策略的类实现。这个类是 PosteriorMean，可以从 botorch.acquisition 导入。
- 一个仅优化高保真度指标的包装器策略。这个包装器是必需的，因为我们的高斯过程模型是一个多保真度模型，当我们将这个模型传递给优化策略时，我们总是需要指定我们想要使用的保真度。这个包装器策略是作为 botorch.acquisition. fixed_feature 中的 FixedFeatureAcquisitionFunction 的一个实例来实现的。

总的来说，我们使用以下辅助策略来制定后验均值最大化器度量，其中包装器策略接收一个 PosteriorMean 实例，我们指定其他参数如下：

- 搜索空间的维度是 $d = 2$——我们实际的搜索空间是一维的，还有一个额外的维度用于相关性值(即要查询的保真度)。
- 优化过程中要固定的维度的索引，columns = [1]，以及它的固定值 values = [1]——由于我们只想找到对应于目标函数的后验均值最大化器，即高保真度函数，我们指定第二列(索引 1)的值应始终为 1：

```
from botorch.acquisition.fixed_feature
  import FixedFeatureAcquisitionFunction
from botorch.acquisition import PosteriorMean

优化后验均值

post_mean_policy = FixedFeatureAcquisitionFunction(
    acq_function=PosteriorMean(model),
    d=2,                              搜索空间的维度数量
    columns=[1],
    values=[1],                  固定列的值
)
固定列的索引
```

然后，我们使用熟悉的辅助函数 optimize_acqf 来找到最大化获取分数的点，这个分数是目标函数的后验均值(我们最初在 4.2.2 节了解到这个辅助函数)：

```
final_x, _ = optimize_acqf(
    post_mean_policy,          优化后验均值
    bounds=bounds,
    q=1,
    num_restarts=20,      其他参数与我们优化其
    raw_samples=50,       他策略时的相同
)
```

final_x 变量是最大化目标函数后验均值的位置。在我们的 Jupyter notebook 中，我们将这段代码放在一个辅助函数中，该函数返回带有相关性值为 1 的 final_x，表示真

实目标函数：

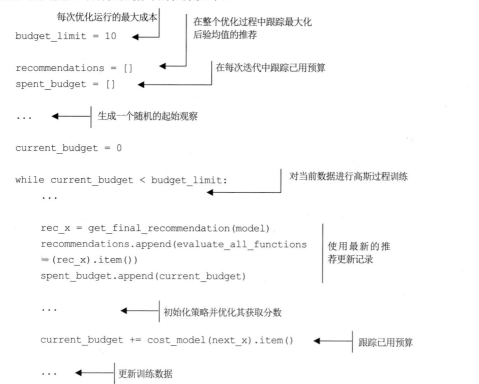

```
def get_final_recommendation(model):
    post_mean_policy = FixedFeatureAcquisitionFunction(...)   ← 创建包装器策略
    final_x, _ = optimize_acqf(...)   ← 优化获取分数
    return torch.cat([final_x, torch.ones(1, 1)], dim=1)   ← 在最终推荐中增加一个相关性值为1
```

现在，在贝叶斯优化循环中，我们不再记录当前最优值作为优化进展的指示，而是调用这个 get_final_recommendation 辅助函数。此外，我们不再在每次运行中有最大查询次数的限制，我们现在有了一个最大预算，这个预算可用于低保真度或高保真度查询。换句话说，可以一直运行我们的优化算法，直到累积成本超过我们的预算限制。我们多保真度贝叶斯优化循环的框架如下：

```
budget_limit = 10   ← 每次优化运行的最大成本

                               在整个优化过程中跟踪最大化
                               后验均值的推荐
recommendations = []   ← 在每次迭代中跟踪已用预算
spent_budget = []

...   ← 生成一个随机的起始观察

current_budget = 0

while current_budget < budget_limit:   ← 对当前数据进行高斯过程训练
    ...

    rec_x = get_final_recommendation(model)
    recommendations.append(evaluate_all_functions   使用最新的推
    ⇒(rec_x).item())                                荐更新记录
    spent_budget.append(current_budget)

    ...   ← 初始化策略并优化其获取分数

    current_budget += cost_model(next_x).item()   ← 跟踪已用预算

    ...   ← 更新训练数据
```

现在我们已经准备好运行多保真度的 MES 来优化 Forrester 目标函数。作为基准，我们还将运行单保真度的 MES 策略，该策略仅查询真实值 $f(x)$。我们拥有的 GP 模型是一个多保真度模型，因此为了使用这个模型运行单保真度的 BayesOpt 策略，我们需要一个 FixedFeatureAcquisitionFunction 类的包装器策略，以限制策略可以查询的保真度：

```
policy = FixedFeatureAcquisitionFunction(
    acq_function=qMaxValueEntropy(model, candidate_x, num_fantasies=128),
    d=2,
    columns=[1],
    values=[1],
)
```
包装的策略是单
保真度 MES

将第二列(索引为 1)
的相关值修正为 1

```
next_x, acq_val = optimize_acqf(...)
```
使用辅助函数 optimize_acqf 优化获取分数

运行这两种策略产生了图 9-14 所示的结果，我们观察到多保真度 MES 的表现大大优于单保真度版本。多保真度 MES 的成本效益说明了平衡信息和成本的好处。然而，我们注意到这只是单次运行的结果；在练习题 1 中，我们使用不同的初始数据集多次运行这个实验，并观察这些策略的平均性能。

在本章中，我们学习了多保真度优化问题，其中我们需要在优化目标函数和获取目标知识成本之间进行权衡。我们学习了如何实现一个可以从多个数据源学习的 GP 模型。这个模型随后使我们能够从信息论的角度推理出查询的价值，即定位目标的最优值。通过将这个信息量与 ROI 度量中的查询成本结合，我们设计了一个成本感知型的多保真度 MES 策略变体，它可以自动在知识和成本之间做出权衡。

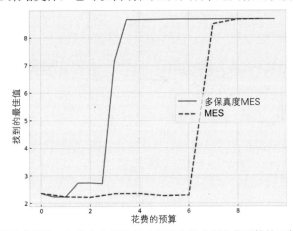

图 9-14 后验均值最大化器的目标值作为两个贝叶斯优化策略所花费预算的函数。在这里，
多保真度 MES 大大超过了单保真度版本

9.5 练习题 1：可视化多保真度优化中的平均性能

为了比较我们的策略性能，图 9-14 展示了在整个优化过程中后验均值最大化器的目标值与花费的预算量之间的关系。然而，这只是单次优化运行的结果，我们希望展

示每个策略在多次实验中的平均性能(我们在第 4 章的练习题 2 中首先讨论了重复实验的概念)。在这个练习题中,我们多次运行优化循环,并学习如何获取平均性能,以进行更全面的比较。在本练习题结束时,我们将看到多保真度 MES 在信息和成本之间取得了很好的平衡,并且比单保真度版本更有效地优化了目标函数。解决方案存储在CH09/04 - Exercise 1.ipynb 中。

请按照以下步骤操作:

(1) 从 CH09/03 - Measuring performance.ipynb 中复制问题设置和多保真度优化循环,并添加另一个变量来表示我们想要运行的实验次数(默认为 10 次)。

(2) 为了便于重复实验,在优化循环代码中添加一个外层循环。这应该是一个有10 次迭代的 for 循环,每次迭代生成不同的随机观测值(这种随机生成可以通过设置PyTorch 的随机种子为迭代次数来完成,这样可以确保在相同种子下的不同运行中,随机数生成器返回相同的数据)。

(3) CH09/03 - Measuring performance.ipynb 中的代码使用了两个列表,recommendations(推荐)和 spent_budget(花费的预算),来跟踪优化进度。将这些变量定义为包含列表的列表,其中每个内部列表与 CH09/03 - Measuring performance.ipynb 中的相应列表具有相同的作用。这些由列表构成的列表允许我们在 10 次实验中跟踪优化进度,并在后续步骤中比较不同的优化策略。

(4) 在我们的优化问题上运行多保真度 MES 策略及其单保真度版本。

(5) 由于查询低保真度函数的成本与查询高保真度函数的成本不同,因此在spent_budget 列表中的列表可能并不完全匹配。换句话说,图 9-14 中曲线上的点在不同运行中的 x 坐标并不相同。这种不匹配阻止了我们在多次运行中获取recommendations 中存储的平均进度。

为了解决这个问题,我们对每条进度曲线使用线性插值,这允许我们在规则网格上"填充"进度值。正是在这个规则网格上,我们将计算每个策略在多次运行中的平均性能。对于线性插值,使用 NumPy 中的 np.interp 函数,它的第一个参数是一个规则网格;这个网格可以是 0 到 budget_limit 之间的整数数组,即 np.arange(budget_limit)。第二和第三个参数是构成每条进度曲线的点的 x 和 y 坐标——即 spent_budget 和recommendations 中的每个内部列表。

(6) 使用线性插值的值来绘制我们运行的两种策略的平均性能和误差条,并比较它们的性能。

(7) 由于我们目前衡量优化效果的方式,每次运行中跟踪的推荐列表可能并不总是单调递增的。换句话说,有时候我们得到的推荐可能还不如上一次迭代的推荐表现好。为了观察这一现象,我们可以绘制线性插值后的曲线图,这些曲线展示了每次运行的优化进展,同时包括平均性能和误差条。对我们已经运行的两种策略进行这样的图形展示，并分析曲线的非单调性。

9.6　练习题 2：使用多个低保真近似的多保真度优化

本章我们学习的方法可以推广到有多个低保真度近似目标函数可供查询的场景。我们的策略是一样的：将我们从每个查询中获得的信息量除以其成本，然后选择投资回报率最高的查询。这个练习题展示了我们的多保真度 MES 策略可以在多个低保真度函数之间取得平衡。解决方案存储在 CH09/05 - Exercise 2.ipynb 中。

采取以下步骤：

(1) 对于我们的目标函数，我们使用了一个名为 Branin 的二维函数，它是优化中常用的测试函数，就像 Forrester 函数一样。BoTorch 提供了 Branin 的一个多保真度版本，所以我们通过 from botorch.test_functions.multi_fidelity import AugmentedBranin 将其导入到我们的代码中。为了方便，我们使用以下代码对这一函数的定义域和输出进行缩放，这使得在评估查询时调用的目标函数变为：

```
problem = AugmentedBranin()         ◀——┤ 从 BoTorch 导入 Branin 函数

def objective(X):
    X_copy = X.detach().clone()
    X_copy[..., :-1] = X_copy[..., :-1] * 15 - 5
    X_copy[..., -2] = X_copy[..., -2] + 5
    return (-problem(X_copy) / 500 + 0.9).unsqueeze(-1)
```

处理函数的输入和输出，将值映射到一个合适的范围

(2) 定义我们搜索空间的边界为单位正方形。也就是说，两个下界是 0，两个上界是 1。

(3) 声明 fidelities 变量，用于存储我们可以查询的不同函数的相关性值。在这里，我们有两个低保真度近似，它们相关性值分别为 0.1 和 0.3，因此 fidelities 应该包含这两个数字，并以 1 作为最后一个元素。

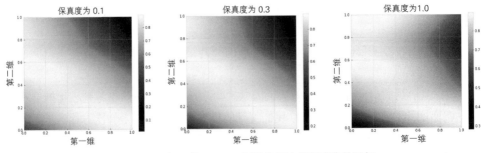

图 9-15　目标函数 Branin(右图)和两个低保真度的近似

这三个函数在图 9-15 中可视化，其中亮像素表示高目标值。我们可以看到，两个低保真度近似都遵循了真实值所展示的总体趋势，并且随着保真度值的增加，与真实值的相似度也在提高。也就是说，保真度为 0.3 的第二个近似(中间)与真实的目标函数(右图)更为相似，比保真度为 0.1 的第一个近似(左图)更接近。

(4) 将线性成本模型的固定成本设置为 0.2，权重设置为 1。这意味着在图 9-15 的左侧查询低保真度函数的成本是 0.2 + 1 × 0.1 = 0.3。同样地，查询中间函数的成本是 0.5，而查询真实目标函数的成本是 1.2。将我们每次实验的预算限制设置为 10，重复实验的次数也设置为 10。

(5) 将从 Sobol 序列中抽取的候选数设置为 5000，并在使用辅助函数优化给定策略的获取分数时，使用 100 次重启和 500 个原始样本。

(6) 重新定义辅助函数 get_final_recommendation，该函数可以找到后验均值最大化器，确保参数适当地设置为我们的二维目标函数：$d = 3$ 且 $columns = [2]$。

(7) 在优化问题上运行多保真度 MES 策略及其单保真度版本，并使用练习题 1 中描述的方法绘制每种策略的平均优化进度和误差条。请注意，在创建单保真度策略的包装器策略时，参数 d 和 $columns$ 需要按照前一步的方式设置。验证多保真度策略是否比单保真度策略表现得更好。

9.7　本章小结

- 多保真度优化是一种特殊的优化设置，它允许我们利用多个信息源，这些信息源在准确性和成本上各有特点。在这种情况下，我们必须在获取信息的数量和采取行动的成本之间找到平衡。

- 在多保真度优化中，高保真度函数能提供精确的数据，但其评估成本较高；而低保真度函数虽然查询成本低廉，但可能只能提供近似信息。在优化过程的每次迭代中，我们需要决定查询哪个位置和哪个函数，以便尽快找到目标函数的最优解。

- 每种保真度所提供的信息量由它本身与真实值之间的相关性来衡量，相关性的数值范围为 0~1。相关性越高，表示该保真度与真实值的一致性越好。在 Python 编程中，我们会在特征矩阵中为每个数据点添加一个额外的列，用来存储其相关性值。

- 一个能够处理训练数据点相关性值的 GP 可以针对多保真度数据集进行训练；为此，我们可以使用 Matérn 核的多保真度版本。GP 在预测时的不确定性取

决于每个观测值源自哪个函数，如果是源自低保真度函数，那么还取决于该
函数的相关性值。

- 在优化过程中，我们采用线性模型来表示不同保真度查询的成本。通过设定
  模型的参数，即固定成本和权重，可以模拟查询成本与数据质量之间的正相
  关性。如果需要复杂的模型，BoTorch 也支持使用非线性成本模型。

- 为了在信息量和查询成本之间取得平衡，我们采用了 MES 策略的一个变体，该
  策略通过查询成本的倒数来衡量每个查询所获信息的价值。这种衡量方式类似
  于经济学中的投资回报率概念，并使用 BoTorch 中的 InverseCostWeightedUtility
  类实现。

- 由于目标函数最优值的非高斯分布，MES 核心任务——精确计算最优值的信
  息增益——变得非常复杂。为了逼近这种信息增益，我们采用 Sobol 序列来代
  表整个搜索空间，从而减轻计算负担。

- 多保真度 MES 策略有效地在信息和成本之间取得了平衡，并且优先执行性价
  比高的查询。

- 为了优化多保真度策略的获取分数，我们使用了 optimize_acqf_mixed 辅助函
  数，它能够处理连续或离散维度的混合搜索空间。

- 在多保真度设置下，为了准确衡量性能，我们在每次迭代结束前，使用后验
  均值的最大化器作为最终推荐。这个指标比高保真度的当前最优值更能反映
  我们对目标函数的理解程度。

- 在多保真度设置中，为了优化单一保真度的获取分数，我们使用了一个包装
  器策略，它是 FixedFeatureAcquisitionFunction 类的一个实例。在初始化包装器
  策略时，我们需要指明搜索空间中哪个维度是固定的，以及其固定值。

## 第10章

通过成对比较进行偏好优化学习

本章主要内容
- 仅使用成对比较的数据来学习和优化偏好的方法
- 在成对比较上训练高斯过程(GP)
- 成对比较的优化策略

你是否曾经觉得对某样东西(如食物、产品或体验)进行精确的评分很困难？在A/B测试和产品推荐工作流程中，要求顾客为产品提供一个数字评分是一项常见的任务。

定义 A/B测试是一种通过随机实验来比较用户在两个不同环境(分别标记为 A 和 B)中的体验，并从中选出更优环境的方法。这种测试方法在科技公司中非常普遍。

A/B测试员和产品推荐工程师在处理客户反馈时，常常不得不面对大量噪声的干扰。这里的噪声指的是客户反馈数据可能遭受的各种形式的污染。例如，在产品评分中，噪声可能来源于在线流媒体服务中播放的广告数量、包裹配送服务的质量，或者是客户使用产品时的心情状态。这些因素都可能影响客户对产品的评分，从而扭曲了他们对产品的真实评价。

不受控制的外部因素常常让客户难以准确表达对产品的真实评价。因此，在给产品打分时，客户往往难以决定一个具体的数值。在A/B测试和产品推荐中，由于反馈信息的噪声普遍存在，服务平台不能仅凭从用户那里收集到的少量数据点就推断用户的偏好。为了更准确地了解客户的真实需求，平台需要收集更多的客户数据。

　　然而，在黑盒优化的其他应用场景，比如超参数调优和药物发现中，同样存在着高昂的查询成本。在产品推荐系统中，每当我们向客户询问对产品的评分时，都冒着影响客户体验的风险，这可能会让他们对继续使用平台产生抵触。因此，我们面临着一个挑战：一方面需要收集大量数据以更准确地理解客户的偏好，另一方面又要尽量减少对客户的打扰，以免客户流失。

　　幸运的是，有一种应对这个问题的方法。心理学领域的研究(http://mng.bz/0KOl)发现了一个直观的结果，即我们人类更善于以成对比较的形式给出基于偏好的回应(例如，"产品 A 比产品 B 更好")，而不是使用评分标准给产品打分(例如，"产品 A 是 10 分中的 8 分")。

定义　成对比较是一种获取偏好信息的方法。每当我们需要探询客户的偏好时，我们会让他们在两个选项之间做出选择，选出他们更倾向的一个。这种方法与要求客户在尺度表上对产品进行打分的数值评价不同。

　　成对比较和评分之所以难度不同，是因为比较两个项目对认知要求较低，因此，我们可以在比较两个对象的同时更好地表达我们的真实偏好，而不是提供数值评分。如图 10-1 所示，考虑一个试图了解你对夏威夷衬衫偏好的在线购物网站的两个示例界面：

- 第一个界面要求你根据 1 到 10 的等级来评价这件衬衫。这可能很难做到，特别是如果你没有一个参考标准的话。
- 第二个界面则要求你选择你更喜欢的衬衫。这个任务更容易完成。

　　考虑到我们能够通过成对比较收集到高质量数据的可能性，我们打算运用这种偏好获取技术来优化 BayesOpt 算法，以适应用户的偏好。这就引出了一个问题："我们如何基于成对比较的数据来训练一个机器学习模型，并且在此之后，我们应该如何向用户展示新的比较选项，以便更有效地学习和优化他们的偏好？"在本章节中，我们将首先通过一个能够有效处理成对比较数据的 GP 模型来回答这个问题。接着，我们会制定策略，将我们目前发现的最佳数据点(表示产品)与潜在的竞争对手进行对比，以此来迅速优化用户的偏好。换句话说，我们将用户的偏好视为在特定搜索空间内定义的目标函数，并致力于对这个目标函数进行优化。

　　通过成对比较来学习和优化用户偏好的这一设置，是一个独特的任务，它位于黑盒优化和产品推荐的交汇点，并且在两个领域都引起了越来越多的关注。在本章的最后，我们将学习如何从贝叶斯优化的角度来处理这个问题，在收集用户数据的过程中权衡利用和探索。

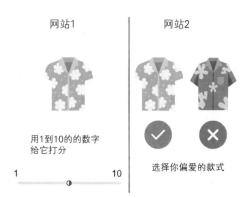

图 10-1　产品推荐系统中获取用户偏好的方法示例。在左侧，用户需要对推荐的产品
　　　　进行评分。而在右侧，用户只需要选择他们更偏爱的产品。后一种方法更有效

10.1　使用成对比较的黑盒优化

在这一节，我们将继续探讨成对比较在揭示用户偏好方面的应用价值。随后，我们会审视为适应这种基于偏好优化的环境而调整的 BayesOpt 流程。

除了通过具体数值评分来衡量用户喜好之外，在产品推荐应用中，成对比较也是一种获取用户偏好信息的有效手段。与直接要求用户提供数值评分相比，成对比较的方式减轻了用户的心理负担，因此更有可能得到反映用户真实偏好的、质量更高的反馈数据。

> **成对比较在多目标优化中的应用**
>
> 在需要权衡多个决策标准的情况下，成对比较显得尤为实用。比如，你打算购买一辆汽车，并在汽车 A 和汽车 B 之间做选择。为了决策，你会列出你关心的汽车特性，比如外观、实用性、燃油效率、成本等。接着，你会根据这些标准给两辆车打分，期望能够找出一个明确的优胜者。然而，你可能会发现汽车 A 在某些方面得分超过了汽车 B，但并非在所有方面，而汽车 B 在其他方面则反超了汽车 A。
>
> 因此，这两款车型之间并没有一个明确的胜出者，而将各项标准下的评分整合成一个总分会颇具挑战性。由于你对某些标准更加重视，这些标准在与其他标准合并时，理应获得更大的权重。然而，要精确计算这些权重的具体数值，可能比直接在两款车型中做出选择还要困难。有时，忽略这些细节，将每辆车作为一个整体来看待，直接进行两款车型的对比，可能会简单得多。
>
> 所以，在需要综合多个评价标准进行优化的情境下，成对比较的便利性得到了充分体现。例如，爱德华·阿贝尔、路德米尔·米哈伊洛夫和约翰·基恩的研究项目(可访问链接 http://mng.bz/KenZ)就采用了成对比较的方法来解决团队决策问题。

　　当然，成对比较并不总是比数值评分更优越。虽然前者更容易从用户那里获取信息，但它们包含的信息相对较少。比如，在图 10-1 中，你表示更喜欢橙色衬衫而不是红色衬衫，这个回答只包含了一个比特的信息(比较结果具有二元性：要么橙色衬衫比红色衬衫好，要么不如，所以理论上观察到这个结果相当于获得了一个比特的信息)。而如果你告诉我们，你给橙色衬衫打了 8 分，红色衬衫打了 6 分，那么我们就能获得更多的信息，比单纯知道橙色衬衫更受欢迎了解得更多。

　　换句话说，在决定如何从用户那里收集反馈时，我们总是需要做出权衡。虽然数值评价能够提供更丰富的信息，但它们也更容易受到干扰，并且可能会对用户造成较大的心理负担。相比之下，成对比较虽然信息量较少，但用户进行这种评价时会更加轻松。这些利弊在图 10-2 中有详细的对比总结。

图 10-2　数值评分与成对比较在信息量和报告难度方面的差异。每种偏好获取方法都有其自身的优缺点

　　在权衡信息量与报告难度的同时，如果我们打算让用户完成一项更耗费脑力的任务以换取更丰富的信息，并且我们能够有效处理数据中的噪声，那么我们应当坚持采用数值评分。然而，如果我们更注重确保客户能够准确表达他们的真实偏好，并且可以接受获取的信息量相对较少，那么成对比较就是我们首选的方法。

> **其他获取客户偏好的方式**
>
> 　　成对比较并非减轻数值评估认知负担的唯一途径。例如，在线流媒体服务 Netflix 通过让用户在三个选项中做出选择来收集观众的评分："向下的拇指"表示他们不喜欢某内容，"向上的拇指"表示他们喜欢某内容，而"双向上拇指"则表示他们非常喜欢(详见 http://mng.bz/XNgl)。这种设置构成了一个有序分类问题，其中项目被分类到不同的类别中，而这些类别之间存在固有的顺序。在这种设置下考虑产品推荐问题同样有趣，但本章我们仍将关注点放在成对比较上。

在本章中,我们将探讨如何利用成对比较结合 BayesOpt 来学习并优化客户的偏好。首先,我们会审视图 1-6 中展示的 BayesOpt 循环的修改版,如图 10-3 所示:

(1) 在步骤 1 中,GP 是基于成对比较数据而非数值评估来训练的。关键挑战在于确保GP 对于目标函数(即用户的真实偏好函数)的信念能够准确反映观察到的比较信息。

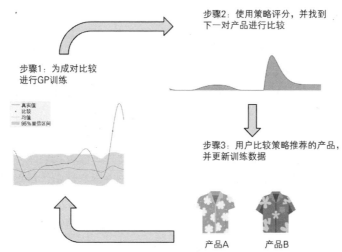

图 10-3　贝叶斯优化循环与成对比较相结合,用于偏好优化。GP 在成对比较数据上进行训练,而贝叶斯优化策略决定应该要求用户比较哪一对数据点

(2) 在步骤 2 中,贝叶斯优化策略会计算获取分数,以评估每个潜在的新查询对用户的价值。这些查询需要以产品对的形式提出,以便用户进行比较。与其他情况类似,策略必须在两个方面之间找到平衡:一方面要利用我们已知的用户偏好较高的区域,另一方面要探索那些我们对用户偏好了解不多的区域。

(3) 在步骤 3 中,用户将对 BayesOpt 策略展示给他们的两种产品进行对比,并报告他们更喜欢哪种。这些新的偏好信息随后会被纳入我们的训练数据集。

在本章的剩余部分,我们旨在解决两个主要问题:

1. 我们如何在仅使用成对比较的情况下训练一个 GP?当 GP 在数值响应上进行训练时,它能够产生量化不确定性的概率预测,这对于决策至关重要。我们能否在这里使用相同的模型,即使用成对比较的响应?

2. 我们应该如何生成新的产品对供用户比较,以便尽快识别出用户偏好的最大值呢?也就是说,我们如何通过成对比较最有效地引出用户的反馈,以优化他们的偏好?

10.2　制定偏好优化问题和格式化成对比较数据

在我们开始解决这些问题之前，本节将介绍整章中要解决的产品推荐问题，以及如何在 Python 中模拟这个问题。正确设置问题将帮助我们更容易整合后续章节中将学习的贝叶斯优化工具。我们在这里使用的代码包含在 CH10/01 - Learning from pairwise comparisons.ipynb 的第一部分中。

如图 10-1 和图 10-3 所示，我们面临的是一个针对夏威夷衬衫的在线推荐问题。具体来说，假设我们经营着一个专门销售夏威夷衬衫的电子商务网站，我们的目标是找出能够最大限度满足特定顾客偏好的产品，以便他们选购到心仪的衬衫。

为了简化讨论，假设通过简短的调研，我们得知顾客最关心的是衬衫上印制的花朵数量。虽然款式和颜色等因素也会影响顾客的选择，但对于这位顾客而言，夏威夷衬衫最吸引人的地方在于其花朵图案的丰富程度。此外，假设我们库存中有各种不同花朵数量的夏威夷衬衫，那么我们可以大致挑选出符合顾客特定“花哨”程度要求的衬衫。我们的目标是在这个一维搜索空间中找到最佳花朵数量的衬衫，这个数量目前对我们来说是未知的，需要依据顾客的偏好来确定。在这个搜索空间中，下限是没有花朵图案的衬衫，而上限则是布满花朵的衬衫。

图 10-4 更详细地展示了我们的设置。图的上部展示了顾客的真实偏好，以及这种偏好如何随着衬衫的花朵图案数变化而变化：

- X 轴表示衬衫上花朵的数量。在这个范围的一端，我们有没有任何花朵图案的衬衫；在另一端，则有布满花朵的衬衫。
- Y 轴代表顾客对每件衬衫的偏好程度。顾客对某件衬衫的偏好越高，他们就越喜欢那件衬衫。

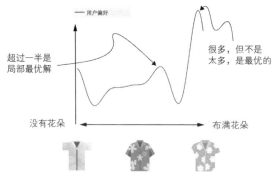

图 10-4　在产品推荐问题中寻找花朵数量最佳的衬衫。我们的搜索空间是一维的，因为我们只寻找衬衫上的花朵数量。一件覆盖了超过一半花朵的衬衫是一个局部最优解，而一件几乎完全覆盖花朵的衬衫则最大化了用户的偏好

我们发现这位顾客偏好带有花朵图案的衬衫：在中间位置之后，衬衫偏好出现了一个局部最优点，而整个偏好函数的全局最优点则接近搜索空间的上限。这表明，一件拥有大量花朵图案但并非完全被花朵覆盖的衬衫最能迎合顾客的喜好。

由于我们面临的是一个典型的黑盒优化问题，现实世界中我们无法直接获取图 10-4 所示的顾客偏好曲线，我们需要利用成对比较来了解这个偏好函数，并尽快对其进行优化。现在，让我们探讨一下如何在 Python 环境中构建这个优化问题。

你可能已经注意到，我们在图 10-4 中使用了之前章节中使用的 Forrester 函数来模拟目标函数，即顾客的真实偏好。因此，这个函数的代码与我们在其他章节中使用的基本一致，其公式定义如下，定义在我们的搜索空间的下限-5 和上限 5 之间：

```
def objective(x):
    y = -((x + 1) ** 2) * torch.sin(2 * x + 2) /    ┐
    ➥5 + 1 + x / 3                                    ├ 目标函数
    return y                                           ┘

lb = -5                                                ┐
ub = 5                                                 ├ 搜索空间的界限
bounds = torch.tensor([[lb], [ub]], dtype=torch.float) ┘
```

记得在前面的章节中，我们的数据标签具有数值，训练集中的每个数据点(存储在变量 train_x 中)都有一个对应的标签存储在 train_y 中。我们目前的设置有所不同。由于我们的数据是以成对比较的形式存在，每个观测结果都是通过比较 train_x 中的两个数据点得到的，而观测结果的标签则表明哪个数据点更受顾客的青睐。

注意 我们遵循 BoTorch 的约定，将 train_x 中两个数据点之间的每次成对比较结果编码为一个包含两个元素的 PyTorch 张量：第一个元素是 train_x 中被偏好的数据点的索引，第二个元素则是未被选中的数据点的索引。

例如，假设根据对用户的两次查询，我们知道用户更喜欢 $x=0$ 而不是 $x=3$(即 $f(0) > f(3)$，其中 $f(x)$ 是目标函数)，同时用户也更喜欢 $x=0$ 而不是 $x=-4$(即 $f(0) > f(-4)$)。我们可以用具有以下值的 train_x 来表示这两个信息，作为训练数据集的一部分：

```
                    代表 x=0
tensor([[ 0.],    ◄──────────      代表 x=3
        [ 3.],          ◄──────────
        [-4.]])    ◄──────────
                            代表 x=-4
```

这些值是我们用来向用户查询的三个 *x* 值。另一方面,训练标签 train_comp 应为:

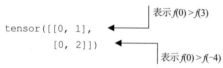

```
tensor([[0, 1],
        [0, 2]])
```

表示 *f*(0) > *f*(3)

表示 *f*(0) > *f*(-4)

train_comp 中的每一行都是一个包含两个元素的张量,代表成对比较的结果。在第一行,[0, 1]表示在 train_x 中索引为 0 的数据点(即 *x*=0)比索引为 1 的数据点(即 *x*=3)更受欢迎。同样,第二行[0, 2]编码了比较结果 *f*(0) > *f*(-4)。

为了简化在搜索空间内比较任意一对数据点的过程,我们编写了一个辅助函数,该函数接收任意两个数据点的目标值,如果第一个目标值是两者中较大的,则返回[0, 1];否则返回[1, 0]:

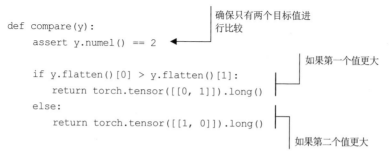

```
def compare(y):
    assert y.numel() == 2

    if y.flatten()[0] > y.flatten()[1]:
        return torch.tensor([[0, 1]]).long()
    else:
        return torch.tensor([[1, 0]]).long()
```

确保只有两个目标值进行比较

如果第一个值更大

如果第二个值更大

让我们使用这个函数来生成一个样本训练集。我们首先在搜索空间内随机抽取两个数据点:

为了确保结果可复现,我们固定随机种子

```
torch.manual_seed(0)
train_x = bounds[0] + (bounds[1] - bounds[0]) * torch.rand(2, 1)
```

抽取两个介于 0 和 1 之间的数字,并将它们缩放到我们的搜索空间

这里的变量 train_x 包含了以下两个点:

```
tensor([[-0.0374],
        [ 2.6822]])
```

现在,我们通过评估用户的真实偏好函数并调用 compare()函数,来获取这两个点之间比较的结果:

计算实际的目标值,这些值对我们来说是未知的

```
train_y = objective(train_x)
train_comp = compare(train_y)
```

获取比较的结果

train_x 中数据点的目标值之间的比较结果被存储在 train_comp 中，它是

```
tensor([[0, 1]])
```

这个结果意味着在 train_x 中，第一个数据点比第二个数据点更受顾客青睐。

我们还编写了另一个名为 observe_and_append_data() 的辅助函数，其作用是接收一对数据点，对它们进行比较，并将比较结果添加到正在进行的训练集中。

(1) 该函数首先调用辅助函数 compare() 来获取[0, 1]或[1, 0]的结果，然后调整存储在双元素张量中的索引值，以便这些索引指向训练集中数据点的正确位置：

```
def observe_and_append_data(x_next, f, x_train, comp_train, tol=1e-3):
    x_next = x_next.to(x_train)
    y_next = f(x_next)                    根据用户的偏好评估比较
    comp_next = compare(y_next)           结果

    n = x_train.shape[-2]
    new_x_train = x_train.clone()         跟踪索引
    new_comp_next = comp_next.clone() + n
```

(2) 该函数还会检查训练集中彼此足够接近的数据点，以将它们视为同一点(例如，$x = 1$ 和 $x = 1.001$)。

这些非常相似的数据点可能会导致下一节的基于偏好的 GP 在训练过程中出现数值上的不稳定。为解决这个问题，我们采取的方法是标记这些相似的数据点，将它们视为重复项，并从中删除一个。

```
    n_dups = 0

    dup_ind = torch.where(
        torch.all(torch.isclose(x_train, x_next[0],
        ➡atol=tol), axis=1)
    )[0]
    if dup_ind.nelement() == 0:
        new_x_train = torch.cat([x_train, x_next[0]
        ➡.unsqueeze(-2)])
    else:
        new_comp_next = torch.where(
        new_comp_next == n, dup_ind, new_comp_next - 1
        )
        n_dups += 1

    dup_ind = torch.where(
        torch.all(torch.isclose(new_x_train, x_next[1],
        ➡atol=tol), axis=1)
    )[0]
```

检查新对中第一个数据点的重复项

如果没有重复项，则将数据点添加到 train_x

如果至少有一个重复项，则跟踪重复项的索引

检查新对中第二个数据点的重复项

```
                 if dup_ind.nelement() == 0:
                     new_x_train = torch.cat([new_x_train, x_next[1]
                     ➥.unsqueeze(-2)])
                 else:
                     new_comp_next = torch.where(
                         new_comp_next == n + 1 - n_dups, dup_ind,
                         ➥new_comp_next
                     )

             new_comp_train = torch.cat([comp_train,
             ➥new_comp_next])
             return new_x_train, new_comp_train
```

如果没有重复项，则将数据点添加到 train_x

如果至少有一个重复项，则跟踪重复项的索引

返回更新后的训练集

我们将在后续的任务中运用这两个辅助函数，这些任务涉及训练 GP 和优化用户偏好函数。下一节首先探讨第一个任务。

10.3   训练基于偏好的 GP

在本节中，我们将继续使用 CH10/01 - Learning from pairwise comparisons.ipynb 中的代码来实现我们的高斯过程模型。

在 2.2.2 节中我们学到，在贝叶斯更新规则下(这一规则允许我们根据数据来更新我们的信念)，只要我们观察到了某些变量的值，就能得到一个多元高斯分布(MVN)的确切后验形式。这种能够精确计算后验 MVN 分布的能力，是在新观测数据下更新 GP 的基础。然而，这种精确的更新方法仅适用于数值型观测。也就是说，我们只能在观测数据以 $y = f(x)$ 的形式出现时(其中 x 和 y 都是实数)，才能精确地更新 GP。

在我们目前的设定中，观测数据以成对比较的形式出现，而当 GP 以这种基于偏好的数据进行条件化时，其后验形式不再是一个高斯过程，这排除了我们在本书中开发的大多数依赖于预测模型是高斯过程的方法。然而，这并不意味着我们必须放弃整个项目。

在成对比较下近似后验 GP
在机器学习(以及计算机科学领域)中，一个常见的主题是在无法完全解决任务时，尝试进行近似解。在我们的情境中，这种近似指的是找到一个后验形式的 GP，以最大限度地提高观察到成对比较的可能性。感兴趣的读者可以在楚魏(Wei Chu)和 Zoubin Ghahramani 提出的研究论文中(可访问链接 http://mng.bz/9Dmo)找到更多细节。

当然，真正能够最大化数据可能性的分布，是非 GP 的后验分布。然而，由于我们希望使用 GP 作为预测模型，以便应用我们所学的 BayesOpt 策略，我们的目标是寻找具有最大数据可能性的 GP。需要注意的是，寻找能够最大化数据似然度的 GP，也正是我们在训练 GP 时所做的工作：我们找到最佳的 GP 超参数(比如长度尺度和输出尺度)，这些参数能够使得数据似然度达到最大(详见 3.3.2 节，我们在该节首次介绍了这种方法)。

在实现方面，我们可以使用以下代码对成对比较初始化并训练 GP：

- BoTorch 特别为这种 GP 模型提供了一个名为 PairwiseGP 的特殊类实现，可以从 botorch.models.pairwise_gp 模块导入。

- 成对比较数据的似然度计算与实数值数据的似然度计算不同。为此，我们使用 PairwiseLaplaceMarginalLogLikelihood，它也是从同一个模块导入的。

- 为了能够可视化并检查 GP 所做的预测，我们将其输出尺度固定，以便在训练期间保持默认值 1。我们通过设置 model.covar_module.raw_outputscale. requires_grad_(False)来禁用模型的梯度。这一步仅用于可视化，因此是可选的；在本章后面执行优化策略时，我们不会如此操作。

- 最后，我们使用 botorch.fit 中的辅助函数 fit_gpytorch_mll 来获得后验 GP，该过程最大化我们训练数据的似然度：

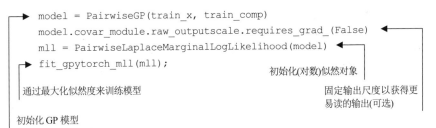

```
from botorch.models.pairwise_gp import PairwiseGP,
    PairwiseLaplaceMarginalLogLikelihood          导入所需的类和
from botorch.fit import fit_gpytorch_mll          辅助函数

model = PairwiseGP(train_x, train_comp)
model.covar_module.raw_outputscale.requires_grad_(False)
mll = PairwiseLaplaceMarginalLogLikelihood(model)
fit_gpytorch_mll(mll);                            初始化(对数)似然对象
```

通过最大化似然度来训练模型
固定输出尺度以获得更易读的输出(可选)

初始化 GP 模型

使用这个训练好的高斯过程模型，我们现在可以在图 10-5 所示的搜索空间内进行预测并将其可视化。我们注意到这些预测有几个有趣点：

- 平均预测服从训练数据中表达的关系，即 $f(-0.0374) > f(2.6822)$，也就是说，在 $x = -0.0374$ 处的平均预测值大于 0，而在 $x = 2.6822$ 处，则小于 0。

- 我们在-0.0374 和 2.6822 处预测的不确定性也低于其他预测。这种不确定性的差异反映了一个事实：在观察到 $f(-0.0374) > f(2.6822)$ 之后，我们获得了关于

f(-0.0374)和*f*(2.6822)的一些信息,因此我们对这两个目标值的了解应该有所增加。

然而,这些点的预测不确定性并没有像我们在数值观测训练场景中所见到的那样显著降至0(例如,参见图2-14)。这是因为,如我们在10.1节中所指出的,成对比较所提供的信息量不如数值评估丰富,因此仍保留有相当程度的不确定性。图10-5表明,我们训练的GP能有效地从成对比较中学习,其中均值函数遵循观察到的比较结果,且不确定性得到了恰当的校准。

> **BoTorch 在进行预测时的警告**
>
> 当你使用我们刚刚训练好的高斯过程(GP)进行预测时,可能会遇到类似下面的
> BoTorch 警告:
>
> ```
> NumericalWarning: A not p.d., added jitter of 1.0e-06 to the diagonal
>     warnings.warn(
> ```
>
> 这个警告表明由 GP 生成的协方差矩阵不是正定的,导致了与数值稳定性相关的
> 问题。BoTorch 已经自动在矩阵的对角线上添加了"抖动"作为修复措施,因此我们
> 作为用户不需要任何进一步的操作。有关我们遇到这个警告的实例,请参见 5.3.2 节。

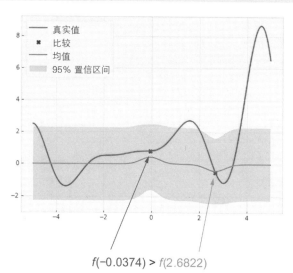

$$f(-0.0374) > f(2.6822)$$

图 10-5 由基于成对比较训练的高斯过程(GP)所做的预测 f(−0.0374) > f(2.6822)。后验均值反映了这一比较的结果,而后验标准差在这两个数据点周围略有下降

为进一步探索这个模型,看看它如何处理更复杂的数据,让我们创建一个稍大一些的训练集。具体来说,假设我们想要训练 GP 进行三个单独的比较:*f*(0) > *f*(3)、*f*(0) > *f*(−4)和*f*(4) > *f*(0),这些都对应于图 10-5 所示的目标函数。为此,我们将存储在 train_x

中的训练数据点设置为：

```
train_x = torch.tensor([[0.], [3.], [-4.], [4.]])
```

这个集合包含了所有参与前述观察比较的数据点。现在，关于 train_comp，我们使用两元素张量来编码三个比较，正如我们在 10-2 节中讨论的那样：

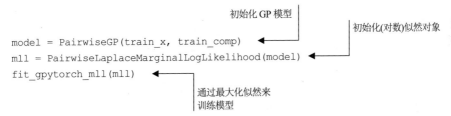

```
train_comp = torch.tensor(
    [
        [0, 1],
        [0, 2],
        [3, 0],
    ]
)
```

[0, 1]表示 f(train_x[0]) > f(train_x[1])，
或者 f(0) > f(3)

[0, 2]表示 f(train_x[0]) > f(train_x[2])，或
者 f(0) > f(-4)

[3, 0]表示 f(train_x[3]) > f(train_x[0])，或
者 f(4) > f(0)

现在，我们只需重新声明高斯过程(GP)并在这些新的训练数据上重新拟合它：

初始化 GP 模型

初始化(对数)似然对象

```
model = PairwiseGP(train_x, train_comp)
mll = PairwiseLaplaceMarginalLogLikelihood(model)
fit_gpytorch_mll(mll)
```

通过最大化似然来
训练模型

GP 模型生成了图 10-6 所示的预测结果，我们可以看到训练数据中的所有三个比较结果都反映在均值预测中，而不确定性在训练数据点周围再次减少。

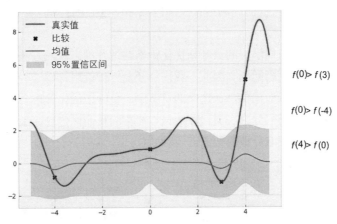

图 10-6　GP 在成对比较中所做的预测显示在右侧。后验均值反映了这次比较的结果，同时训练集中数据点周围的后验标准差相较于先前有所降低

图 10-6 表明我们的 GP 模型能有效地处理成对比较数据。我们现在拥有了一种方法，可以从基于偏好的数据中学习，并针对用户的偏好函数做出概率性预测。这将我们引向本章的最终话题：偏好优化中的决策制定。也就是说，我们应该如何挑选数据对，以便用户进行比较，从而尽可能快地找到他们最偏好的数据点？

> **偏好学习中目标函数的范围**
>
> 与使用数值评估相比，基于成对比较训练 GP 的一个有趣的地方在于，在训练过程中不需要考虑目标函数的范围。这是因为我们关心的只是目标值之间的相对比较。换句话说，学习 $f(x)$ 等同于学习 $f(x) + 5$、$2f(x)$ 或 $f(x) / 10$。
>
> 而在训练传统的 GP 时，准确把握目标函数的范围非常关键，因为只有这样，我们才能确保模型具有恰当的不确定性量化。例如，对于一个取值范围在-1 到 1 的目标函数，设定一个等于 1 的输出尺度是合适的；而对于一个取值范围在-10 到 10 的目标函数，我们需要一个更大的输出尺度。

10.4 通过"山丘之王"游戏进行偏好优化

在本节中，我们将学习如何将 BayesOpt 应用于偏好学习。我们使用的代码包含在 CH10/02 - Optimizing preferences.ipynb 中。

我们面临的问题是如何选择最合适的一对数据点呈现给用户，并询问他们的偏好，以找到用户最青睐的数据点。与任何 BayesOpt 优化策略相同，我们的策略必须在利用(精确定位我们已知用户价值高的搜索空间区域)和探索(检查我们所知甚少的区域)之间找到平衡。

在第 4~6 章中，我们学习的贝叶斯优化策略通过各种启发式方法有效地解决了这种利用−探索之间的权衡问题。因此，我们将开发一种策略，将这些策略重新应用于我们基于偏好的设定。请记住，在之前的章节中，贝叶斯优化策略会为搜索空间内的每个数据点计算一个获取分数，量化该数据点在帮助我们优化目标函数方面的价值。通过找到最大化这个获取分数的数据点，我们就可以确定下一个要评估目标函数的点。

> **使用 BayesOpt 策略来建议成对比较**
>
> 在我们目前的基于用户偏好的环境中，我们需要向用户展示一组数据点供他们进行比较。在优化循环的每一次迭代中，我们会首先选取一个数据点，这个点能使特定 BayesOpt 策略的获取分数最大化，然后我们会将其与我们目前发现的最佳数据点配对。

我们采用的策略类似于孩子们常玩的游戏"山丘之王"，在每一轮迭代中，我们都尝试用贝叶斯优化策略挑选出的挑战者去"战胜"我们目前收集到的最佳数据点(即当前的"山丘之王"），如图 10-7 所示。

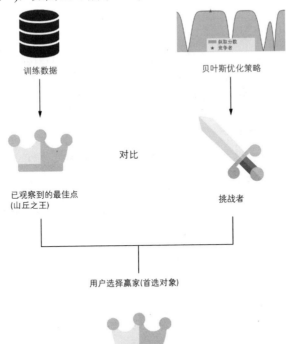

图 10-7 贝叶斯偏好优化中"山丘之王"策略的示意图。我们将迄今为止观察到的最佳点与贝叶斯
优化策略识别出的有前景的候选点进行比较

采用"山丘之王"策略，我们将为用户构建比较数据对的任务委托给了一个能够很好地平衡利用与探索的常规贝叶斯优化策略，而且我们已经熟悉如何运用这种策略。

从代码实现的角度来看，这个策略非常简单。我们只需声明一个 BayesOpt 策略对象，并使用辅助函数 optimize_acqf() 来优化其获取分数。例如，以下代码使用了我们在 5.2 节学到的上置信界(UCB)策略。UCB 策略使用 GP 生成的预测正态分布的上界作为获取分数，以此来量化检查一个数据点的价值：

```
policy = UpperConfidenceBound(model, beta=2)      ◄── 初始化 BayesOpt 策略

challenger, acq_val = optimize_acqf(
    policy,
    bounds=bounds,
    q=1,                                           寻找最大化获取分数的数
    num_restarts=50,                               据点
    raw_samples=100,
)
```

我们使用的另一种策略是 EI，我们在 4.3 节中已经学过。EI 的一个特点使其非常适合我们的情境，那就是它的策略动机与我们采用的"山丘之王"策略完全吻合。也就是说，EI 的目标是寻找那些平均来说能带来最大改进(以目标函数值衡量，这是我们的优化目标)的数据点，这些改进是基于目前已知的最佳点。超越迄今为止发现的最佳值正是"山丘之王"策略的核心所在。为了在我们的情境中实现 EI，我们采用了一个能够处理噪声观测的不同类实现，名为 qNoisyExpectedImprovement。

贝叶斯优化中的噪声观测

贝叶斯优化中提到的"噪声观测"指的是我们怀疑所观察到的标签受到了噪声的干扰，正如本章开头所描述的那样。

正如图 10-5 和图 10-6 所示，即使是在我们训练数据 train_x 中给出的位置上，我们的 GP 预测仍然有很大的不确定性。这里应该使用带有噪声的 EI 策略，因为这种策略在处理这类不确定性预测时比标准 EI 策略表现得更好。我们按照以下方式实现带有噪声的 EI：

```
policy = qNoisyExpectedImprovement(model, train_x)          ◀──  初始化贝叶斯优化策略

challenger, acq_val = optimize_acqf(
    policy,
    bounds=bounds,
    q=1,
    num_restarts=50,                                         寻找最大化获取分数的数
    raw_samples=100,                                         据点
)
```

为进行比较，我们同样添加了一个简单的策略，即在搜索空间内均匀随机地选择挑战者，以对抗迄今为止观察到的最佳点：

```
challenger = bounds[0] + (bounds[1] - bounds[0]) * torch.rand(1, 1)   ◀──
                                                     在 0 和 1 之间随机选择一个点，并
                                                     将该点缩放到我们的搜索空间
```

这个随机策略作为一个基准，用来确定我们所拥有的贝叶斯优化策略是否能够比随机选择表现得更好。有了这些策略，我们现在准备运行贝叶斯优化循环来优化我们示例问题中的用户偏好。这个循环的代码与我们在前几章中使用的类似，只是某些向用户展示数据对以获取他们反馈并将结果添加到我们训练集的步骤有所不同。这是通过我们在 10.2 节编写的 observe_and_append_data()辅助函数完成的：

```
incumbent_ind = train_y.argmax()

next_x = torch.vstack([train_x[incumbent_ind,
    :], challenger])

train_x, train_comp = observe_and_append_data(
    next_x, objective, train_x, train_comp
)
train_y = objective(train_x)
```

找到目前为止观察到
的最佳点

更新我们的训练数据

将最佳点和策略建议的点组合成一批

在 CH10/02 - Optimizing preferences.ipynb 的代码里，每次贝叶斯优化运行都是从一对随机生成的数据点开始，从比较这两个点的目标函数得到反馈。每次运行接着进行 20 次成对比较(也就是向用户提出 20 个查询)。我们还对每种策略重复实验 10 次，以便我们可以观察到每种策略的综合表现。

图 10-8 展示了我们采用的优化策略所找到的平均最佳值(及其误差条)。EI 策略表现最为出色，始终能找到全局最优解。EI 的成功可能在很大程度上得益于我们的"山丘之王"方法与 EI 算法动机之间的契合。更出人意料的是，UCB 策略未能超越随机策略(也许调整权衡参数 β 的值能够提升 UCB 策略的表现)。

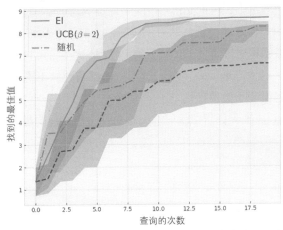

图 10-8　不同 BayesOpt 策略的优化性能汇总，这些数据来自 10 次实验。EI 表现最佳，始终能够发现全局最优解。令人惊讶的是，UCB 未能胜过随机策略

注意　UCB 的权衡参数 β 直接控制策略在探索和利用之间的平衡。有关这个参数的更多讨论，请参见 5.2.2 节。

在本章中，我们探讨了如何利用成对比较来进行偏好学习和优化。我们了解了这种数据收集方法的动机，以及它相较于要求用户提供数值评分的优势。然后，我们采

用 BayesOpt 来处理优化问题,首先通过一种近似方法在成对比较的基础上训练了一个
GP 模型。这个 GP 模型能够有效地学习训练集中数据点之间的关系,并且能够提供准
确的不确定性量化。最后,我们学习了如何将 BayesOpt 策略应用于这个问题,即通过
将我们目前发现的最佳数据点与特定 BayesOpt 策略推荐的数据点进行比较。在下一章
中,我们将了解黑盒优化问题的多目标版本,在这个版本中,我们需要在优化过程中
平衡多个相互竞争的目标函数。

10.5　本章小结

- 在生产推荐应用中,通过比较两个项目来获得用户反馈,比直接在数值尺度
  上进行评分更有效。因为对用户的认知要求较低,更容易获得与用户真实偏
  好一致的反馈。

- 成对比较所包含的信息少于数值评估,因此在选择这两种获取偏好的方法时,
  需要在减轻用户认知负担和获取信息之间做出权衡。

- 可以训练一个 GP 来最大化成对比较数据集的似然。该模型在基于成对比较数
  据进行条件化时,能够近似真实的后验非 GP 模型。

- 在成对比较数据上训练的 GP 产生的平均预测与训练集中的比较结果一致。特
  别是,在用户偏好的位置,其平均预测值会高于非偏好位置。

- 在成对比较数据上训练的 GP 的不确定性虽然较之前的 GP 有所降低,但不会
  完全消失,这恰当地反映了我们对用户偏好函数的不确定性,因为成对比较
  提供的信息量少于数值评估。

- 使用 BayesOpt 来优化用户偏好的策略包括将已发现的最佳数据点与贝叶斯优
  化策略推荐的候选点进行对比。这个策略的目的是不断尝试超越我们迄今为
  止找到的最佳点。

- 在 BoTorch 中,成对比较的结果以两元素张量的形式表示,其中第一个元素
  是训练集中用户更偏好的数据点的索引,第二个元素是用户不偏好的数据点
  的索引。

- 在成对比较的优化环境中使用 EI 策略时,我们采用该策略的噪声版本,它比
  常规 EI 更能妥善处理训练 GP 中的高不确定性。

第11章

同时优化多个目标

本章主要内容
- 多个目标优化问题
- 训练多个高斯过程(GP)以同时了解多个目标
- 联合优化多个目标

我们每天都面临着优化的权衡选择:

- "这杯咖啡味道很好,但糖分太高了。"
- "那件衬衫看起来很棒,但价格超出了我的预算。"
- "我刚训练的神经网络准确度很高,但它太庞大,训练时间也太长。"

为了在某个目标上表现良好,往往以牺牲另一个同样重要的目标为代价:一个爱吃甜食的咖啡爱好者可能会使用不健康的糖量来优化他们的咖啡味道;一个购物者对一件衣服的外观打高分,但对其价格只能打低分;一个机器学习工程师开发了一个具有良好预测性能的神经网络,但它太大了,无法在实时应用中使用。由于我们专注于一个目标,另一个目标的效果可能大打折扣。相反,我们应该将所有需要优化的目标函数纳入我们的优化程序,并努力同时对它们进行优化。例如,我们应该寻找口感好又糖分低的咖啡配方,时髦又价格合理的服装,或者性能卓越又实用易实施的机器学习模型。这种优化问题被称为多目标优化。

定义 顾名思义,多目标优化问题涉及多个需要同时优化的目标函数。目标是找到能在所有目标上都取得高值的数据点。

当然，在任何复杂的多目标优化问题中，我们都会遇到相互冲突的目标，往往要在提升一个目标的性能的同时牺牲另一个目标的性能。这种目标之间的内在矛盾导致了我们需要在这些目标之间寻求平衡(这与4.1.2节中讨论的，在贝叶斯优化循环内部需要优化的两个"目标"——利用与探索之间的平衡——非常相似)。

在本章中，我们将探讨多目标优化问题，通过寻找那些在不损害其他目标的情况下无法在某一目标上进一步提升的数据点来有效地解决它，以及当目标函数难以直接查询时，运用BayesOpt来处理这个问题。多目标优化是众多领域普遍面临的问题，通过本章的学习，我们将掌握如何运用贝叶斯方法来解决这一问题，从而丰富我们的优化工具箱。

11.1 使用BayesOpt平衡多个优化目标

多目标优化的应用非常普遍：

- 在工程和制造业中，工程师常常需要在多个目标之间做出权衡，比如产品的质量与生产成本。例如，汽车制造商持续优化生产线，旨在提升产品质量的同时降低成本。

- 在资源分配问题上，如向贫困社区或受自然灾害影响的人群分配金钱和医疗援助，决策者需要在最大化对这些社区资源分配与应对分配过程中的各种物流挑战之间找到平衡。

- 与我们在8.1.1节讨论的成本约束优化问题类似，研发治疗某种疾病的药物科学家需要在最大化疾病治疗效果与最小化对患者副作用之间取得平衡。

- 对于机器学习工程师来说，一个实际的机器学习模型在现实世界中的应用需要在保持良好性能的同时，确保较低的训练成本。

与前几章讨论的优化情境不同，我们现在不再只关注一个单一的优化目标。在许多这类问题中，我们需要优化的目标之间存在相互冲突：只有在某一个指标上做出妥协，我们才能在另一个指标上取得提升。思考这种优化目标之间固有冲突的一种方法是，我们必须同时"兼顾"多个目标：我们不能只专注于某些目标而忽略其他目标。这种需要同时处理多个目标的需求已在图11-1中形象地展示。幸运的是，即使现在我们面对不止一个目标函数，也不会对我们在本书中开发的大多数BayesOpt工作流程产生影响。

图 11-1　此漫画描绘了我们在多目标优化中必须实现的平衡，我们需要在不同的目标函数之间进行权衡

使用多个 GP 建模多个目标函数

在之前的章节中，我们训练了一个 GP 模型来模拟我们对要优化的单一目标函数的信念。在本章中，我们有多个目标函数需要建模，但每个目标仍然可以作为一个 GP 来建模。通过维护多个 GP，我们可以用概率的方式对所有目标函数进行推理。

图 11-2 展示了 BayesOpt 循环，其中有两个目标函数需要被优化。与图 1-6 相比，步骤 1 现在为每个目标函数都配备了一个 GP，并且在步骤 3 中，BayesOpt 策略识别的每个数据点都会在所有目标函数上进行评估。

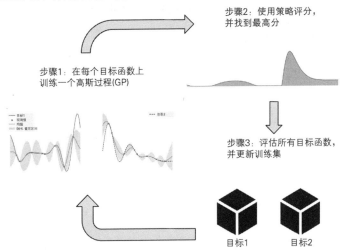

图 11-2　具有两个目标函数的多目标贝叶斯优化循环。一个 GP 在每个目标函数的数据上进行训练，BayesOpt 策略决定接下来用哪个数据点来评估目标函数

在每个目标的数据上训练一个 GP 模型是直接且易于实施的；实际上，我们在第 8 章的约束优化中已经这样做过，我们训练了一个 GP 来处理目标函数，另一个处理约束函数。换句话说，我们只需要关注图 11-2 步骤 2 中的贝叶斯优化策略的设计，以

帮助我们在优化过程中做出有效的决策。我们将专注于学习贝叶斯优化策略如何平衡多个目标，以便尽快在本章的后续部分找到表现优异的数据点。

11.2   寻找最佳数据点的边界

在本节中，我们将学习多目标优化中常用的数学概念，以量化我们在优化过程中取得的进展。这些概念有助于我们确立本章后面将要开发的优化策略的目标。为了使我们的讨论具体化，我们使用 CH11/01 - Computing hypervolume.ipynb 中的代码。

我们首先考虑两个需要同时优化的目标函数。

- 第一个目标函数是我们在前面章节中熟悉的 Forrester 函数。这个目标函数的全局最优解位于搜索空间的右侧。在下面的代码中，这个函数被实现为 objective1()。

- 我们还有另一个目标函数，实现为 objective2()，它与 Forrester 函数在形式和行为上都有所不同。关键的是，这个目标函数的全局最优解位于搜索空间的左侧——两个目标函数全局最优解位置的不匹配模拟了多目标优化问题中常见的权衡。

- 我们编写了一个辅助函数 joint_objective()，它针对给定的输入数据点 x 返回一个包含两个目标函数值的 PyTorch 张量。这个函数有助于保持代码简洁。

- 最后，我们定义优化问题的搜索空间为-5 到 5 之间：

```
def objective1(x):
    return -((x + 1) ** 2) * torch.sin(2 * x + 2)   ← 第一个目标函数
    ↪ / 5 + 1 + x / 20

def objective2(x):
    return (0.1 * objective1(x) + objective1(x - 4))  ← 第二个目标函数
    ↪ / 3 - x / 3 + 0.5

def joint_objective(x):
    y1 = objective1(x)
    y2 = objective2(x)                                  调用两个目标函
    return torch.vstack([y1.flatten(), y2.flatten()])   数的辅助函数
    ↪ .transpose(-1, -2)

lb = -5
ub = 5                                                  搜索空间的边界
bounds = torch.tensor([[lb], [ub]], dtype=torch.float)
```

图 11-3 展示了搜索空间中的这两个目标函数。我们可以看到，最大化这两个目标

的数据点彼此不同：实线曲线在 $x = 4.5$ 附近达到最大值，而虚线曲线在 $x = -4.5$ 附近达到最大值。这种差异意味着我们有两个相互冲突的目标，联合优化这两个函数需要在它们的目标值之间进行权衡。

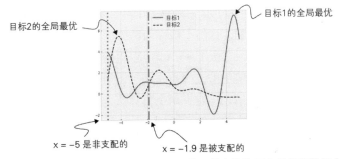

图 11-3　构成我们当前多目标优化问题的两个目标函数。最大化这两个目标的数据点彼此不同，因此在两个目标的优化中存在权衡

　　所谓的"权衡"，意味着在我们的搜索空间中存在某些点 x，其第一个目标(记为 $f_1(x)$)的值无法提高，除非降低其第二个目标(记为 $f_2(x)$)的值。换句话说，有些数据点只能优化一个目标函数，即它们的值无法被超越，除非我们牺牲另一个目标函数。

　　以图 11-3 所示的 $x = -5$ 为例。这是搜索空间最左侧的数据点。这个点的目标值 $f_1(-5)$ 大约为 4，目标值 $f_2(-5)$ 大约为 1.5。现在，$x = -5$ 是一个数据点，如果我们想要在第一个目标 $f_1(x)$ 上超过 4，就必须在 $f_2(x)$ 上做得比 1.5 差。实际上，我们要想获得比 4 更高的 $f_1(x)$ 值，唯一的办法就是查询搜索空间最右侧的部分，即 $x > 4$。在这里，$f_2(x)$ 的值会降到 0 以下。

　　相反，右侧区域($x > 4$)也是 $f_1(x)$ 和 $f_2(x)$ 之间存在张力的地方：为了增加 $f_2(x)$ 的值，我们不得不向左移动，离开当前空间，这样 $f_1(x)$ 的值就会受到影响。

定义　如果在不降低另一个目标的值的情况下，某个目标的值无法被超越，这样的数据点被称为非支配。相反，支配点 x_1 是指存在另一个点 x_2，该点的所有目标值都超过 x_1。非支配点也可以称为帕累托最优点、帕累托有效点或非劣点。

　　因此，点 $x = -5$ 是一个非支配点，$x > 4$ 的一些点也是非支配点。图 11-3 中的一个支配点的例子是 $x = -1.9$，其中 $f_1(-1.9) \approx f_2(-1.9) \approx 1$。这个点被 $x = -5$ 支配，因为前者的目标值低于后者：$f_1(-1.9) < f_1(-5)$ 且 $f_2(-1.9) < f_2(-5)$。

　　在许多情况下，我们有无限多的非支配点。图 11-4 展示了我们当前问题中的非支配点，这些点以虚线阴影区域表示(我们将在后面的部分讨论如何找到这些非支配点；现在，让我们先关注这些非支配点的行为)：

- 我们可以看到，$x=-5$ 确实是一个非支配点，同时该区域周围的许多点都为第二个目标函数 $f_2(x)$ 提供了较高的值。这个区域外的点并不能产生更高的 $f_2(x)$ 值，因此区域内的点都是非支配的。我们称这组点为第一组。
- 在右侧还有一个较小的区域，它为第一个目标函数 $f_1(x)$ 提供了较高的值，这个区域的点也是非支配的。这组点被称为第二组。
- 确实存在第三个区域，它位于 $x=4$ 附近，也是非支配的。这个区域的 $f_1(x)$ 值不会被搜索空间最左侧的非支配点所超越。虽然这个区域并不包含任何一个目标函数的全局最优解，但它在两个目标值之间实现了权衡，因此它也是非支配的。我们将这些点称为第三组。

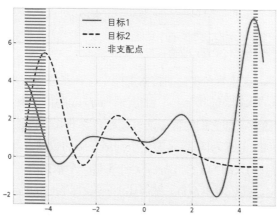

图 11-4 两个目标函数和非支配点。在这个多目标优化问题中有无限多个非支配点

在多目标优化中，非支配点的价值在于它们本身就是问题的解决方案，我们无法在不牺牲至少一个目标的情况下对它们进行改进。通过分析非支配点之间的关系以及它们在搜索空间中的分布，我们能更深入地理解我们优化问题中多个目标之间的权衡。因此，多目标优化的一个合理目标是寻找尽可能多的非支配点。

然而，如何具体量化寻找非支配点的目标并不明了了。我们的目标不应仅仅是尽可能多地发现非支配点，因为在许多情况下，这样的点可能是无限多的。因此，我们转而采用一种更易于在不同空间中对数据点进行可视化的度量方法。

在图 11-3 和图 11-4 中，x 轴代表数据点本身，而 y 轴则对应这些数据点的目标函数值。为了研究两个相互竞争的目标之间的权衡，我们同样可以采用散点图。在散点图中，特定数据点 x 的 x 坐标代表第一个目标函数 $f_1(x)$ 的值，而 y 坐标则代表第二个目标函数 $f_2(x)$ 的值。

图 11-5 展示了在 -5 到 5 之间 201 个等间距点的密集网格中每个点的散点图，其中被支配的点用点表示，非支配的点用星号表示。我们可以看到，在这种表示中，一个点是否被支配更容易判断：对于每个数据点 x_1，如果存在另一个数据点 x_2 位于 x_1

的上方且右侧，那么 x_1 就是一个被支配的点；相反，如果在 x_1 的上方且右侧没有任何点 x_2，那么 x_1 就是一个非支配的点。我们还可以在图 11-5 中看到与图 11-4 讨论中对应的三组非支配点。

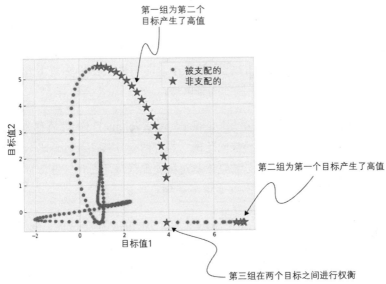

图 11-5　根据两个目标函数的值绘制的数据点散点图。被支配的点用点表示；非支配的点用星号表示。这三组非支配点与图 11-4 中的讨论对应

从目标值空间中可视化的非支配点集合出发，我们现在引入另一个概念：帕累托边界(Pareto frontier)。图 11-6 展示了我们当前优化问题的帕累托边界。

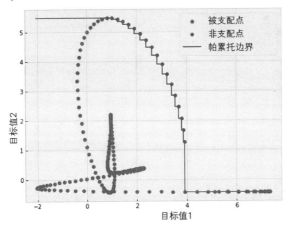

图 11-6　帕累托边界穿过非支配点。没有数据点位于这个帕累托边界之外(帕累托边界的上方和右侧)

定义 贯穿非支配点的曲线被称为帕累托边界。之所以称为"边界",是因为当我们将所有数据点视为一个集合时,这些非支配点形成的曲线实际上构成了该集合的边界线,或者说是前沿,在这个前沿之外,不存在任何其他数据点。

在多目标优化领域,帕累托边界的概念至关重要,因为它直接关系到衡量多目标优化问题进展的度量标准。具体而言,我们关注的是帕累托边界所覆盖的空间(由多个目标函数收集到的目标值所定义的空间)的大小,即帕累托边界内部(下方和左侧)的区域。这一区域在图 11-7 所示的左侧的阴影区域。

定义 我们使用术语"被支配超体积(dominated hypervolume)"(有时简称为"超体积")来表示帕累托边界所覆盖的空间范围。当有两个目标函数时,比如在我们的例子中,空间是二维的,被支配超体积是被支配区域的面积。当目标函数多于两个时,被支配超体积在更高维度中衡量相同的量。

图 11-7 左侧部分显示的散点是使用遍及搜索空间的 201 个密集点网格生成的,以便我们可以详细研究帕累托边界及其超体积的行为。换句话说,这个密集网格代表了对空间进行全面搜索的结果,以完整地描绘出帕累托边界。

作为对比,图 11-7 的右侧部分展示了在-5 到 5 之间均匀随机选取的 20 个点的结果。从这些选定的点中,我们再次找出那些在 20 个点的集合中不被其他任何点支配的点,并绘制第二个数据集的帕累托边界。

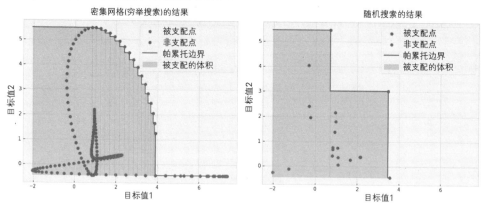

图 11-7 密集网格(左图)的被支配超体积,相当于穷举搜索,以及随机选择的 20 个数据点(右图)。第一个数据集具有更大的被支配体积,因此,在多目标优化方面比第二个数据集表现得更好

与左侧完全探索搜索空间的情况不同,在右侧的小数据集中,我们仅发现了四个非支配点。在多目标优化的背景下,相较于第二个数据集(源自随机搜索),我们通过第一个数据集(源自穷举搜索)实现了更为显著的进展。

与穷举搜索得到的数据集相比,这四个非支配点构成了一个更加参差不齐的帕累托边界，相应地，其被支配超体积显著减小。换句话说，这种被支配超体积的度量可以用来量化多目标优化问题中的优化进程。

注意　在多目标优化问题中，我们通过当前收集数据所覆盖的被支配区域的超体积来评估优化的进展。收集到的数据所对应的被支配超体积越大，表明我们在同步优化各个目标函数方面取得的进展就越大。

根据超体积度量标准，图 11-7 显示穷举搜索在优化过程中比随机搜索(使用更少的查询次数)做得更好，这是一个预期的结果。但为了量化搜索策略的优势程度，我们需要一种计算这个超体积度量的方法。为了进行这种计算，我们需要一个参考点；这个参考点作为支配区域的终点，为该区域设定了一个左下边界。我们可以将这个参考点视为在多目标优化环境下可能观察到的最糟糕结果，因此，这个参考点与帕累托边界之间的区域的超体积量化了我们从这种最糟糕结果中改善了多少(如果我们不知道每个目标函数的最差结果，作为 BayesOpt 用户，可以将其设定为我们认为每个查询能够达到的最低特定值)。

注意　在多目标优化中，一个常见的参考点是一个数组，其中的每个元素对应于要最大化的目标函数的最低值。

例如，我们当前优化问题的参考点是[-2.0292, -0.4444]，因为第一个元素-2.0292是第一个目标函数(图 11-3 中的实线曲线)的最小值，而-0.4444 是第二个目标函数(图 11-3 中的虚线曲线)的最小值。这个参考点在图 11-8 中以星号的形式显示，它再次设定了被支配空间的下界。

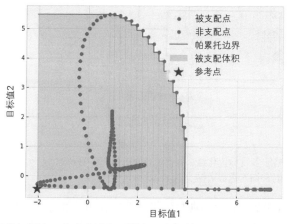

图11-8　在多目标优化问题中，参考点设定了被支配空间的下界。超体积被计算为参考点与帕累托边界之间区域的体积

　　有了这个参考点，我们可以计算由多目标优化策略收集的数据集的支配区域的超体积。完成这一计算的算法涉及将支配区域划分为多个不相交的超矩形，这些超矩形共同构成了支配区域。从这里，我们可以轻松计算每个超矩形的超体积，并将它们相加，以获得整个区域的超体积。感兴趣的读者可以参考 Renaud Lacour、Kathrin Klamroth 和 Carlos M. Fonseca 关于这一算法的研究论文(可访问链接 http://mng.bz/jPdp)。

　　使用 BoTorch，我们可以导入并运行这个算法，无需实现底层细节。更具体地说，假设我们已经将优化过程中收集到的标签存储在变量 train_y 中。由于我们的示例中有两个目标函数，train_y 的形状应该是 n 乘以 2，其中 n 是收集数据集中数据点的数量。然后我们可以使用以下代码来计算超体积度量，其中：

- DominatedPartitioning 类实现了支配区域的划分。为了初始化这个对象，我们传入了参考点和收集到的标签 train_y。
- 然后，我们调用支配区域对象的 compute_hypervolume() 方法来计算其超体积：

```
from botorch.utils.multi_objective
↪.box_decompositions.dominated import            导入被支配区域的类实现
↪DominatedPartitioning


dominated_part = DominatedPartitioning            计算相对于参考点的被支
↪(ref_point, train_y)                             配区域的超体积
volume = dominated_part.compute_hypervolume().item()
```

　　使用这种方法，我们可以计算穷举搜索和随机搜索的超体积，如图 11-9 的左侧和中间面板所示。我们看到穷举搜索确实实现了更高的超体积(31.49)，而随机搜索的超体积为 25.72。

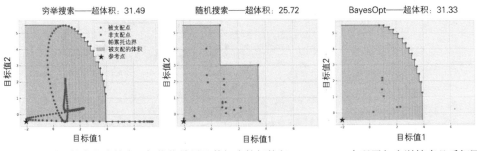

图 11-9　不同搜索策略的多目标优化结果及其相应的超体积。BayesOpt 实现了与穷举搜索几乎相同的超体积，但查询次数显著减少

　　在图 11-9 的右侧部分，我们观察到贝叶斯优化策略所取得的成果，该策略将在后续章节详细介绍。尽管只有 20 个数据点，也就是预算的十分之一(与 201 个数据点相比)，贝叶斯优化策略却几乎实现了与全面搜索相同的性能指标。与同等预算下的随机

搜索相比，贝叶斯优化策略不仅能更精确地描绘出真实的帕累托边界，还能实现明显更高的超体积。

11.3　优化最佳数据边界

贝叶斯优化策略应如何设定目标，以在其收集的数据中最大化被支配区域的超体积呢？一种直接的方法是，在迭代过程中依次优化每个目标：在贝叶斯优化循环的当前步骤中，我们专注于最大化第一个目标函数 f1(x)；在接下来的步骤中，我们将转向最大化第二个目标函数 f2(x)；这个过程会持续进行。在每一轮迭代中，我们都有一个明确的目标函数需要优先优化，这可以通过应用我们在第 4～6 章中学到的贝叶斯优化策略来实现。在本章后续的内容中，我们将使用期望改进(EI)策略，这是 4.3 节介绍过的一种策略。由于其算法的简洁性和稳定的性能表现，EI 在实际应用中非常受欢迎。

在我们面对的多目标优化问题中，我们注意到了图 11-10 上方的图表中用 X 标记的数据点。通过在每个目标函数对应的数据集上训练 GP 模型，我们得到了对于第一个目标的预测(位于左上角的图表)，以及对于第二个目标的预测(位于右上角的图表)。

在图 11-10 的下方面板中，我们展示了各个 EI 策略针对其对应目标函数的得分情况。左下方的面板中，EI 策略致力于最大化第一个目标函数 f1(x)；而右下方的面板中，EI 策略则致力于寻找第二个目标函数 f2(x)的最优解。从这两个图表中可以明显看出两个目标之间的冲突：第一个 EI 策略集中在搜索空间的右侧，那里是 f1(x)达到最大值的区域；而第二个 EI 策略则专注于搜索空间的左侧，那里是 f2(x)达到最大值的区域。

注意　由 BayesOpt 策略计算出的数据点的获取分数，量化了该数据点对于我们寻找目标函数最优解的价值。获取分数越高，数据点的价值就越大，而给出最高获取分数的点，就是策略推荐进行查询的点。

在我们之前提出的交替策略中，我们要么遵循第一个 EI 策略，查询 x 约等于 4.5 附近的点；要么遵循第二个 EI 策略，查询 x 约等于-4.5 附近的点，这取决于当前是轮到优化 $f_1(x)$ 还是 $f_2(x)$。我们可以使用这种交替策略作为基准，以与最终解决方案进行比较。

为了超越简单交替优化不同目标函数的策略，我们应该采用什么样的解决方案呢？我们注意到，通过使用 GP 来建模每一个需要最大化的目标，我们能够对每个潜在的新查询在各个目标上可能给出的值进行概率性推理。具体来说，我们知道每个潜在的新查询在每个目标上的值服从一个已知的正态分布。这个正态分布就是我们对查询值的预测。

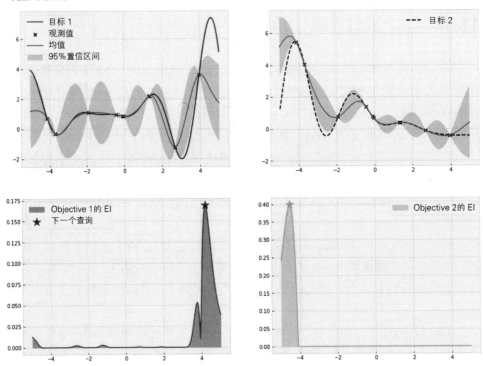

图 11-10 当前 GP 对两个目标函数的信念(顶部)以及相应的 EI 获取分数(底部)。每个 EI 策略都旨在优化其自身的目标函数，并专注于不同的区域

这一预测能力使我们能评估每一个潜在的新查询点是否属于非支配点，并且如果它属于非支配点，它将如何对被支配区域的超体积产生影响。每当我们发现一个新的非支配点，它都会拓展被支配区域的边界——也就是帕累托边界——从而提升整个区域的超体积。因此，我们可以将每个新查询点平均预期能够带来的超体积增长，作为评估其价值的获取分数。一个查询点能够预期带来的超体积增长越大，它对我们优化过程的贡献就越大。

当然，在我们真正对目标函数执行查询之前，我们无法确定查询会为我们带来多少超体积的增长。不过，我们可以从概率的角度来分析这种潜在的超体积增长。具体来说，我们可以计算一个潜在的查询所导致的超体积增长的预期值。

正如确定被支配区域超体积的算法一样，计算期望超体积增加值的过程也涉及将被支配区域划分为超矩形，这一计算相当复杂。我们在这里同样不会深入数学细节，但你可以查阅由 Kaifeng Yang、Michael Emmerich、André Deutz 和 Thomas Bäck 提供的相关研究论文，了解更多细节。他们提出了相应的贝叶斯优化策略，称为期望超体积改进(Expected Hypervolume Improvement，EHVI)，可访问他们的论文链接(http://mng.bz/WzYw)。

> **定义** 期望超体积改进策略将新数据点所导致的被支配区域超体积增加的期望值作为该数据点的获取分数。这一策略是 EI 在多目标设置中的推广，我们的目标是最大化被支配超体积。

图 11-11 在右下角的面板中展示了与图 11-10 相同的数据集上 EHVI 的获取分数。我们可以看到，与单独的 EI 策略相比，EHVI 通过为多个可能扩展帕累托边界的区域分配高获取分数，很好地平衡了两个目标：搜索空间最左侧的区域获得了最高的分数，但最右侧的区域以及中间的其他区域也获得了不可忽视的获取分数。

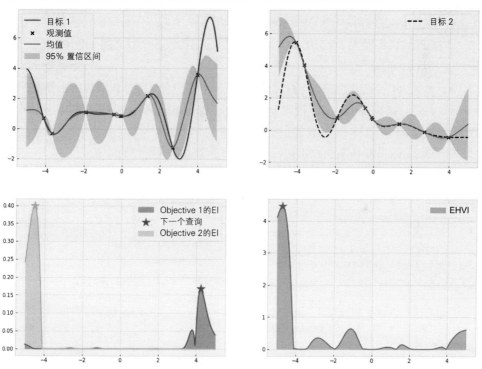

图 11-11 当前高斯过程对两个目标函数的信念(顶部)，相应的 EI 获取分数(左下角)，以及 EHVI 获取分数(右下角)。EHVI 平衡了两个目标，为多个可能扩展帕累托边界的区域分配了高获取分数

为了验证 EHVI 策略确实在多目标优化中给我们带来优势，我们实现了这一策略，并将其应用于我们当前的问题。我们使用的代码包含在 CH11/02 - Multi-objective BayesOpt loop.ipynb 中。

首先，我们需要 GP 模型的类实现以及一个辅助函数 fit_gp_model()，它有助于在观察到的数据上训练每个 GP。由于我们在之前的章节中已经实现了这些组件，这里就不再展示它们的代码；你可以参考 4.1.1 节来回顾这部分代码。在贝叶斯优化循环的每一步，我们调用这个辅助函数来初始化并在每个目标函数的数据上训练 GP。在我们的例子中，有两个目标函数，所以我们两次调用辅助函数，每次都是用 train_y[:, 0] (这是从第一个目标 $f_1(x)$ 观察到的标签)或者 train_y[:, 1](这是从第二个目标 $f_2(x)$ 的标签)：

```
model1, likelihood1 = fit_gp_model(train_x, train_y[:, 0])
model2, likelihood2 = fit_gp_model(train_x, train_y[:, 1])
```

然后，我们使用来自 botorch.acquisition.multi_objective.analytic 模块的 ExpectedHypervolumeImprovement 类来实现 EHVI 策略。为了初始化策略对象，我们设置了以下参数。

- 参数 model 接收一个 GP 列表，其中每个 GP 对应一个目标函数的建模。这个 GP 列表实现为 ModelListGP 类的实例，它接收各个独立的 GP 对象(model1 和 model2)。
- 参数 ref_point 接收参考点，这是计算超体积和潜在超体积增加所必需的。
- 最后，参数 partitioning 接收一个 FastNondominatedPartitioning 类的实例，它有助于计算超体积的增加。这个对象的初始化，类似于我们之前看到的 DominatedPartitioning 对象，需要一个参考点和观察到的标签 train_y：

```
from botorch.acquisition.multi_objective
➥.analytic import
➥ExpectedHypervolumeImprovement                        ┐
from botorch.utils.multi_objective.box_decompositions   ├─ 导入必要的类
➥.non_dominated import                                  │
➥FastNondominatedPartitioning                           ┘
from botorch.models.model_list_gp_regression import ModelListGP


policy = ExpectedHypervolumeImprovement(
参考点 ┐     model=ModelListGP(model1, model2),      ◄── 每个目标函数的高斯过
      └─► ref_point=ref_point,                          程模型列表
          partitioning=FastNondominatedPartitioning
          ➥(ref_point, train_y)                   ◄── 计算超体积增加的非支
)                                                        配划分对象
```

使用 EHVI 策略的 policy 对象，我们可以计算获取分数，这个分数代表了由潜在的新观测结果带来的预期超体积增加。然后，我们可以使用辅助函数 optimize_acqf() 来找到给出最高分数的数据点：

```
next_x, acq_val = optimize_acqf(
    policy,
    bounds=bounds,
    q=1,
    num_restarts=20,
    raw_samples=50
)
```

变量 next_x 存储了我们即将用来查询目标函数的位置：next_y = joint_objective (next_x)。

这就是我们在当前优化问题上运行 EHVI 所需的全部内容。作为参考，我们还测试了之前讨论过的交替优化策略，在该策略中，我们使用常规的 EI 来优化选定的目标函数。由于我们有两个目标，我们简单地在两者之间切换(这里的 num_queries 是我们在 BayesOpt 运行中可以进行的总评估次数)：

```
for i in range(num_queries):
    if i % 2 == 0:                          如果当前迭代次数是偶数, 那
        model = model1                      么就优化第一个目标
        best_f = train_y[:, 0].max()
    else:
        model = model2                      如果当前迭代次数是奇数, 那
        best_f = train_y[:, 1].max()        么就优化第二个目标

    policy = ExpectedImprovement(model=model,
    ➥best_f=best_f)
                                            相应地创建期望改进(EI)策略
```

最后，为了量化我们的优化进展，我们记录了在整个搜索过程中收集的当前数据集所导致的被支配区域的超体积。这一记录是通过一个名为 hypervolumes 的张量完成的，它在实验过程中的每一步都存储了当前的被支配超体积，并且可以跨多个实验进行记录。总的来说，我们的 BayesOpt 循环如下，对于每种策略，我们都会多次进行实验，每次都是从均匀随机选择的初始数据集开始：

```
hypervolumes = torch.zeros((num_repeats, num_queries))     优化过程中找到的超体
                                                           积历史

for trial in range(num_repeats):
  torch.manual_seed(trial)
  train_x = bounds[0] + (bounds[1] - bounds[0]) * torch      初始化随机初始
  ➥.rand(1, 1)                                              训练集
  train_y = joint_objective(train_x)

  for i in range(num_queries):
      dominated_part = DominatedPartitioning(ref_point,
```

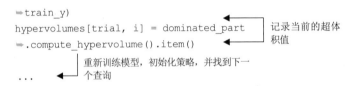

　　CH11/02 - Multi-objective BayesOpt loop.ipynb 运行了我们拥有的两种 BayesOpt 策略，进行了 10 次实验，每次实验都有 20 次查询目标函数的预算。图 11-12 展示了两种策略的平均超体积和误差条，作为查询次数的函数。我们可以看到，EHVI 策略始终优于交替 EI 策略，这展示了基于超体积的方法的优势。

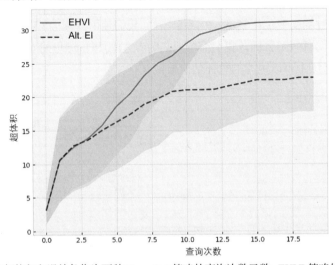

图 11-12　平均超体积和误差条作为两种 BayesOpt 策略的查询次数函数。EHVI 策略始终超越交替 EI 策略

　　在这一章节中，我们了解了多目标优化问题，并探讨了如何运用 BayesOpt 来解决这类问题。我们讨论了超体积这一概念，它作为衡量优化性能的指标，能够帮助我们量化在优化目标函数方面所取得的进展。通过采用 EI 策略的变体来优化超体积的增长，我们得到了一个表现出色的 EHVI 策略。

　　遗憾的是，本章中无法涵盖多目标 BayesOpt 的其他方面。具体来说，除了 EHVI，我们还可以考虑其他优化策略。一种常见的方法是标量化，它通过加权求和的方式将多个竞争目标合并为一个。这种策略是交替 EI 策略的泛化，我们可以将其视为在每次迭代中给一个目标分配权重 1，给另一个目标分配权重 0。感兴趣的读者可以参考 BoTorch 的文档(可访问链接 https://botorch.org/ docs/multi_objective 和 https://botorch.org/ tutorials/multi_objective_bo)，它包含 BoTorch 提供的不同多目标优化策略的简要概述。

11.4　练习题：飞机设计的多目标优化

在这个练习题中，我们将所学的多目标优化技术应用到优化飞机气动结构设计的问题。这个问题最初在第 7 章的练习题 2 中介绍，并在第 8 章的练习题 2 中被修改为一个受成本约束的问题。在这里，我们重用了第 8 章的代码。这个练习题让我们能够观察到 EHVI 策略在多维问题中的性能。解决方案包含在 CH11/03 - Exercise 1.ipynb 中。

请按照以下步骤操作：

(1) 从第 8 章练习题 2 中复制目标函数 flight_utility() 和 flight_cost() 的代码。将第二个函数 flight_cost() 返回值的符号取反。我们将这两个函数用作我们多目标优化问题的目标。

(2) 编写一个辅助函数，该函数接收输入 X(可能包含多个数据点)，并返回 X 在两个目标函数上的评估值。返回值应该是一个 n 乘以 2 的张量，其中 n 是 X 中数据点的数量。

(3) 声明搜索空间为四维单位正方形。也就是说，四个下界是 0，四个上界是 1。

(4) 为了计算优化算法收集的数据集的超体积，我们需要一个参考点。声明这个参考点为[－1.5，－2]，这是两个目标函数的相应最低值。

(5) 实现 GP 模型的类，它应该具有恒定的均值和一个四维 Matérn 2.5 核，具有自动相关性确定(ARD，见 3.4.2 节)，以及一个辅助函数 fit_gp_model()，用于初始化并在训练集上训练 GP。有关实现这些组件的详细信息，请参考 4.1.1 节。

(6) 设置要进行的实验次数为 10 次，每次实验中的预算(要进行的查询次数)为 50 次。

(7) 运行 EHVI 策略来优化我们拥有的两个目标函数，以及 11.3 节讨论的交替 EI 策略。绘制这两种策略实现的平均超体积和误差条(类似于图 11-2)，并比较它们的性能。

11.5　本章小结

- 多目标优化问题是指需要同时优化多个可能相互冲突的目标时出现的问题。这个问题在现实世界中很常见，因为我们在现实生活的许多任务中常常面临多个相互竞争的目标。

- 在使用 BayesOpt 进行多目标优化时，我们使用多个 GP 来建模我们对目标函数的信念(每个目标一个模型)。我们可以同时以概率方式利用这些 GP 来推理目标函数。

- 非支配点实现了目标值,这些目标值除非至少在一个目标上牺牲性能,否则无法改进。发现非支配数据点是多目标优化的目标,因为它们允许我们研究目标函数之间的权衡。

- 非支配数据点构成了帕累托边界,它设定了多目标优化中代表最优性的边界。没有任何数据点会超出所有非支配点的帕累托边界。

- 支配空间的超体积——即帕累托边界所覆盖的区域——衡量了算法收集的数据集的优化性能。超体积越大,算法的性能就越好。可以通过在 BoTorch 的 DominatedPartitioning 类的实例上调用 compute_hypervolume()方法来计算数据集的超体积。

- 为了计算数据集的超体积,我们需要一个参考点,作为被支配空间的终点。我们通常将参考点设置为要优化的目标函数的最低值。

- 由于 GP 允许我们对目标函数进行预测,我们可以寻求改进当前数据集的超体积。这种策略对应于 EHVI 策略,它是多目标优化中 EI 的一个变体。这个策略成功地平衡了相互竞争的目标。

第 IV 部分

特殊高斯过程模型

在 BayesOpt 之外的领域，高斯过程(GP)本身就是一类强大的机器学习(ML)模型。虽然这本书的主要话题是 BayesOpt，但如果不更多地关注 GP，那无疑是一种遗憾。这部分内容向我们展示了如何扩展 GP，使它们在各种机器学习任务中更加实用，同时保留它们最宝贵的特性：对预测不确定性的量化能力。

在第 12 章中，我们将学习如何加速 GP 的训练并将它们扩展到大型数据集。这一章将帮助我们解决 GP 的一大弊端：其高昂的训练成本。

第 13 章展示了如何通过将 GP 与神经网络结合，将其灵活性提升到另一个层次。这种结合提供了两个领域的最佳特性：神经网络逼近任何函数的能力，以及 GP 对不确定性的量化。这一章也让我们真正能够体会到在 PyTorch、GPyTorch 和 BoTorch 中拥有一个简化的软件生态系统的价值所在，这个生态系统使得同时使用神经网络和 GP 变得顺畅无缝。

第*12*章

将高斯过程扩展到大数据集

本章主要内容

- 大型数据集上训练高斯过程(GP)

- 在训练 GP 时使用小批量梯度下降法

- 用先进的梯度下降技术以更快地训练 GP

到目前为止，我们已经看到 GP 在建模方面具有很大的灵活性。在第 3 章，我们了解到可以通过 GP 的均值函数来捕捉数据的宏观趋势，同时利用协方差函数来描述数据的变化。GP 还能够提供经过校准的不确定性度量，这意味着在训练数据集中，观测点附近的数据点的预测不确定性较低，而远离观测点的数据点的预测不确定性较高。这种灵活性使得 GP 在众多机器学习模型中脱颖而出，尤其是与那些仅提供单一点估计的模型(如神经网络)相比。然而，这种灵活性是以牺牲计算速度为代价的。

使用 GP 进行训练和预测(特别是计算协方差矩阵的逆)的计算复杂度与训练数据大小的立方成正比。也就是说，如果我们的数据集大小翻倍，GP 的训练和预测时间将增加八倍。如果数据集增加十倍，GP 需要的时间将增加 1000 倍。

这对将 GP 扩展到大型数据集提出了挑战，而在许多应用中，大型数据集是非常常见的：

- 如果我们的目标是建模整个国家(如美国)的住房价格，其中每个数据点代表在特定时间的单栋房屋的价格，那么我们的数据集将包含数亿个数据点。以在线数据库 Statista 为例，它跟踪了从 1975 年到 2021 年美国的住房单位数量。这份报告的详情可访问链接 https://www.statista.com/statistics/240267/number-of-housing-units-in-the-united-states/。我们可以看到，自 1975 年以来，这个数字一直在稳步上升，1990 年超过了 1 亿，现在已经超过 1.4 亿。

- 在 1.1.3 节讨论的药物发现应用中，可能被合成为药物的潜在分子数据库可能有数十亿条记录。

- 在天气预报方面，低成本的监测设备使得大规模收集天气数据变得容易。一个数据集可能包含多年来每分钟的测量数据。

鉴于标准高斯过程模型的运行时间是立方级的，在这种规模的数据集上训练它是不可行的。在本章中，我们将学习如何使用一类被称为变分高斯过程(Variational Gaussian Process ,VGP)的 GP 模型来解决从大数据中学习的问题。

定义 VGP 会从数据中挑选出能够很好地代表整个数据集的一小部分数据。它通过寻求最小化自身与在完整数据上训练的标准高斯过程(GP)之间的差异来实现这一点。术语"变分"源自一个研究函数的优化的数学子领域。

选择仅在这些具有代表性的点的小子集上进行训练的想法是非常自然和直观的。图 12-1 展示了一个 VGP 的实际应用，通过从少数选择性的数据点中学习，该模型产生的预测几乎与常规 GP 产生的预测相同。

在本章中，我们将介绍如何实现这种模型，并观察它的计算优势。此外，在使用 VGP 时，我们可以使用更高级版本的梯度下降法，正如我们在 3.3.2 节中看到的，它被用来优化 GP 的超参数。我们将学习如何使用这个算法版本来更快、更有效地训练，最终将我们的 GP 扩展到大型数据集。本章的配套代码可以在 CH11/01 - Approximate Gaussian process inference.ipynb 中找到。

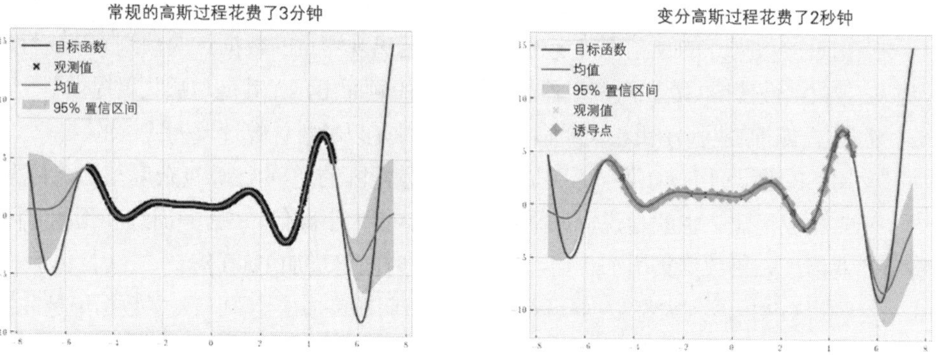

图 12-1   标准 GP 和 VGP 所做的预测。VGP 产生的预测几乎与 GP 相同，但训练时间显著减少

12.1   在大型数据集上训练 GP

在本节中，为了亲身体验在大型数据集上训练 GP 所面临的挑战，我们会尝试将我们在第 2 章和第 3 章中使用的 GP 模型应用于一个包含 1000 个数据点的中型的数据

集。这个任务将清楚地表明使用常规 GP 是不可行的，从而引出我们在下一节要学习的内容：VGP。

12.1.1　设置学习任务

在这一小节中，我们首先创建数据集。我们将重用第 2 和第 3 章中的一维目标函数，即 Forrester 函数。再次，我们按照以下方式实现它：

```
def forrester_1d(x):
    y = -((x + 1) ** 2) * torch.sin(2 * x + 2) / 5 + 1
    return y.squeeze(-1)
```

与我们在 3.3 节中的做法类似，我们也将定义一个辅助函数，它接受一个高斯过程(GP)模型，并可视化其在整个域上的预测。该函数具有以下头文件，并接受三个参数——GP 模型、相应的似然函数，以及一个布尔标志，表示模型是否为变分 GP(VGP)：

这个辅助函数的逻辑如图 12-2 所示，它包括四个主要步骤：计算预测、绘制真实值和训练数据、绘制预测结果，以及最后，如果模型是 VGP 的话，绘制诱导点。

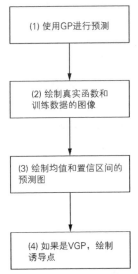

图 12-2　辅助函数的流程图，用于可视化 GP 的预测。如果传入的模型是 VGP，该函数还会显示 VGP 的诱导点

定义　诱导点是 VGP 模型选择的一小部分数据点，用于代表整个数据集进行训练。顾名思义，这些点旨在诱导出关于整个数据集的知识。

下面我们更详细地介绍这些步骤。在第一步中，我们使用 GP 计算均值和置信区间(CI)预测：

```
with torch.no_grad():
    predictive_distribution = likelihood(model(xs))
    predictive_mean = predictive_distribution.mean
    predictive_upper, predictive_lower =
    ⇀predictive_distribution.confidence_region()
```

在第二步中，我们制作 Matplotlib 图表，并展示存储在 xs 和 ys 中的真正函数(稍后生成)，以及我们的训练数据 train_x 和 train_y：

```
plt.figure(figsize=(8, 6))

plt.plot(xs, ys, label="objective", c="r")        ◀──── 绘制真实目标函数
plt.scatter(
    train_x,
    train_y,
    marker="x",
    c="k",
                                                   为训练数据制作散
                                                   点图
    alpha=0.1 if variational else 1,
    label="observations",
)
```

在这里，如果模型是 VGP(即设置了 variational 为 True)，那么我们会以较低的不透明度(通过设置 alpha=0.1)绘制训练数据，使它们看起来更加透明。这样做是为了让我们稍后能更清晰地绘制 VGP 学习到的代表性点(即诱导点)。

在第三步中，GP 预测的均值以实线表示，以阴影表示95%置信区间：

```
plt.plot(xs, predictive_mean, label="mean")
plt.fill_between(
    xs.flatten(),
    predictive_upper,
    predictive_lower,
    alpha=0.3,
    label="95% CI"
)
```

最后，我们通过提取 model.variational_strategy.inducing_points 来绘制 VGP 选定的代表性点(诱导点)：

```
if variational:
  inducing_points =
  ➥model.variational_strategy.inducing_points.detach().clone()
  with torch.no_grad():
      inducing_mean = model(inducing_points).mean

  plt.scatter(
      inducing_points.squeeze(-1),
      inducing_mean,
      marker="D",
      c="orange",
      s=100,                          ← 散点图展示了诱导点
      label="inducing pts"
  )
```

现在，为了生成我们的训练和数据集，我们在-5~5 之间随机选择 1000 个点，并计算这些点上的函数值：

```
torch.manual_seed(0)
train_x = torch.rand(size=(1000, 1)) * 10 - 5
train_y = forrester_1d(train_x)
```

为创建我们的测试集，我们使用 torch.linspace()函数计算一个-7.5~7.5 之间的密集网格。这个测试集包括-7.5、7.4、-7.3 等，一直到 7.5：

```
xs = torch.linspace(-7.5, 7.5, 151).unsqueeze(1)
ys = forrester_1d(xs)
```

为可视化我们的训练集，我们可以再次使用以下代码制作一个散点图：

```
plt.figure(figsize=(8, 6))
plt.scatter(
    train_x,
    train_y,
    c="k",
    marker="x",
    s=10,
    label="observations"
)
plt.legend();
```

这段代码生成了图 12-3，其中黑色点表示我们训练集中的各个数据点。

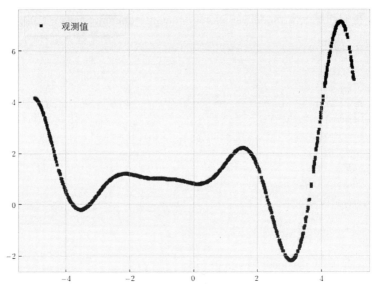

图 12-3 我们学习任务的训练数据集，包含 1000 个数据点。在这个数据集上训练一个常规的 GP 需要相当长的时间

12.1.2 训练一个常规的 GP

现在我们准备在该数据集上实现并训练一个 GP 模型。首先，我们实现 GP 模型类，该类具有一个常数函数(gpytorch.means.ConstantMean 的一个实例)作为其均值函数，以及具有输出尺度的 RBF 核(使用 gpytorch.kernels.ScaleKernel (gpytorch.kernels.RBFKernel())实现)作为其协方差函数：

```
class GPModel(gpytorch.models.ExactGP):
    def __init__(self, train_x, train_y, likelihood):
        super().__init__(train_x, train_y, likelihood)        一个常数均值函数
        self.mean_module = gpytorch.means.
        ⇒ConstantMean()
        self.covar_module = gpytorch.kernels.
        ⇒ScaleKernel(                                          一个具有输出尺度的 RBF 核
            gpytorch.kernels.RBFKernel()
        )

    def forward(self, x):
        mean_x = self.mean_module(x)
        covar_x = self.covar_module(x)                         创建一个 MVN
        return gpytorch.distributions.MultivariateNormal       作为预测
        ⇒(mean_x, covar_x)
```

现在，我们使用训练数据和一个高斯似然(GaussianLikelihood)对象来初始化这个 GP 模型：

```
likelihood = gpytorch.likelihoods.GaussianLikelihood()
model = GPModel(train_x, train_y, likelihood)
```

最后，我们通过运行梯度下降法来训练 GP 模型，以最小化由数据的似然性定义的损失函数。训练结束时，我们获得了模型的超参数(例如，均值常数、长度尺度和输出尺度)，这些超参数给出了一个较低的损失值。梯度下降法使用 Adam 优化器(torch.optim.Adam)实现，这是最常用的梯度下降法之一：

Adam 梯度下降法

损失函数，用于计算从超参数得到的数据的似然性

```
optimizer = torch.optim.Adam(model.parameters(), lr=0.01)
mll = gpytorch.mlls.ExactMarginalLogLikelihood(likelihood, model)
```

```
model.train()
likelihood.train()
```
启用训练模式

```
for i in tqdm(range(500)):
    optimizer.zero_grad()

    output = model(train_x)
    loss = -mll(output, train_y)

    loss.backward()
    optimizer.step()
```
运行 500 次梯度下降迭代

```
model.eval()
likelihood.eval()
```
启用预测模式

注意　在训练 GP 时，我们需要为模型和似然性启用训练模式(使用 model.train()和 likelihood.train())。训练完成后，在进行预测之前，我们需要启用预测模式(使用 model.eval()和 likelihood.eval())。

使用 GPU 训练 GP

使用图形处理单元(GPU)是一种扩展 GP 以适应大型数据集的方法，本章不作为重点讨论。GPU 通常用于并行化矩阵乘法并加速神经网络的训练。

同样的原则在这里也适用，GPyTorch 通过遵循 PyTorch 将对象转移到 GPU 的语法(通过在对象上调用 cuda()方法)来简单地在 GPU 上训练 GP。具体来说，我们调用 train_x = train_x.cuda()和 train_y = train_y.cuda()将我们的数据放到 GPU 上，而调用

model=model.cuda()和 likelihood = likelihood.cuda()将 GP 模型及其似然性放到 GPU 上。GPyTorch 的文档(可访问链接 http://mng.bz/lW8B)中有关于这个话题的更多细节。

我们进行了 500 次梯度下降迭代，但由于我们当前的数据集显著增大，这个循环可能需要一段时间才能完成(所以等待时不妨去喝杯咖啡)。一旦训练完成，我们调用之前编写的 visualize_gp_belief()辅助函数来展示训练好的 GP 所做的预测，这将生成图 12-4。

```
visualize_gp_belief(model, likelihood)
```

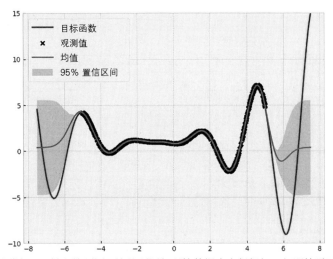

图 12-4   由常规 GP 做出的预测。这些预测与训练数据吻合得很好，但训练需要很长时间

我们发现 GP 的预测与训练数据点吻合得相当不错，这表明我们的模型已经有效地从数据中汲取了知识，这是一个积极的信号。然而，这种方法也存在一些问题。

12.1.3   训练常规 GP 时面临的问题

在这一小节中，我们将讨论在大型数据集上训练 GP 时面临的一些挑战。首先，正如我们之前提到的，训练需要相当长的时间。在我的 MacBook 上，500 次梯度下降迭代可能需要长达 45 秒，这比我们在第 2 章和第 3 章观察到的时间要长得多。这是 GP 立方时间复杂度的直接结果，随着我们的数据集越来越大，如表 12-1 所示，这种长时间的训练变得越来越令人望而却步。

表 12-1　根据训练数据集的规模预测 GP 的训练时间。训练过程很快就变得非常耗时

训练集的大小	训练时间
500 点	45 秒
2000 点	48 秒
3000 点	2.7 小时
5000 点	12.5 小时
10000 点	4 天

第二个问题，也许更令人担忧的是，随着训练数据规模的增加，计算损失函数(即训练数据的边际对数似然)变得越来越困难，这是梯度下降中使用的关键指标。这一点可以从 GPyTorch 在训练过程中打印出的警告信息中看出：

```
NumericalWarning: CG terminated in 1000 iterations with average
    residual norm...
```

这些信息告诉我们，在计算损失的过程中我们遇到了数值不稳定性。

注意　在许多数据点上计算损失是一个计算上不稳定的操作。

数值不稳定性阻碍了我们正确计算损失，因此也就无法有效地最小化损失。这一点可以通过图 12-5 所示的梯度下降 500 次迭代过程中损失的变化来说明。

与我们在第 2 章和第 3 章中看到的不同，这里的损失值起伏不定，这表明梯度下降法并没有很好地执行最小化损失的任务。实际上，随着迭代次数的增加，我们的损失反而在增加，这意味着我们得到了一个次优的模型！这种现象是可以理解的：如果我们在计算模型的损失时出现了错误，那么使用这个错误的损失值来指导梯度下降法的学习过程，我们很可能得到一个次优的解决方案。

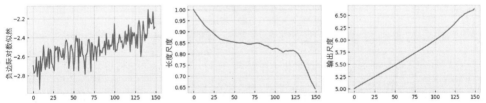

图 12-5　常规 GP 在梯度下降法中的损失逐渐增加。由于数值不稳定性，损失曲线呈现出锯齿状，并没有被有效最小化

不妨将梯度下降法与下山作类比。假设你站在山顶，想要下山。在沿途的每一步，你都会找到一个方向，沿着这个方向走可以让你走到一个更低的地方(即下降)。最终，在走了足够多的步数后，你会到达山脚。类似地，在梯度下降法中，我们从相对较高

的损失开始，通过在每次迭代中调整模型的超参数，我们逐步减少损失。经过足够多的迭代后，我们找到了最优模型。

> **注意** Luis Serrano 的 *Grokking Machine Learning* 一书中，对梯度下降法进行了精彩的讨论，将其比作下山的过程，形象地阐释了这一算法的原理。

只有在我们能够准确地计算损失时——也就是说，如果我们能确切知道哪个方向能让我们到达山的更低处，这个过程才能顺利进行。然而，如果这种计算容易出错，我们自然无法有效地最小化模型的损失。这就像蒙着眼睛试图下山一样！正如我们在图 12-6 中看到的，我们实际上到达了山上的一个更高的位置(我们的损失比梯度下降之前的值还要高)。

图 12-6 使用数值不稳定的损失计算进行梯度下降，就像蒙着眼睛下山一样

总的来说，在大型数据集上训练常规 GP 并不是一个好方法。不仅训练规模与训练数据大小成立方级增长关系，而且要优化的损失值的计算也是不稳定的。在本章的剩余部分，我们将学习 VGP，以此作为解决这个问题的方法。

12.2　从大型数据集中自动选择代表性点

VGP 的核心思想是选择一组能够代表整个数据集的点，并在这个较小的子集上训练一个 GP。我们已经学会了如何在小数据集上有效地训练 GP。希望这个较小的子集能够捕捉到整个数据集的总体趋势，这样在子集上训练 GP 时损失的信息会尽可能少。

这种方法很直观。在大型数据集中，往往存在大量重复的信息，因此，如果我们能够只关注那些信息量最大的数据点，就能避免处理那些冗余信息。正如我们在 2.2 节中提到的，GP 和其他机器学习模型一样，都是基于这样一个假设：相似的数据点会产生相似的标签。当一个大型数据集包含许多相似的数据点时，GP 只需要关注其中的一个，就能掌握它们的整体趋势。例如，尽管我们可以获得每分钟的天气数据，但天气预报模型实际上只需要每小时的数据就能有效地学习。在本节中，我们将学习如何自动实现这一点，确保与从大数据集学习相比，从小数据子集学习的信息损失最小。同时，我们还将学习如何使用 GPyTorch 来实现这种模型。

12.2.1　缩小两个 GP 之间的差异

我们如何选择这个较小的子集，以便最终的高斯过程(GP)模型能够从原始数据集中获得最多的信息呢？在这一小节中，我们将讨论 VGP 如何实现这一过程的高层次理念。这个过程相当于寻找一组诱导点的子集，当在这个子集上训练 GP 时，能够诱导出一个与在整个数据集上训练得到的后验 GP 尽可能接近的后验 GP。

深入到一些数学细节，当我们训练一个 VGP 时，我们的目标是最小化以诱导点为条件的后验 GP 与以整个数据集为条件的后验高斯过程之间的差异。这需要一种衡量两个分布(两个 GP)之间差异的方法，而选择的衡量标准是 Kullback‐Leibler 散度，或者称为 KL 散度。

定义　库勒贝克-莱布勒(Kullback-Leibler，KL)散度是一种统计距离，用于衡量两个分布之间的差异。换句话说，KL 散度能够计算一个概率分布与另一个分布的不同程度。

KL 散度的补充材料

Will Kurt 在其出色的博客文章 *Kullback-Leibler Divergence Explained*(可访问链接 https://www.countbayesie.com/blog/2017/5/9/kullback-leibler-divergence-explained)中提供了 KL 散度的直观解释。对数学感兴趣的读者还可以参考 David MacKay 的 *Information Theory, Inference and Learning Algorithms*(剑桥大学出版社，2003 年)第 2 章。

正如欧几里得距离衡量点 A 和点 B 之间的距离(即连接两点的线段长度)来表示这两个点在欧几里得空间中相隔多远一样，KL 散度衡量两个给定分布(即两个 GP)在概率分布空间中相隔多远——也就是说，它们彼此之间的差异有多大。这一点如图 12-7 所示。

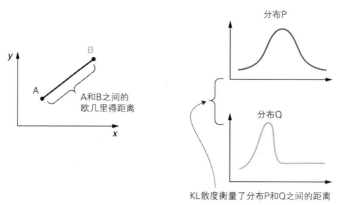

图 12-7 欧几里得距离用于衡量平面上两点之间的距离，而 KL 散度用于衡量两个概率分布之间的差异

> **注意** 作为一种数学上有效的距离度量，KL 散度是非负的。换句话说，任意两个分布之间的距离至少为 0，当它等于 0 时，这两个分布完全相同。

因此，如果我们能够轻松地计算出基于诱导点训练的后验 GP 与基于完整数据集训练的后验 GP 之间的 KL 散度，我们应当选择那些使得 KL 散度达到零的诱导点。遗憾的是，与计算边际对数似然的不稳定性类似，计算 KL 散度同样颇具挑战。不过，得益于其数学属性，我们可以将 KL 散度转换为两个量之间的差异，如图 12-8 所示。

图 12-8 KL 散度被分解为边际对数似然与证据下界(ELBO)之间的差值。ELBO 易于计算，因此被选作优化的目标指标

这个方程中的第三个项，即证据下界(evidence lower bound，ELBO)，正是边际对数似然与 KL 散度之间的差异。尽管这两项——边际对数似然和 KL 散度——难以计算，但 ELBO 的形式简单，可以很容易地计算出来。因此，我们不是通过最小化 KL 散度来使得基于诱导点训练的后验 GP 尽可能接近基于完整数据集训练的后验 GP，而是可以通过最大化 ELBO 来间接最大化边际对数似然。

由于KL散度总是大于或等于0，边际对数似然总是大于或等于ELBO。

它被称为证据下界，因为它是模型对数似然的下界。

ELBO的计算公式为边际对数似然减去KL散度，即ELBO = 边际对数似然 − KL散度，ELBO ≤ 边际对数似然

总之，为了找到一组诱导点，使得到的后验 GP 与我们能在大型数据集上训练得到的 GP 最为相似，我们的目标是最小化两个 GP 之间的 KL 散度。然而，由于 KL 散度难以计算，因此我们选择优化 KL 散度的一个代理指标，即模型的证据下界(ELBO)，它更容易计算。正如我们在下一小节中所见，GPyTorch 提供了一个方便的损失函数，用于计算这个 ELBO 项。在具体实现之前，还有一件事需要讨论：在最大化 ELBO 项时，如何考虑大型训练集中的所有数据点。

12.2.2　小批量训练模型

我们的目标是找到一组最能代表整个训练数据集的诱导点，但在计算 ELBO 时，我们仍需包含训练集中的所有点。而如前所述，跨多个数据点计算边际对数似然在数值上是不稳定的，这使梯度下降法变得无效。在本小节中，我们发现，通过优化 ELBO 项来训练 VGP 时，我们可以通过使用一种更适合大型数据集的修改版梯度下降法，来避免这种数值不稳定性问题。

计算机器学习(ML)模型在多个数据点上的损失函数的任务并不是 GP 独有的。例如，神经网络通常在成千上万的数据点上进行训练，而且计算网络对所有数据点的损失函数同样是不可行的。对于神经网络和 VGP 来说，解决这个问题的方法是使用在随机子集上的损失值来近似所有数据点上的真实损失值。例如，以下代码片段来自官方的 PyTorch 文档，它展示了如何在图像数据集上训练一个神经网络(可访问链接 http://mng.bz/8rBB)。在这里，内部循环遍历训练数据的小子集，并对这些子集上计算的损失值运行梯度下降法：

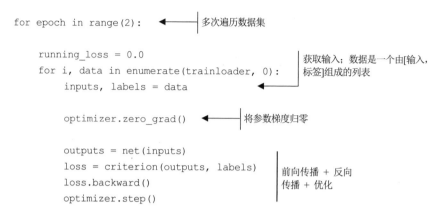

```
for epoch in range(2):          ◄─── 多次遍历数据集

    running_loss = 0.0
    for i, data in enumerate(trainloader, 0):     ◄─── 获取输入；数据是一个由[输入,
        inputs, labels = data                          标签]组成的列表

        optimizer.zero_grad()    ◄─── 将参数梯度归零

        outputs = net(inputs)
        loss = criterion(outputs, labels)    前向传播 + 反向
        loss.backward()                      传播 + 优化
        optimizer.step()
```

当我们在少量数据点上计算模型的损失时,计算可以以稳定且高效的方式进行。此外,通过多次重复这种近似,我们可以很好地近似真实损失。最后,我们在这种近似损失上运行梯度下降法,以期能最小化所有数据点上的真实损失。

> **定义**　在数据的随机子集上计算损失并运行梯度下降的技术有时被称为小批量梯度下降。在实践中,我们通常不是在每次梯度下降迭代中随机选择一个子集,而是将训练集分成小的子集,并使用这些小子集迭代地计算近似损失。

例如,如果我们的训练集包含 1000 个点,我们可以将其分成 10 个小子集,每个子集包含 100 个点。然后,我们用梯度下降法计算每个包含 100 个点的子集的损失,并重复这个过程 10 次(这正是我们在后面的代码示例中所做的)。再次强调,虽然这个从数据子集计算出的近似损失并不完全等于真实损失,但在梯度下降过程中,我们多次重复这种近似计算,这些近似在累积起来后,会指引我们朝着正确的下降方向前进。

图 12-9 所示的例子中展示了真实损失的梯度下降与近似损失的小批量梯度下降之间的差异。与梯度下降(再次强调,对于大数据集来说,实际的梯度下降可能无法运行)相比,小批量版本可能不会指向最有效的下降方向,但通过多次重复近似计算,我们仍然能够达到目标。

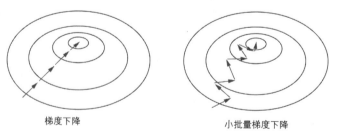

梯度下降　　　　　　　　　小批量梯度下降

图 12-9　在一个损失"山谷"中的梯度下降和小批量梯度下降的示意图,山谷的中心给出了最低的损失。如果梯度下降的计算可行,它会直接指向目标。而小批量梯度下降虽然方向不是最优的,但最终仍能达到目标

如果我们用蒙着眼睛下山来比喻，小批量梯度下降就像是蒙着一层可以部分透视的薄布。我们不能总是保证每一步都会让我们到达一个更低的位置，但只要给予足够的时间，我们仍然能够成功地下降。

> **注意**　并不是所有的损失函数都可以通过数据子集上的损失来近似。换句话说，并不是所有的损失函数都能通过小批量梯度下降来最小化。GP 的负边际对数似然就是一个例子；否则，我们本可以在该函数上运行小批量梯度下降。幸运的是，小批量梯度下降适用于 VGP 的 ELBO。

概括来说，训练一个 VGP 的过程与训练一个常规 GP 大致相似，我们使用梯度下降法的一个版本来最小化模型的适当损失。表 12-2 总结了两种模型类之间的主要区别：常规 GP 应该在小数据集上训练，通过运行梯度下降法来最小化确切的负边际对数似然；而 VGP 可以在大数据集上训练，通过运行小批量梯度下降法来优化 ELBO，这是真实对数似然的一个近似。

表 12-2　训练 GP 与训练 VGP。高层次的程序是相似的；只有特定的组件和设置被替换

训练过程	GP	VGP
训练数据大小	小	中等到大型
训练类型	精确训练	近似训练
损失函数	负边际对数似然	ELBO
优化	梯度下降法	小批量梯度下降法

12.2.3　实现近似模型

现在，我们准备在 GPyTorch 中实现一个 VGP。我们的计划是编写一个 VGP 模型类，它与我们之前用过的 GP 模型类相似，并使用小批量梯度下降法来最小化其 ELBO。表 12-2 中描述的工作流程的差异在我们的代码中有所体现。表 12-3 展示了在 GPyTorch 中实现 GP 与 VGP 所需的组件。除了均值和协方差模块之外，VGP 还需要另外两个组件：

- 变分分布——定义了 VGP 的诱导点上的分布。正如我们在前一节中学到的，这个分布需要被优化，以便 VGP 类似于在完整数据集上训练的 GP。
- 变分策略——定义了如何从诱导点产生预测。在 2.2 节中，我们看到多变量正态分布可能会根据观测值进行更新。这个变分策略使得变分分布也能够进行类似的更新。

表 12-3 在 GPyTorch 中实现 GP 与 VGP 所需的必要组件。VGP 除了需要
像 GP 一样的均值和协方差模块外，还需要一个变分分布和一个变分策略

组件	GP	VGP
均值模块	是	是
协方差模块	是	是
变分分布	否	是
变分策略	否	是

考虑到这些组件，我们现在来实现 VGP 模型类，我们将其命名为
ApproximateGPModel。我们不再在__init__()方法中接收训练数据和似然函数。相反，
我们接收一组代表整个数据集的诱导点。__init__()方法的其余部分包括声明学习哪组
诱导点最佳的学习流程：

- variational_distribution 变量是 CholeskyVariationalDistribution 类的一个实例，
  在初始化时接收诱导点的数量。变分分布是 VGP 的核心。
- variational_strategy 变量是 VariationalStrategy 类的一个实例。它接收一组诱
  导点以及变分分布。我们设置 learn_inducing_locations = True，以便在训练过
  程中学习这些诱导点的最佳位置。如果这个变量设置为 False，那么传递给
  __init__()的点(存储在 inducing 中)将被用作诱导点：

我们的 VGP 不是一个 ExactGP 对象，而是一个近似 GP 对象

接收一组初始诱导点

```
class ApproximateGPModel(gpytorch.models.ApproximateGP):
    def __init__(self, inducing_points):
        variational_distribution =
        gpytorch.variational.CholeskyVariationalDistribution(
            inducing_points.size(0)
        )
        variational_strategy = gpytorch.variational.VariationalStrategy(
            self,
            inducing_points,
            variational_distribution,
            learn_inducing_locations=True,
        )
        super().__init__(variational_strategy)
```

设置训练所需的变分参数

... ◀—— 省略

在__init__()方法的最后一步中，我们为 VGP 声明了均值和协方差函数。这些函数
与常规 GP 在数据上进行训练时所使用的函数相同。在我们的例子中，我们使用了常

数均值和具有输出尺度的 RBF 核：

```
class ApproximateGPModel(gpytorch.models.ApproximateGP):
    def __init__(self, inducing_points):
        ...

        self.mean_module = gpytorch.means.ConstantMean()
        self.covar_module = gpytorch.kernels.ScaleKernel(
            gpytorch.kernels.RBFKernel()
        )
```

我们也以与常规 GP 相同的方式声明了 forward()方法，这里不再展示。现在，让我们使用训练集中的前 50 个数据点作为诱导点来初始化这个模型：

切片张量 train_x[:50, :]给出了 train_x 中的前 50 个数据点

```
model = ApproximateGPModlel(train_x[:50, :])
likelihood = gpytorch.likelihoods.GaussianLikelihood()
```

这前 50 个数据点并没有什么特别之处，它们在 VGP 模型内部存储的值将在训练过程中被修改。这个初始化最重要的部分是我们指定了模型应该使用 50 个诱导点。如果我们想要使用 100 个，那么可以将 train_x[:100, :]传递给初始化过程。

很难确切地说对于一个 VGP 来说，需要多少个诱导点才足够。我们使用的点越少，模型训练得越快，但这些诱导点在代表整个数据集方面的效果就越差。随着点数的增加，VGP 在分散诱导点以覆盖整个数据集方面有更多的自由度，但训练速度会变得更慢。

> **注意**　一般规则是不要超过 1000 个诱导点。正如我们即将讨论的，对于我们在前一小节中训练的 GP，50 个点就足够我们以高保真度进行近似了。

为设置小批量梯度下降，我们首先需要一个优化器。我们再次使用 Adam 优化器：

```
optimizer = torch.optim.Adam(
    [
        {"params": model.parameters()},
        {"params": likelihood.parameters()}
    ],
    lr=0.01
)
```

优化似然的参数以及 GP 的参数

> **要优化的参数**
> 之前，我们只需要将 model.parameters()传递给 Adam。在这里，似然与 VGP 模型并没有耦合——常规的 GP 是在初始化时与似然一起建立的，而 VGP 则不是。因此，

在这种情况下，有必要将 likelihood.parameters() 传递给 Adam。

对于损失函数，我们使用 gpytorch.mlls.VariationalELBO 类，它实现了我们旨在通过 VGP 优化的 ELBO 量。在初始化过程中，这个类的实例接收似然函数、VGP 模型以及完整训练集的大小(我们可以通过 train_y.size(0) 访问)。有了这些，我们可以通过如下代码声明这个对象：

```
mll = gpytorch.mlls.VariationalELBO(
    likelihood,
    model,
    num_data=train_y.size(0)          ◄────── 训练数据的大小
)
```

模型、优化器和损失函数设置好之后，我们现在需要运行小批量梯度下降法。为此，我们使用 PyTorch 的 TensorDataset 和 DataLoader 类，将训练数据集分割成小批量，每个批量包含 100 个点：

```
train_dataset = torch.utils.data.TensorDataset(train_x, train_y)
train_loader = torch.utils.data.DataLoader(train_dataset, batch_size=100)
```

这个 train_loader 对象允许我们在运行梯度下降法时，以一种简洁的方式遍历我们数据集的 100 点小批量。损失(即 ELBO)可以使用以下语法计算：

```
output = model(x_batch)
loss = -mll(output, y_batch)
```

在这里，x_batch 和 y_batch 是完整训练集的一个给定批量(小子集)。总的来说，梯度下降法的实现如下：

```
model.train()          ◄── 启用训练模式
likelihood.train()

for i in tqdm(range(50)):          ◄── 迭代整个训练数据集 50 次
    for x_batch, y_batch in train_loader:    ◄── 在每次迭代中，遍历 train_loader
        optimizer.zero_grad()                    中的小批量数据

        output = model(x_batch)          ◄── 小批量梯度下降法，对批次执
        loss = -mll(output, y_batch)         行梯度下降

        loss.backward()          ◄── 启用预测模式
        optimizer.step()

model.eval()
likelihood.eval()
```

在运行这个小批量梯度下降循环时，你会注意到它比使用常规高斯过程(GP)的循环快得多(在同一台 MacBook 上，这个过程不到一秒钟，速度有了显著提升)。

VGP 的速度

你可能会认为，将常规 GP 的 500 次梯度下降迭代与 VGP 的 50 次小批量梯度下降迭代进行比较，似乎不太合理。但请注意，在小批量梯度下降的外层循环的每次迭代中，我们也在 train_loader 中进行了 10 次小批量的迭代，所以总体而言，我们实际上还是执行了 500 次梯度步骤。此外，即便我们真的进行了 500 次小批量梯度下降迭代，所需时间也远少于 1 秒乘以 10，仍然比 45 秒快 4 倍。

因此，通过小批量梯度下降法，我们的 VGP 模型可以更加高效地进行训练。但是，训练的质量如何呢？图 12-10 的左侧部分展示了我们小批量梯度下降过程中 ELBO 损失的逐步变化。与图 12-5 相比，尽管损失并不是在每一步都持续减少(呈现出一种之字形的趋势)，但在整个过程中损失被有效地最小化了。

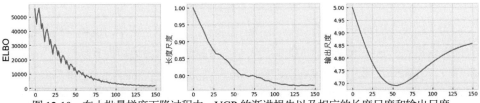

图 12-10　在小批量梯度下降过程中，VGP 的渐进损失以及相应的长度尺度和输出尺度

这表明，优化过程中的每一步，并不一定都是朝着最小化损失的最佳方向。但小批量梯度下降确实有效地最小化了损失。这一点在图 12-11 中表现得更加明显。

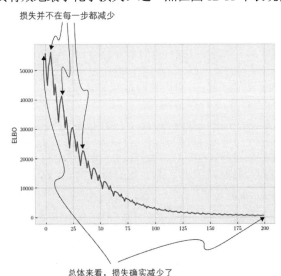

图 12-11　在小批量梯度下降过程中，VGP 的渐进损失。尽管存在一些波动，但损失被有效地最小化

现在，让我们可视化这个 VGP 模型所做的预测，看看它是否产生了合理的结果。使用 visualize_gp_belief()辅助函数，我们得到了图 12-12，它显示我们以很小的时间成本获得了在真实损失上训练的 GP 的高质量近似。

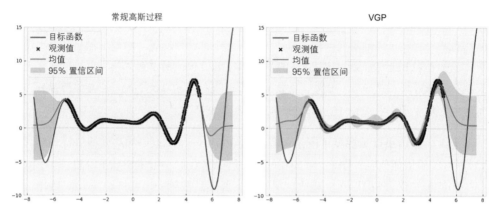

图 12-12 GP 和 VGP 所做的预测。VGP 所做的预测大致与 GP 的预测相符

为了结束我们对 VGP 的讨论，让我们可视化 VGP 模型所学习的诱导点的位置。我们之前提到，这些诱导点应该能够代表整个数据集并很好地捕捉其趋势。为了绘制诱导点，我们可以通过 model.variational_strategy.inducing_points.detach()来获取它们的位置，并将它们作为散点沿着均值预测绘制。我们的 visualize_gp_belief()辅助函数已经实现了这一点，我们唯一要做的就是在调用这个函数时设置 variational = True：

```
visualize_gp_belief(model, likelihood, variational=True)
```

上述代码生成了图 12-13，图中展示了这些诱导点的一个非常有趣的现象。它们并没有在我们的训练数据中均匀分布；相反，它们聚集在数据的不同区域。这些区域通常是目标函数曲线出现上升或下降，或者展现出某些复杂行为的地方。通过将诱导点集中在这些关键位置，VGP 能够捕捉到大型训练数据集中蕴含的最重要的趋势。

我们已经学习了如何使用小批量梯度下降法来训练 VGP，并且看到了这种方法如何帮助我们以较低的成本高保真地近似一个难以训练的常规 GP。在下一节中，我们将学习另一种梯度下降算法，它能够更有效地训练 VGP。

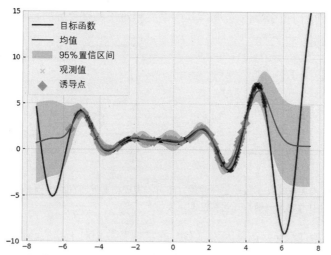

图 12-13　VGP 的诱导点。这些点被放置在能够代表整个数据集并捕捉最重要趋势的位置

12.3　通过考虑损失曲面的几何特性来实现更优的优化

在这一节中，我们将学习一种名为自然梯度下降(natural gradient descent)的算法，这是梯度下降的另一个版本，它在计算下降步长时更加细致地考虑了损失函数的几何特性。正如我们即将看到的，这种细致的推理使我们能够迅速降低损失函数，最终实现更有效的优化，需要的迭代次数更少(也就是说，收敛速度更快)。

为了理解自然梯度下降的动机以及为什么它比我们现有的方法更有效，我们首先区分 VGP 的两类参数：

- 第一类是高斯过程(GP)的常规参数，比如均值常数以及协方差函数的长度尺度和输出尺度。这些参数取欧几里得空间中的常规数值。
- 第二类是只有 VGP 才具有的变分参数。这些参数与诱导点以及实现变分分布近似所需的各种组件有关。换句话说，这些参数与概率分布相关，并且它们的值在欧几里得空间中不能很好地表示。

注意　这两种参数类型之间的差异在某种程度上类似(尽管并不完全类似)于欧几里得距离可以衡量空间中两点之间的距离，但它无法衡量两个概率分布之间的差异。

尽管我们在前一节中使用的小批量梯度下降法已经足够有效，但该算法假设所有参数都存在于欧几里得空间中。例如，从算法的角度来看，长度尺度从 1 变为 2 的差异与诱导点的均值从 1 变为 2 的差异是相同的。然而，这并不正确：从长度尺度 1 变为 2 对 VGP 模型的影响与从诱导点的均值 1 变为均值 2 的影响是非常不同的。这一点在图 12-14 的例子中得到了说明，其中损失相对于长度尺度的行为与相对于诱导均值的行为大不相同。

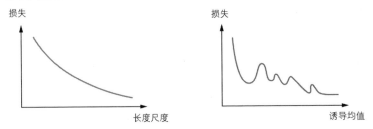

图 12-14 最小化损失在常规参数与变分参数方面可能表现出截然不同的特性。这一现象彰显了在优化过程中考虑损失函数几何特性的重要性

　　这种行为上的差异存在是因为 VGP 的常规参数相对于损失函数的几何形状与变分参数的几何形状有着根本的不同。如果小批量梯度下降法在计算损失下降方向时能够考虑到这种几何差异，那么该算法在最小化损失方面将更加有效。这正是自然梯度下降法发挥作用的地方。

定义 自然梯度下降法依据损失函数在变分参数方面的几何特性，计算出这些参数的更优下降路径。

　　自然梯度下降法通过采纳更优的下降路径，能够更高效且迅速地优化我们的 VGP 模型。其结果是，我们能够在较少的迭代步骤中达到最终模型。在我们的二维图示中，图 12-15 展示了这种几何推理如何使自然梯度下降法比小批量梯度下降法更快地实现目标。换言之，自然梯度下降法在训练过程中通常需要较少的迭代次数，以实现与小批量梯度下降相同的损失水平。在下山的比喻中，尽管自然梯度下降仍使我们处于视线受限的状态，但现在我们穿戴了特殊的登山鞋，这使我们能够更有效地适应地形，从而更快地达到目标。

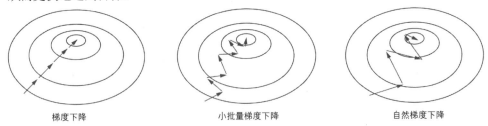

图 12-15 在一个损失"山谷"中的梯度下降法、小批量梯度下降法和自然梯度下降法的示意图，山谷中心给出了最低的损失。通过考虑损失函数的几何特性，自然梯度下降法比小批量梯度下降法更快地达到损失最小值

自然梯度下降的补充材料

对于更侧重数学解释的自然梯度下降法的介绍，推荐阅读 Agustinus Kristiadi 的优秀博客文章 *Natural Gradient Descent*，可访问链接 http://mng.bz/EQAj。

注意　自然梯度下降法只能优化 VGP 的变分参数。常规参数，如长度尺度和输出尺度，仍然可以通过常规的小批量梯度下降法进行优化。我们将在接下来实现新的训练过程时看到这一点。

有了这些基础知识，让我们使用自然梯度下降法来训练我们的 VGP 模型。与前几节中的一维目标函数相同，我们实现了一个与自然梯度下降法兼容的 VGP 模型。这个模型类与前一节中为小批量梯度下降法实现的 ApproximateGPModel 类似：

- 仍然继承自 gpytorch.models.ApproximateGP。
- 需要一个变分策略来管理学习过程。
- 具有均值函数、协方差函数和 forward() 方法，就像常规的 GP 模型一样。

唯一的区别是变分分布需要作为 gpytorch.variational.NaturalVariationalDistribution 的一个实例，以便我们在训练模型时使用自然梯度下降法。整个模型类的实现如下：

```
class NaturalGradientGPModel(gpytorch.models.ApproximateGP):
    def __init__(self, inducing_points):
        variational_distribution =
            gpytorch.variational.
            ➥NaturalVariationalDistribution(      为了确保与自然梯
                inducing_points.size(0)            度下降算法兼容，变
        )                                          分分布必须是自然
                                                   类型的

        variational_strategy = gpytorch.variational.
        ➥VariationalStrategy(
            self,
            inducing_points,
            variational_distribution,
            learn_inducing_locations=True,
        )                                          声明变分策略的其
        super().__init__(variational_strategy)     余部分与之前相同
        self.mean_module = gpytorch.means.ConstantMean()
        self.covar_module = gpytorch.kernels.ScaleKernel(
            gpytorch.kernels.RBFKernel()
        )

    def forward(self, x):
        ...              ◄─── forward()方法与之前相同
```

我们再次使用 50 个诱导点来初始化这个 VGP 模型：

```
model = NaturalGradientGPModel(train_x[:50, :])    ◀──┤ 50 个诱导点
likelihood = gpytorch.likelihoods.GaussianLikelihood()
```

现在来到了重要的部分，我们将声明用于训练的优化器。请记住，我们使用自然梯度下降算法来优化模型的变分参数。然而，其他参数，如长度和输出尺度，仍然必须通过 Adam 优化器来优化。因此，我们使用以下代码：

```
ngd_optimizer = gpytorch.optim.NGD(
    model.variational_parameters(), num_data=train_y.
    ➦size(0), lr=0.1
)
```
自然梯度下降接收 VGP 的变分参数，即 model.variational_parameters()

```
hyperparam_optimizer = torch.optim.Adam(
    [{"params": model.parameters()}, {"params":
    ➦likelihood.parameters()}],
    lr=0.01
)
```
Adam 优化器接收 VGP 的其他参数，包括 model.parameters() 和 likelihood.parameters()

```
mll = gpytorch.mlls.VariationalELBO(
    likelihood, model, num_data=train_y.size(0)
)
```

现在，在训练过程中，我们仍然使用以下代码计算损失：

```
output = model(x_batch)
loss = -mll(output, y_batch)
```

在计算损失时，我们遍历训练数据的小批量(x_batch 和 y_batch)。然而，现在我们同时运行两个优化器，因此需要在每次训练迭代中通过调用 zero_grad()(清除上一步的梯度)和 step()(执行下降步骤)来管理它们：

```
model.train()
likelihood.train()
```
启用训练模式

```
for i in tqdm(range(50)):
    for x_batch, y_batch in train_loader:
        ngd_optimizer.zero_grad()
        hyperparam_optimizer.zero_grad()

        output = model(x_batch)
        loss = -mll(output, y_batch)
```
清除上一步的梯度

```
        loss.backward()

        ngd_optimizer.step()                      使用每个优化器执行下降步骤
        hyperparam_optimizer.step()

model.eval()               启用预测模式
likelihood.eval()
```

> **注意**　与以前一样，在开始梯度下降之前，我们需要确保模型和似然性都处于训练模式，这通过调用 model.train()和 likelihood.train()实现。训练完成后，为了进行预测，我们需要将模型和似然性切换到评估模式，这通过调用 model.eval()和 likelihood.eval()来完成。

请注意，我们对自然梯度下降优化器和 Adam 优化器都调用了 zero_grad()和 step()，以优化 VGP 模型的相应参数。训练循环再次迅速完成，训练后的 VGP 产生了图 12-16 所示的预测。我们看到的预测与图 12-4 中常规 GP 的预测以及图 12-13 中使用小批量梯度下降法训练的 VGP 的预测非常相似。

我们可以进一步检查训练过程中的渐进 ELBO 损失。其进展在图 12-17 的左面板中可视化。

值得注意的是，在我们的训练过程中，ELBO 损失几乎立即降到了一个较低的值，这表明自然梯度下降法能够帮助我们迅速收敛到一个好的模型。这充分展示了这种梯度下降算法变体在训练 VGP 时的优势。

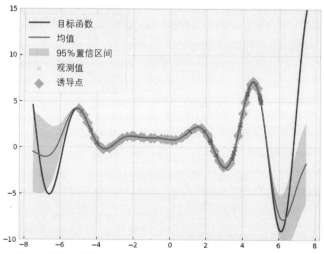

图 12-16　由 VGP 做出的预测以及通过自然梯度下降法训练得到的诱导点。这些预测的质量非常好

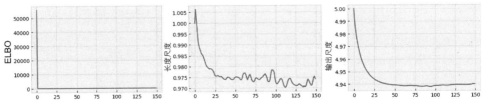

图 12-17　在自然梯度下降过程中，VGP 的损失逐渐降低。经过几次迭代，损失被有效地最小化

现在已经到了第 12 章的结尾。在这一章中，我们学习了如何使用诱导点来扩展 GP 模型以适应大型数据集，这些诱导点是一组旨在捕捉大型训练集所展现趋势的代表性点。由此产生的模型被称为 VGP，它适用于小批量梯度下降法，因此可以在不计算所有数据点上的模型损失的情况下进行训练。我们还研究了自然梯度下降法作为小批量算法的更有效版本，它允许我们更有效地进行优化。在第 13 章中，我们将探讨高斯过程的另一种高级应用，即将它们与神经网络结合以建模复杂、结构化的数据。

12.4　练习题

这个练习题展示了在加州房价的真实数据集上，从常规 GP 模型转向 VGP 模型时效率的提升。我们的目标是在现实世界的环境中观察 VGP 的计算优势。

完成以下步骤：

(1) 使用 Pandas 库中的 read_csv()函数来读取存储在名为 data/housing.csv 的电子表格中的数据集，该数据集来自 Kaggle 的加州房价数据集(可访问链接 http://mng.bz/N2Q7)，使用 Common Public Domain 许可。一旦读取完成，Pandas 的 DataFrame 应该看起来如图 12-18 所示。

	longitude	latitude	housing_median_age	total_rooms	total_bedrooms	population	households	median_income	median_house_value
0	-117.08	32.70	37	2176	418.0	1301	375	2.8750	98900
1	-117.91	34.11	20	3158	684.0	2396	713	3.5250	153000
2	-117.10	32.75	11	2393	726.0	1905	711	1.3448	91300
3	-117.22	32.74	52	1260	202.0	555	209	7.2758	345200
4	-121.99	37.29	32	2930	481.0	1336	481	6.4631	344100
...	...	...	...	...	...	...	...	...	...
4995	-118.41	34.19	42	779	145.0	450	148	3.9792	193800
4996	-122.96	38.42	50	2530	524.0	940	361	2.9375	122900
4997	-118.00	33.77	24	1324	267.0	687	264	3.4327	192800
4998	-122.81	38.54	12	2289	611.0	919	540	1.1553	139300
4999	-118.08	33.84	25	3696	953.0	2827	860	3.3438	153300

图 12-18　显示为 Pandas DataFrame 的房价数据集。这是本练习题的训练集

(2) 在一个散点图中可视化 median_house_value 列，这是我们的预测目标，其 x 轴和 y 轴分别对应于经度和纬度列。点的位置对应于房屋的位置，点的颜色对应于价格。可视化效果应该类似于图 12-19。

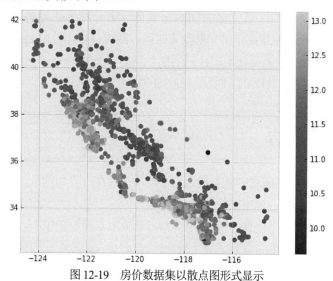

图 12-19　房价数据集以散点图形式显示

(3) 提取除最后一列(median_house_value)之外的所有列，并将它们存储为 PyTorch 张量。这将用作我们的训练特征，即 train_x。

(4) 提取 median_house_value 列，将其对数转换存储为另一个 PyTorch 张量。这是我们的训练目标，即 train_y。

(5) 通过减去均值并除以标准差来标准化训练标签 train_y。这将使训练更加稳定。

(6) 使用常数均值函数和具有自动相关性确定(ARD)的 Matérn 5/2 核，实现一个常规的 GP 模型，输出尺度为自动确定。关于 Matérn 核和 ARD 的更多信息，详见 3.4.2 节和 3.4.3 节。

(7) 创建一个似然函数，限制其噪声为至少 0.1，使用以下代码：

```
likelihood = gpytorch.likelihoods.GaussianLikelihood(
    noise_constraint=gpytorch.constraints.GreaterThan(1e-1)
)
```
　　　　　　　　　　　　　　　　　　　　　约束条件强制噪声至少为0.1

这个约束通过提高噪声容忍度，帮助我们平滑训练标签。

(8) 初始化之前实现的 GP 模型，并使用梯度下降法和似然函数进行 10 次迭代训练。观察总的训练时间。

(9) 使用与 GP 相同的均值和协方差函数实现一个 VGP 模型。这个模型看起来类似于我们在本章中实现的 ApproximateGPModel 类，只是我们现在需要使用具有自动相关性确定(ARD)的 Matern 5/2 核。

(10) 使用类似的初始化似然和 100 个诱导点训练这个 VGP,使用自然梯度下降法进行 10 次迭代。对于小批量梯度下降法,你可以将训练集分割成大小为 100 的批量。

(11) 验证训练 VGP 所需的时间少于训练 GP。对于计时功能,你可以使用 time.time()记录每个模型训练的开始和结束时间,或者你可以使用 tqdm 库来跟踪训练的持续时间,就像我们之前使用的代码一样。

解决方案包含在 CH11/02 - Exercise.ipynb 中。

12.5　本章小结

- GP 的计算成本随着训练数据集大小的增加而呈立方级增长。因此,随着数据集大小的增长,训练模型变得不可行。

- 在大量数据点上计算 ML 模型的损失在数值上是不稳定的。以不稳定的方式计算的损失可能会误导梯度下降期间的优化,导致预测性能不佳。

- VGP 通过仅在一组诱导点上进行训练来扩展到大型数据集。这些诱导点需要代表数据集,以便训练出的模型尽可能地接近在完整数据集上训练的 GP。

- 为产生一个尽可能接近在所有训练数据上训练的模型的近似模型,Kullback - Leibler 散度被用于 VGP 的公式中,它衡量了两个概率分布之间的差异。

- ELBO 可作为训练 VGP 中真实损失的代理。更具体地说,ELBO 下界的边际对数似然模型,是我们旨在优化的目标。通过优化 ELBO,我们间接地优化了边际对数似然。

- 训练 VGP 可以在小批量中进行,允许更稳定地计算损失。在此过程中使用的梯度下降算法是小批量梯度下降法。

- 尽管并不保证小批量梯度下降法的每一步都能完全最小化损失,但当运行大量迭代时,该算法可以有效地减少损失。这是因为许多小批量梯度下降法的步骤在聚合后,可以指向最小化损失的正确方向。

- 自然梯度下降法考虑了 VGP 的变分参数相对于损失函数的几何特性。这种几何推理允许算法更有效地更新训练模型的变分参数并最小化损失,从而实现更快的收敛。

- 自然梯度下降法优化了 VGP 的变分参数。常规参数,如长度和输出尺度,则可通过小批量梯度下降法进行优化。

第13章

融合高斯过程与神经网络

本章主要内容
- 使用常见协方差函数处理复杂结构化数据的挑战
- 利用神经网络处理复杂结构化数据
- 将神经网络与高斯过程(GP)结合

在第 2 章,我们了解到 GP 的均值和协方差函数作为先验知识,我们希望在进行预测时将其融入模型中。正因为如此,这些函数的选择对训练后的 GP 的表现有着重大影响。因此,如果均值和协方差函数选择不当或不适合当前任务,最终的预测结果可能就不会有实际价值。

例如,协方差函数(或核函数)描述了两个点之间的相关性,也就是它们的相似度。两个点越相似,它们在我们要预测的标签值上就可能越接近。以我们的房价预测为例,相似的房屋很可能会有相近的售价。

那么,一个核函数是如何精确计算任意两所给定房屋之间的相似性的呢?让我们考虑两个例子。首先,假设一个核函数只考虑前门的颜色,并为任何两所颜色相同的房屋输出 1,否则输出 0。换句话说,这个核函数认为只有当两所房屋的前门颜色相同时,它们才是相似的。

如图 13-1 所示,这样的核函数对于房价预测模型来说并不是一个好的选择。因为它认为左侧的房子和中间的房子应该具有相近的价格,而右侧的房子与中间的房子价格应该有所不同。这种预测是不恰当的,因为左侧的房子明显要比其他两座相似大小的房子大。出现这种错误是因为核函数在判断房子的哪个特征对于预测房价是有效特征时出现了偏差。

图 13-1   由不合适的核函数计算出的房屋之间的协方差。因为它只关注前门的颜色，所以这个核函数并不产生适当的协方差

另一个核函数更为复杂，它考虑了相关因素，如房屋的位置和居住面积。这个核函数更为合适，因为它能够更合理地描述两所房屋价格之间的相似性。对于 GP 来说，拥有合适的核函数——即正确的相似性度量——至关重要。如果核函数能够正确描述给定数据点对之间的相似性或差异性，使用协方差的 GP 就能够产生良好的预测。否则，预测的质量将会大打折扣。

你可能会认为，一个仅考虑门颜色的房屋核函数并不合适，而且机器学习中合理的核函数不会如此表现。然而，正如本章所示，我们之前使用的某些常见核函数(例如，RBF 和 Matérn 核)在处理结构化输入数据(如图像)时也会遇到同样的问题。具体来说，它们无法充分捕捉两张图像之间的相似性，这给在这些结构化数据类型上训练 GP 带来了难题。我们采用的方法是利用神经网络。神经网络是一种灵活的模型，只要数据充足，它们就能够很好地逼近任何函数。下面，我们学习如何使用神经网络来转换那些 GP 核处理不佳的输入数据。这样，我们就能结合神经网络的灵活建模能力和 GP 的不确定性校准预测，实现两者的优势互补。

在本章中，我们展示了我们常用的径向基函数(RBF)核并不能很好地捕捉常见数据集的结构，导致 GP 的预测效果不佳。然后，我们将神经网络模型与这个 GP 结合起来，发现新的核函数能够成功地推理相似性。到本章结束时，我们将获得一个框架，帮助 GP 处理结构化数据类型并提高预测性能。

13.1　包含结构的数据

在这一节中，我们将解释我们所说的结构化数据究竟是什么。与我们在前几章中用于训练高斯过程(GP)的数据类型不同，在那里数据集中的每个特征(列)都可以在连续范围内取值。然而，在许多应用中，数据具有更多的复杂性。例如，考虑以下情况：

- 房屋的楼层数只能是正整数。
- 在计算机视觉任务中，图像中的像素值是介于 0 到 255 之间的整数。
- 在分子机器学习中，分子通常被表示为一个图。

也就是说，在这些应用中的数据点内嵌有特定结构，或者数据点需要遵循某些要求：房子的楼层数不能是负数；像素值不能是分数；表示分子的图会有代表化学物质和结构的节点和边。我们称这类数据为结构化数据。在本章中，我们使用流行的 MNIST 手写数字数据集(可访问链接 https://huggingface.co/datasets/mnist)作为我们讨论的案例研究。

定义　修改后的国家标准与技术研究所(Modified Natonal Institue of Standards and Technology，MNIST)数据集包含了手写数字的图像。每张图像是一个 28×28 的整数矩阵，整数范围在 0 到 255 之间。

这个数据集的一个示例数据点如图 13-2 所示，其中像素以其值对应的阴影显示；0 对应于白色像素，255 对应于深色像素。我们可以看到，这个数据点是数字 5 的图像。

注意　尽管这个手写数字识别任务在技术上属于分类问题，我们却用它来模拟一个回归问题(这正是我们在 BayesOpt 中希望解决的问题类型)。因为每个标签都是一个数字(一个数字字符)，我们假设这些标签存在于一个连续的数值范围内，并直接将它们作为我们的预测目标。

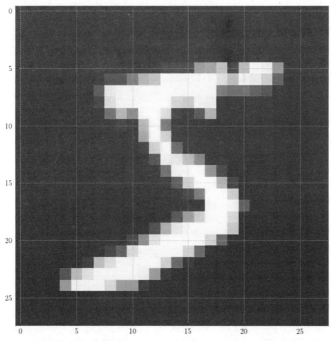

图 13-2　来自 MNIST 数据集的一个数据点，这是一个具有 28 行 28 列像素的图像，表示为 PyTorch 张量

我们的目标是在一组图像标签数据集上训练一个 GP，然后利用它对测试集进行预测。这里的每个标签是写在相应图像中的数字的值，如图 13-3 所示，与分类任务不同，在分类任务中，我们为每个数据点选择一个类别作为预测；而在回归任务中，每个预测结果都是一个连续范围内的数值。

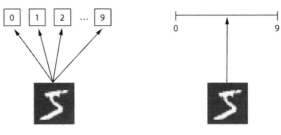

图 13-3　在 MNIST 数据的背景下，分类与回归的对比。每个预测都是一个分类任务，对应于某个类别；而在回归中，每个预测都是一个连续范围内的数值

有许多现实世界中的应用遵循这种形式的结构化数据回归问题：

- 在产品推荐中，我们想要预测某人点击定制广告的概率。这些可以定制的图像广告是结构化数据，而点击概率是预测目标。这个概率可以是 0 到 1 之间的任何数字。
- 在材料科学中，科学家可能想要预测在实验室合成的分子组成的能量水平。每种分子组成可以表示为具有节点和边的特定结构图，能量水平可以是分子组成可能表现出的理论最小值和最大值之间的任何数值。
- 在药物发现中，我们想要预测可能量产的药物的有效性。如图 13-4 所示，每种药物对应于一种化学化合物，这也可以表示为一个结构图。其有效性可以是尺度上的一个实数(比如从 0 到 10)。

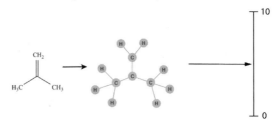

图 13-4　药物发现作为一个结构化回归问题的例子。每个化合物都以结构化图的形式表示，我们的目标是在 0 到 10 的尺度上预测化合物治疗某种疾病的有效性

在所有这些应用中，我们想要进行预测的输入数据是结构化的，我们的预测目标

是一个实数值。简而言之，它们是在结构化数据上的回归问题。我们使用 MNIST 数据集来模拟这样一个问题。

13.2　在结构化数据中捕捉相似性

在这一节中，我们会探讨常见的核函数，如径向基函数(RBF)核(见 2.4 节)，为何无法描述结构化数据的相似性。对于任意两个输入 x_1 和 x_2，核函数的输出定义如下，它量化了两个输入的协方差：

$$K(x_1, x_2) = \exp\left(-\frac{\|x_1 - x_2\|^2}{2l^2}\right)$$

这个输出，即两个变量之间的协方差，是两个输入值之间差异的负值除以一个尺度的指数。输出值总是在 0 到 1 之间，而且输入值之间的差异越大，输出值越小。

在许多情况下，这是有道理的，因为如果两个输入具有相似的值，差异很小，那么它们的协方差会很高；如果它们具有不同的值，那么协方差会很低。居住面积大致相等的两座房子很可能有相似的价格——也就是说，它们的价格具有高协方差；另一方面，一个非常大的房子和一个非常小的房子的价格很可能具有低协方差。

13.2.1　使用 GPyTorch 实现核函数

让我们用代码来验证这一点。通常在创建 GP 模型时，我们会初始化一个 RBFKernel 对象。在这里，我们直接使用这个核对象。为此，我们首先使用 GPyTorch 创建一个 RBF 核对象：

```
import gpytorch

rbf_kernel = gpytorch.kernels.RBFKernel()
```

注意　与以前一样，GPyTorch 是我们在 Python 中实现与高斯过程(GP)相关对象的首选库。有关如何在 GPyTorch 中使用核对象的内容，请参见 2.4 节。

要计算两个输入之间的协方差，我们只需要将它们传递给这个核对象。例如，让我们计算 0 和 0.1 之间的协方差：

```
>>> rbf_kernel(torch.tensor([0.]), torch.tensor([0.1])).evaluate().item()
0.9896470904350281
```

这两个数字在实数线上彼此接近(也就是说，它们是相似的)，因此它们的协方差非常高——几乎是 1。现在让我们计算 0 和 10 之间的协方差：

```
>>> rbf_kernel(torch.tensor([0.]), torch.tensor([10.])).evaluate().item()
0.0
```

这一次，由于两个数字之间的差异要大得多，它们的协方差降到了 0。这种对比是合理的，如图 13-5 所示。

图 13-5　不同数字之间的协方差。当两个数字之间的差异较小时，协方差增加。当差异较大时，协方差减少

当两个输入之间的值的差异不能捕捉到数据结构差异时，问题就出现了。对于像图像这样的结构化数据，这通常是一个问题，正如我们即将要看到的那样。

13.2.2　在 PyTorch 中处理图像

在这一小节中，我们将看到图像如何被导入并存储为 PyTorch 张量，以及在处理这类数据时，基于值的相似性度量(如 RBF 核)为何会失效。首先，我们重新定义了 RBF 核，使其具有较大的长度尺度，以便更可能产生较高的协方差：

```
rbf_kernel = gpytorch.kernels.RBFKernel()       较大的长度尺度导致较高的协方差
rbf_kernel.lengthscale = 100 ◀─────────────
```

现在，我们需要将 MNIST 数据集中的图像导入 Python 代码中。我们可以使用 PyTorch 及其流行的附加库 torchvision 来实现这一点：

```
import torch
from torchvision import datasets, transforms

transform = transforms.Compose([
    transforms.ToTensor(),                              定义规范化像素值的转换
    transforms.Normalize((0.1307,), (0.3081,))
])

dataset = datasets.MNIST(
    "../data", train=True, download=True, transform=transform    下载并导入数据集
)

train_x = dataset.data.view(-1, 28 * 28) ◀──────  提取像素值作为一个扁平的张量
```

我们不会深入讨论这段代码，因为它不是我们讨论的重点。我们需要知道的是，train_x 包含了 MNIST 数据集中的图像，每张图像都存储为一个 PyTorch 张量，其中

包含了代表手写数字图像的像素值。

由于数据点是图像，可以使用 Matplotlib 中我们熟悉的 imshow()函数将它们可视化为热图。例如，以下代码可视化了 train_x 中的第一个数据点：

```
plt.figure(figsize=(8, 8))

plt.imshow(train_x[0, :].view(28, 28));
```

每张图像都有 28 行和 28 列的像素，因此我们需要将其重塑成一个 28×28 的正方形张量

这段代码生成了图 13-2，我们可以看到它是数字 5 的图像。当我们打印出第一个数据点的实际值时，我们看到一个 28×28=784 元素的 PyTorch 张量：

```
>>> train_x[0, :]
tensor([ 0,    0,    0,    0,    0,    0,    0,    0,    0,    0,    0,    0,    0,    0,
         0,    0,    0,    0,    0,    0,    0,    0,    0,    0,    0,    0,    0,    0,
         0,    0,    0,    0,    0,    0,    0,    0,    0,    0,    0,    0,    0,    0,
         0,    0,    0,    0,    0,    0,    0,    0,    0,    0,    0,    0,    0,    0,
         0,    0,    0,    0,    0,    0,    0,    0,    0,    0,    0,    0,    0,    0,
         0,    0,    0,    0,    0,    0,    0,    0,    0,    0,    0,    0,    0,    0,
         0,    0,    0,    0,    0,    0,    0,    0,    0,    0,    0,    0,    0,    0,
         0,    0,    0,    0,    0,    0,    0,    0,    0,    0,    0,    0,    0,    0,
         0,    0,    0,    0,    0,    0,    0,    0,    0,    0,    0,    0,    0,    0,
         0,    0,    0,    0,    0,    0,    0,    0,    0,    0,    0,    0,    3,   18,
        18,   18,  126,  136,  175,   26,  166,  255,  247,  127,    0,    0,    0,    0,
         0,    0,    0,    0,    0,    0,    0,    0,   30,   36,   94,  154,  170,  253,
       253,  253,  253,  253,  225,  172,  253,  242,  195,   64,    0,    0,    0,    0,
         0,    0,    0,    0,    0,    0,    0,   49,  238,  253,  253,  253,  253,  253,
       253,  253,  253,  251,   93,   82,   82,   56,   39,    0,    0,    0,    0,    0,
         0,    0,    0,    0,    0,    0,    0,   18,  219,  253,  253,  253,  253,  253,
       198,  182,  247,  241,    0,    0,    0,    0,    0,    0,    0,    0,    0,    0,
         0,    0,    0,    0,    0,    0,    0,    0,    0,   80,  156,  107,  253,  253,  205,
        11,    0,   43,  154,    0,    0,    0,    0,    0,    0,    0,    0,    0,    0,
         0,    0,    0,    0,    0,    0,    0,    0,    0,   14,    1,  154,  253,   90,
[output truncated]
```

这个张量中的每个元素，范围在 0 到 255 之间，代表了我们在图 13-2 中看到的像素。0 值对应最低信号，即图中的背景，而更高的值对应亮点。

13.2.3　计算两幅图像的协方差

这就是我们需要了解的所有背景信息，以便探讨常见高斯过程(GP)核在处理结构化数据时面临的问题。为了突出这个问题，我们特别选取了三个具体的数据点，我们分别称之为点 A、点 B 和点 C，它们的索引如下：

```
ind1 = 304  ◄────┐ 点A
ind2 = 786  ◄──── 点B
ind3 = 4    ◄────┘ 点C
```

在检查这些图像显示的实际数字之前，让我们使用 RBF 核来计算它们的协方差矩阵：

```
>>> rbf_kernel(train_x[[ind1, ind2, ind3], :]).evaluate()
tensor([[1.0000e+00, 4.9937e-25, 0.0000e+00],
        [4.9937e-25, 1.0000e+00, 0.0000e+00],
        [0.0000e+00, 0.0000e+00, 1.0000e+00]], ...)
```

这是一个 3×3 的协方差矩阵，具有熟悉的结构：对角线元素为 1，代表各个变量的方差，而非对角线元素代表不同的协方差。我们可以看到，点 A 和点 C 完全不相关，协方差为零，而点 A 和点 B 之间有轻微的相关性。根据 RBF 核，点 A 和点 B 彼此相似，并且与点 C 完全不同。

那么，我们应该期望点 A 和点 B 具有相同的标签。然而，事实并非如此！我们再次将这些数据点以热图的形式可视化，得到的是图 13-6。

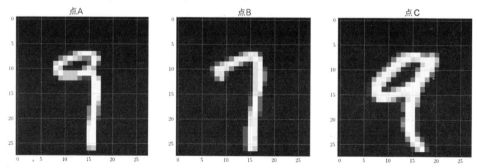

图 13-6　来自 MNIST 数据集的三个特定数据点。尽管标签不同，第一和第二点具有非零的协方差。尽管标签相同，第一和第三点的协方差为零

在这里，点 A 和点 C 实际上拥有相同的标签(数字 9)。那么，为什么 RBF 核会认为点 A 和点 B 之间存在相关性呢？通过观察图 13-6，我们可以合理推测，尽管点 A 和点 B 的标签不同，但这两幅图像在很多像素上是匹配的，这意味着它们在某种程度上是相似的。实际上，构成数字尾部的笔画在这两幅图像中几乎完全一致。所以，从某种角度来看，RBF 核正在完成其任务，通过计算图像之间的差异，并基于这些差异输出一个代表它们协方差的数值。然而，这种差异是通过直接比较像素值来计算的，这并不是我们想要学习的指标：数字的值。

仅仅关注像素值，RBF 核就过高估计了标签不同(A 和 B)的两个点之间的协方差，同时过低估计了标签相同(A 和 C)的两个点之间的协方差，如图 13-7 所示。为了说明

我们在本章开头提到的不合适的房屋核函数，这里可以打一个比方：这个核函数仅凭前门的颜色来判断两所房屋是否有关联，这会导致对它们价格的预测不准确。类似地，尽管没有那么极端，RBF 核在比较两幅图像时，只关注像素值而不是更高层次的模式，这也会导致预测性能下降。

图 13-7　由 RBF 核计算的手写数字之间的协方差。由于它仅考虑像素值，RBF 核并没有产生适当的协方差

13.2.4　在图像数据上训练 GP

通过使用不恰当的相似性度量，RBF 核混淆了点 B 和点 C 中哪一个与点 A 相关，正如我们接下来看到的，这在训练 GP 时导致了不佳的结果。我们再次使用 MNIST 数据集，这次提取了 1000 个数据点组成训练集，另外 500 个点作为测试集。我们的数据准备和学习工作流程如图 13-8 所示，我们将详细讨论其中的不同步骤。

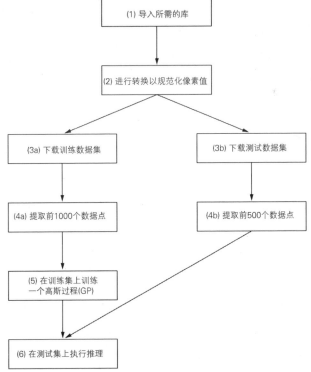

图 13-8　GP 在 MNIST 数据集上学习的案例研究流程图。我们提取 1000 个数据点组成训练集，另外提取 500 个点作为测试集

首先，我们导入 PyTorch 和 torchvision——后者是 PyTorch 的一个扩展，用于管理与计算机视觉相关的功能和数据集，如 MNIST。从 torchvision 中，我们导入了 datasets 和 transforms 模块，分别用于下载和操作 MNIST 数据：

```
import torch
from torchvision import datasets, transforms
```

在第二个数据准备步骤中，我们再次使用将图像转换为 PyTorch 张量的对象(这是 GPyTorch 中实现的高斯过程能够处理的数据结构)，并对像素值进行标准化。这种标准化是通过从像素值中减去 0.1307(数据的平均值)并将值除以 0.3081(数据的标准差)来完成的。这种标准化被认为是处理 MNIST 数据集的常见做法，有关这一步的更多细节详见 PyTorch 官方论坛中的讨论(可访问链接 http://mng.bz/BmBr)：

```
transform = transforms.Compose([          ◀── 将数据转换为 PyTorch 张量
    transforms.ToTensor(),
    transforms.Normalize((0.1307,), (0.3081,))  ◀──
])                                                  对张量进行标准化
```

存储在 transform 中的此转换对象现在可以传递给对任何 torchvision 数据集初始化的调用，然后转换(转换为 PyTorch 张量和标准化)将应用于我们的数据。我们用这个转换对象初始化 MNIST 数据集，注意我们创建数据集两次，一次将 train 设置为 True 来创建训练集，一次将 train 设置为 False 来创建测试集：

```
dataset1 = datasets.MNIST(                                 下载并导入
    "../data", train=True, download=True, transform=transform  训练集
)

dataset2 = datasets.MNIST(                                 下载并导入
    "../data", train=False, download=True, transform=transform 测试集
)
```

作为数据准备的最后一步，我们从训练集中提取前 1000 个数据点，从测试集中提取 500 个点。我们通过访问数据集对象 dataset1 和 dataset2 来完成这一操作：

- 数据属性用于获取特征，即构成每个数据点图像的像素值。
- 目标属性用于获取标签，即手写数字的值。

```
train_x = dataset1.data[:1000, ...].view(1000, -1)
➥.to(torch.float)                                    获取训练集中的前 1000 个
train_y = dataset1.targets[:1000]                     数据点

test_x = dataset2.data[:500, ...].view(500, -1)
➥.to(torch.float)                                    获取测试集中的前 500 个数据点
test_y = dataset2.targets[:500]
```

此外，我们还实现了一个简单的具有恒定均值的 GP 模型和带有输出尺度的
RBF 核：

```
class GPModel(gpytorch.models.ExactGP):
    def __init__(self, train_x, train_y, likelihood):
        super().__init__(train_x, train_y, likelihood)
        self.mean_module = gpytorch.means.ConstantMean()      ← 一个恒定均值函数

        self.covar_module = gpytorch.kernels.ScaleKernel(     一个具有输出尺度的
            gpytorch.kernels.RBFKernel()                      RBF 协方差函数
        )

    def forward(self, x):
        mean_x = self.mean_module(x)
        covar_x = self.covar_module(x)
        return gpytorch.distributions.MultivariateNormal(mean_x, covar_x)
```

为输入 x 生成一个多元高斯
分布作为预测

注意　GPyTorch GP 模型的 forward()方法首次在 2.4 节中讨论。

然后，我们在 1000 点的训练集上初始化我们的 GP，并使用 Adam 优化器进行梯
度下降训练。这段代码将优化 GP 的超参数值(例如，均值常数、长度和输出尺度)，以
便我们获得观察到的数据的高边际似然度：

```
likelihood = gpytorch.likelihoods.GaussianLikelihood()    声明似然函数和
model = GPModel(train_x, train_y, likelihood)             GP 模型

optimizer = torch.optim.Adam(model.parameters(), lr=0.01)
mll = gpytorch.mlls.ExactMarginalLogLikelihood            声明梯度下降算法和
⇒(likelihood, model)                                      损失函数

model.train()          启用训练模式
likelihood.train()

for i in tqdm(range(500)):
    optimizer.zero_grad()

    output = model(train_x)          执行五百次梯度下降
    loss = -mll(output, train_y)     迭代

    loss.backward()
    optimizer.step()
```

```
model.eval()
likelihood.eval()
```
启用预测模式

注意　参见 2.3.2 节，其中有关于梯度下降法如何优化我们观察到的数据的似然度——即梯度下降如何训练一个 GP 的讨论。

最后，为了评估我们的模型在测试集上的表现，我们计算 GP 预测与真实值(每个数据点的标签值)之间的平均绝对差异。这个度量通常被称为平均绝对误差。

注意　对于 MNIST 数据集，典型的评价指标是模型正确预测测试集的百分比(即准确率)，这是分类问题的常规标准。由于我们使用这个数据集来模拟回归问题，所以平均绝对误差是合适的指标。

这是通过将平均预测与存储在 test_y 中的真实标签进行比较来完成的：

```
with torch.no_grad():
    mean_preds = model(test_x).mean

print(torch.mean(torch.abs(mean_preds - test_y)))

Output: 2.7021167278289795
```

这个输出意味着，平均来说，高斯过程(GP)对于图像中所描绘数字的值的预测偏差接近 3。考虑到这项任务只有 10 个值需要学习，这样的性能相当差。这个结果突显了常规 GP 模型在处理结构化数据(如图像)方面的不足。

13.3　使用神经网络处理复杂的结构化数据

正如我们所见，我们的 GP 性能不佳的根本原因在于，核函数不适合处理输入数据的复杂结构，导致协方差计算不准确。特别是，RBF 核具有简单的形式，只考虑两个输入之间数值的差异。在本节中，我们将通过使用神经网络处理结构化数据来解决这个问题，然后将处理后的数据输入到 GP 的均值函数和核函数中。

13.3.1　为什么使用神经网络进行建模

我们在书的开头提到，神经网络并不擅长做出经过校准的不确定性预测，特别是在获取数据成本较高的情况下(这正是在贝叶斯优化中使用 GP 的原因)。然而，神经网络擅长的是学习复杂的结构。这种灵活性源于神经网络具有多个计算层(特别是矩阵乘法), 如图 13-9 所示。

图 13-9　神经网络是一系列分层计算的集合。通过将多个计算层串联在一起, 神经网络可以很好地对复杂函数进行建模

在神经网络的结构中, 每一层都对应一个矩阵乘法, 其结果再经过一个非线性的激活函数处理。通过这样的层层叠加, 网络可以在一次前向传播过程中对输入数据进行复杂的处理和变换。这样的设计使得神经网络能够捕捉和模拟出非常复杂的函数关系。如果想要深入了解神经网络的原理和应用, 推荐阅读弗朗索瓦·肖莱(Francois Chollet)的优秀著作 *Deep Learning with Python* 第二版,(Manning, 2021)。

神经网络的这种灵活性使我们能够应对前文提到的问题。如果 GP 的核, 如 RBF 核, 在处理复杂数据结构方面表现不佳, 我们可以将这一任务外包给神经网络, 只需要将神经网络处理过的数据作为输入传递给 GP 的核。这一过程在图 13-10 中得到了形象展示, 其中输入 x 在送入 GP 的均值函数和核之前, 首先需要经过神经网络的多层处理。

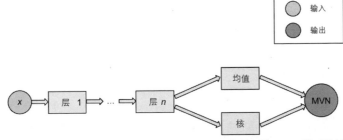

图 13-10　将神经网络与 GP 结合。神经网络首先处理结构化的数据输入 x, 然后将输出结果提供给 GP 的均值函数和核

　　尽管最终输出仍然是多元高斯分布，但现在输入到均值函数和核的是神经网络处理过的数据。这种方法具有广阔的应用前景，因为神经网络凭借其强大的建模能力，能够有效地从结构化输入数据中提取关键特征(这在为相似性计算提供信息方面至关重要)，并将这些特征转化为 GP 核能够处理的数值形式。

定义　神经网络通常被称为组合模型的特征提取器，因为它能够从结构化数据中提取有助于 GP 建模的特征。

　　通过这种方式，我们可以利用神经网络的灵活学习能力，同时兼具使用 GP 进行校准不确定性预测的能力。这是两者优势的结合！此外，训练这种组合模型遵循与训练常规 GP 相同的程序：定义损失函数，即负对数似然，然后使用梯度下降法来寻找最佳解释我们数据的超参数值(通过最小化损失)。与之前不同的是，我们现在不仅要优化均值常数、长度和输出尺度，还要额外优化神经网络的权重。在下一小节中，我们将看到，如何使用 GPyTorch 实现这一学习过程，与我们在前几章所做的相比，只需要进行最小的改动。

注意　这个组合框架是一种动态学习如何处理结构化数据的方法，完全基于我们的训练数据集来实现。以前，我们只使用一个固定的核函数，它在多个应用中以相同的方式处理数据。在这里，我们根据手头任务的特定需求，"即时"学习处理输入数据的最佳方式。这是因为神经网络的权重是根据训练数据进行优化的。

13.3.2　在 GPyTorch 中实现组合模型

　　最终，我们将实现这个框架，并将其应用于我们的 MNIST 数据集。在这里，定义我们的模型类更为复杂，因为我们需要实现神经网络并将其连接到 GP 模型类。让我们首先解决第一部分——实现神经网络。我们设计了一个简单的神经网络，其架构如图 13-11 所示。这个网络有四层，分别有 1000、5000、50 和 2 个节点，如图表所示。这是 MNIST 数据集的常见架构。

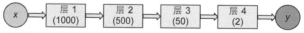

图 13-11　要实现的神经网络架构。它有四层，并且为每个输入数据点产生一个大小为 2 的数组

注意 我们需要关注最后一层的大小(2),它表示处理后的输出的维度,这些输出将被
输入到高斯过程(GP)的均值函数和核函数中。通过将这一层的大小设置为 2,
我们的目标是学习一个存在于二维空间中的图像表示。也可以使用除 2 以外的
其他值,但为了可视化的目的,我们在这里选择 2。

我们使用 PyTorch 中的 Linear()和 ReLU()类来实现这种架构。在这里,我们网络
的每一层都被实现为一个 torch.nn.Linear 模块,其大小由图 13-11 定义。每个模块还与
一个 torch.nn.ReLU 激活函数模块相连,该模块实现了前面提到的非线性变换。图 13-12
说明了这一点,该图标出了网络架构的每个组成部分,并附上了实现它们的相应代码。

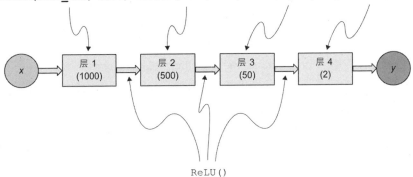

图 13-12　要实现的神经网络架构及其对应的 PyTorch 代码。每一层都使用 torch.nn.Linear 实现,每个
激活函数都使用 torch.nn.ReLU

通过使用方便的 add_module()方法,我们隐式地定义了我们神经网络模型的
forward()方法的逻辑。接下来,我们使用 LargeFeatureExtractor 类来实现模型。这个类
将其输入 x 按顺序通过我们在__init__()方法中实现的层传递,该方法接收数据维度
data_dim 作为输入数据的维度。在我们的例子中,这个数字是 28×28=784,我们通过
train_x.size(-1)来计算它:

```
data_dim = train_x.size(-1)          ◀━━━━ 数据的维度

class LargeFeatureExtractor(torch.nn.Sequential):
    def __init__(self, data_dim):
        super(LargeFeatureExtractor, self).__init__()

        self.add_module('linear1', torch.nn.Linear
        ↪(data_dim, 1000))                              网络的第一层
        self.add_module('relu1', torch.nn.ReLU())
```

```
self.add_module('linear2', torch.nn.Linear
➥ (1000, 500))                                          网络的第二层
self.add_module('relu2', torch.nn.ReLU())

self.add_module('linear3', torch.nn.Linear
➥ (500, 50))                                            网络的第三层
self.add_module('relu3', torch.nn.ReLU())

self.add_module('linear4', torch.nn.Linear
➥ (50, 2))    ◀────── 网络的第四层

feature_extractor = LargeFeatureExtractor(data_dim) ◀───── 初始化网络
```

接下来，我们讨论组合模型，这是一个 GP 模型类，它利用了我们刚刚初始化的 feature_extractor，即神经网络特征提取器。我们首先实现它的__init__()方法，该方法包含几个组成部分：

1. 协方差模块由一个 gpytorch.kernels.GridInterpolationKernel 对象封装，这为我们包含 1000 个点的中等大小训练集提供了计算加速。我们声明输入数据的维度为 2，因为这是特征提取器产生的输出的维度。

2. 特征提取器本身是我们之前声明的 feature_extractor 变量。

3. 如果神经网络的权重初始化不当，特征提取器的输出可能会取到极端值(负无穷或正无穷)。为解决这个问题，我们使用 gpytorch.utils.grid.ScaleToBounds 模块将这些输出值缩放到-1 到 1 的范围内。

__init__()方法的实现如下：

```
class GPRegressionModel(gpytorch.models.ExactGP):
    def __init__(self, train_x, train_y, likelihood):
        super(GPRegressionModel, self).__init__(train_x, train_y, likelihood)

        self.mean_module = gpytorch.means.ConstantMean()

        self.covar_module = gpytorch.kernels
        ➥ .GridInterpolationKernel(
            gpytorch.kernels.ScaleKernel(
                gpytorch.kernels.RBFKernel
                ➥ (ard_num_dims=2)                      一个具有两个维度的
            ),                                           RBF 核，具有计算加
            num_dims=2,                                  速的特性
            grid_size=100
        )

        self.feature_extractor = feature_extractor  ◀───── 神经网络特征提取器
```

```
        self.scale_to_bounds = gpytorch.utils.grid
            .ScaleToBounds(-1., 1.)
```

一个用于将神经网络输出缩放
到合理值的模块

在我们的 forward()方法中，我们将所有这些组件整合在一起。首先，使用我们的神经网络特征提取器来处理输入。然后，将处理过的输入传递给我们的 GP 模型的均值和协方差模块。最后，我们仍然得到一个多元高斯分布，作为 forward()方法的返回结果：

```
class GPRegressionModel(gpytorch.models.ExactGP):
    def forward(self, x):
        projected_x = self.feature_extractor(x)         神经网络特征提取
        projected_x = self.scale_to_bounds(projected_x)  器的缩放输出

        mean_x = self.mean_module(projected_x)          从处理过的输入创建一个
        covar_x = self.covar_module(projected_x)        多元高斯分布对象
        return gpytorch.distributions.MultivariateNormal
            (mean_x, covar_x)
```

最后，为了使用梯度下降法训练这个组合模型，我们声明了以下对象。在这里，除了常规的 GP 超参数，如均值常数、长度和输出尺度之外，我们还想优化我们的神经网络特征提取器的权重，这些权重存储在 model.feature_extractor. parameters()中：

似然函数、高斯过程(GP)模型和损失函数与之前相同

```
likelihood = gpytorch.likelihoods.GaussianLikelihood()
model = GPRegressionModel(train_x, train_y, likelihood)
mll = gpytorch.mlls.ExactMarginalLogLikelihood(likelihood, model)
```

```
optimizer = torch.optim.Adam([
    {'params': model.feature_extractor.parameters()},   现在，梯度下降优化器
    {'params': model.covar_module.parameters()},        Adam 需要同时优化特
    {'params': model.mean_module.parameters()},         征提取器的权重和 GP
    {'params': model.likelihood.parameters()},          的超参数
], lr=0.01)
```

有了这些，我们就准备好像之前一样运行梯度下降法了：

```
model.train()          启用训练模式
likelihood.train()
```

```
for i in tqdm(range(500)):
    optimizer.zero_grad()

    output = model(train_x)              运行 500 次梯度下降迭代
    loss = -mll(output, train_y)

    loss.backward()
    optimizer.step()

model.eval()           启用预测模式
likelihood.eval()
```

> **注意** 在训练 GP 时，我们需要为模型和似然函数启用训练模式(使用 model.train()和
> likelihood.train())。训练完成后，在进行预测之前，我们需要切换到预测模式(使
> 用 model.eval()和 likelihood.eval())。

现在我们已经训练了结合了神经网络特征提取器的 GP 模型。在我们使用这个模型对测试集进行预测之前，我们可以窥探一下模型内部，看看神经网络特征提取器是否已经学会了很好地处理我们的数据。记住，每张图片都被特征提取器转换成了一个包含两个元素的数组。因此，我们可以通过这个特征提取器传递我们的训练数据，然后使用散点图来可视化输出结果。

> **注意** 训练这个组合模型所需的时间比训练常规 GP 要多。这是因为我们现在有更多
> 的参数需要优化。然而，正如我们很快就会看到的，这样的代价是值得的，因
> 为我们实现了更高的性能提升。

在这个散点图中，如果我们看到具有相同标签的点(也就是说，描绘相同数字的图像)聚集在一起，那么表明特征提取器能够有效地从数据中学习。同样，我们通过将训练数据传递给特征提取器来完成这个操作，这个过程与模型类中的 forward()方法处理数据的方式相同：

```
with torch.no_grad():
    extracted_features = model.feature_extractor(train_x)
    extracted_features = model.scale_to_bounds(extracted_features)
```

在这里，extracted_features 是一个 1000×2 的 PyTorch 张量，它存储了我们训练集中 1000 个数据点的二维提取特征。为了在散点图中可视化这个张量，我们使用 Matplotlib 库中的 plt.scatter()，确保每个标签对应一种颜色：

```
for label in range(10):
    mask = train_y == label
```
◄ 筛选具有特定标签的数据点

```
    plt.scatter(
        extracted_features[mask, 0],
        extracted_features[mask, 1],
        c=train_y[mask],
        vmin=0,
        vmax=9,
        label=label,
    )
```
创建当前数据点的散点图，这些数据点具有相同的颜色

　　这段代码生成了图 13-13，尽管你的结果可能会有所不同，这取决于你使用的库版本和代码运行的系统。正如我们所预期的，具有相同标签的数据点聚集在一起。这意味着我们的神经网络特征提取器成功地将具有相同标签的点分组在一起。经过网络处理后，同一标签的两张图像变成了在二维平面上彼此靠近的两个点，如果由径向基(RBF)核计算，它们将具有很高的协方差。这正是我们希望特征提取器实现的！

　　图 13-13 的另一个有趣之处在于，标签值有一个明显的梯度：从底部到顶部集群，相应标签的值逐渐从 0 增加到 9。这对于特征提取器来说是一个很棒的特性，因为它表明我们的模型找到了平滑的 MNIST 图像表示，这种表示与标签值保持了一致性。

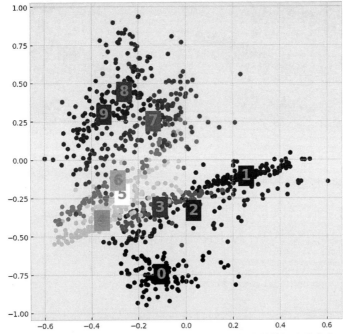

图 13-13　神经网络从 MNIST 数据集中提取的特征。不仅相同标签的数据点聚集在一起，而且在整个图表中还存在一个标签梯度：从底部到顶部，标签的值逐渐增加

例如，观察图 13-14 中的对比，左侧展示了图 13-13，而右侧则是对同一散点图的标签进行了随机交换，使得特征看起来更加"粗糙"。所谓"粗糙"，是指标签值呈现出无规律的跳跃：底部的集群中包含了 0，中间的一些集群对应于 7 和 9，而顶部的集群则包含了 5。换句话说，具有粗糙特征的标签的趋势并不是单调的，这增加了训练 GP 的难度。

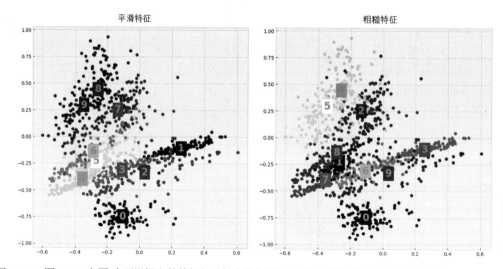

图 13-14 图 13-13(左图)中平滑提取的特征与随机交换标签后(右图)特征变得不那么平滑的对比。与粗糙的特征相比，平滑的特征更容易被 GP 学习

因此，看起来神经网络在从图像中提取有用特征方面做得很好。为了验证这是否真的能带来更好的预测性能，我们再次计算平均绝对误差(MAE)：

```
with torch.no_grad():
    mean_preds = model(test_x).mean

print(torch.mean(torch.abs(mean_preds - test_y)))

Output: 0.8524129986763
```

这个结果告诉我们，平均来说，我们的预测误差为 0.85；这与前一节中我们使用的普通高斯过程(MAE 大约是 2.7)相比有显著提升。这种改进显示了组合模型的卓越性能，这得益于神经网络的灵活建模能力。

正如我们一开始所说的，这个框架不仅适用于手写数字，还适用于神经网络能够学习的各类结构化数据，包括其他类型的图像和图结构，比如分子和蛋白质。我们需要做的就是定义一个合适的深度学习(DL)架构，从这些结构化数据中提取特征，然后将这些特征传递给 GP 的均值函数和核函数。

这就结束了第 13 章。在这一章中，我们了解到从结构化数据(如图像)中学习是具有挑战性的，因为常见的核函数无法有效地计算数据点之间的协方差。通过在 GP 前附加一个神经网络特征提取器，我们学会了将这种结构化数据转换成 GP 核能够处理的形式。最终的结果是，我们得到了一个能够灵活地从结构化数据中学习，同时仍能产生带有不确定性量化的概率预测的组合模型。

13.4　本章小结

- 结构化数据是指其特征需要满足特定限制的数据，例如必须是整数或非负数，非连续的数值数据。这类数据的例子包括计算机视觉中的图像数据和药物发现中的蛋白质结构。

- 结构化数据对 GP 的常见核函数提出了挑战。这是因为这些核函数只考虑输入数据的数值，而这些数值可能是预测效果不佳的特征。

- 使用错误特征来计算协方差的核可能导致生成的 GP 预测质量低下。在使用结构化数据时，使用错误的特征尤其常见。

- 对于图像数据来说，像素的原始值并不是一个有用的特征。使用原始像素值计算协方差的核可能导致 GP 的预测质量低下。

- 神经网络具有多层非线性计算能力，能有效学习复杂函数，并能从结构化数据中提取特征。通过使用神经网络从结构化数据中提取连续的实值特征，GP 仍然可以有效地进行学习。

- 在将神经网络与 GP 结合时，我们动态地学习了一种专门针对当前问题处理数据的方法。这种灵活性使得这个模型能够泛化到许多类型的结构化数据。

- 在将神经网络的输出传递给 GP 之前，将其缩放到一个小范围是很重要的。这样做可以避免由于神经网络特征提取器初始化不当而导致的极端值。

- 从神经网络特征提取器得到的结果在标签方面展现出平滑的梯度。这种平滑梯度使得提取的特征更适合 GP 进行学习。